华南理工大学建筑学院
亚热带建筑科学国家重点实验室
华南理工大学建筑设计研究院有限公司
基于“价值重心、本体要素、项目环境”互动模型的建筑设计研究（2019ZB11）课题成果

从概念到建成

——建筑设计思维的连贯性

From Concept to Realization: Coherence in Architectural Design Thinking

张振辉 著

中国建筑工业出版社

图书在版编目（CIP）数据

从概念到建成：建筑设计思维的连贯性 = From Concept to Realization: Coherence in Architectural Design Thinking / 张振辉著. —北京：中国建筑工业出版社，2021.10

ISBN 978-7-112-26788-0

Ⅰ.①从… Ⅱ.①张… Ⅲ.①建筑设计—研究 Ⅳ.①TU2

中国版本图书馆CIP数据核字（2021）第211104号

本书内容主要包括设计思维关联实践的三条线索、项目情境中的设计范型与思考要素、建筑设计思维的连贯性框架、概念创意探索、建筑语言生成、建造品质控制、设计实践中的连贯性思维及拓展等。

本书可供广大建筑师、高等院校建筑学专业师生学习参考。

责任编辑：吴宇江
文字编辑：黄习习
责任校对：王　烨

从概念到建成——建筑设计思维的连贯性
From Concept to Realization: Coherence in Architectural Design Thinking
张振辉　著
*
中国建筑工业出版社出版、发行（北京海淀三里河路9号）
各地新华书店、建筑书店经销
北京锋尚制版有限公司制版
北京中科印刷有限公司印刷
*
开本：787毫米×1092毫米　1/16　印张：16¾　插页：1　字数：324千字
2022年4月第一版　　2022年4月第一次印刷
定价：**80.00**元
ISBN 978-7-112-26788-0
（37742）

序一

当前，我国正处在经济和社会建设持续发展的新时期，随着改革开放的不断深化，社会经济科学文化技术迅速发展，城乡建设突飞猛进。一方面，中国的建筑事业赶上了黄金时代；另一方面，面对巨大的建设浪潮和日新月异的建筑思潮、理论及技术发展等方面的影响和冲击，树立正确的建筑创作观、掌握辩证的建筑创作思维方法，是一个建筑师应该养成的基本职业素养。

在数十年从事建筑创作实践中，我深深地体会到建筑是物质与精神、技术与艺术的综合。建筑设计的目的就是为人类提供适用而美好的空间环境，社会呼唤建筑精品是为了满足人们日益增长的对美好生活的向往。创作型的建筑师既要娴熟运用建筑学基本功，实现适用而美观的建成环境，又要不断融入对社会城乡发展、知识观念更迭的最新认知，追求与时俱进的有效创新。

张振辉是我指导的博士研究生，他热爱建筑、基础扎实、善于思考，坚持把基本原理、地域文化和时代需求结合起来从事建筑创作。他在华南理工大学建筑设计研究院执业以来，负责或参与了青岛国际会议中心（2018 年上合组织青岛峰会主会场）、钱学森图书馆、2010 年上海世博会中国馆等一系列重大项目。2017 年完成了博士论文《从概念到建成：建筑设计思维的连贯性研究》。本书是在此论文基础上修改而成。

书中提出的“连贯性”设计框架是面对当代复杂环境和更高体验需求，从项目情境中的主体心智视角对设计方法论进行创新研究，正如“两观三性”论提出的建筑创作是整体观、发展观以及地域性、文化性、时代性的结合。“连贯性”设计框架同样秉承整体和发展的立场，“连贯性”思维在创作全过程中具有重要价值。作者对“有限理性”的设计主体在复杂的项目环境中如何围绕创作核心价值，跨界驾驭广阔资源，运用建筑本体要素构建创作成果的思维要素和心智结构进行分析、归纳、整合，提出一套以创作优质建筑成品为目标的弹性设计思考架构。“连贯性”设计框架着眼于设计主体心智的方法论探索，在今后进一步研究工作中可以拓展为面向复杂现实和精品目标的项目全生命周期设计方法的研究。这些都可以为当代建筑创作提供有益的指导和参考。

何镜堂

2019 年 8 月于广州五山镜园

序二

20年前，我回到东南大学建筑系，系里分配我主持三年级建筑设计教学。那一年，张振辉就在我带的课程设计小班，他对建筑设计的充沛热情和种种奇思妙想令人记忆犹新。这是一位“不怎么听话”的学生，当时就有同学把他与指导教师的当庭辩论当作设计课的一个节目来看。如今看来，他的棱角倒也没有完全磨光。看到振辉从求学到执业，一直坚持积极探索，在持续实践的基础上提出自己的设计认知，展现独特的思考路径，并将多年的思考积累结集出版，供业界分享，倍感欣慰！应该说，振辉是幸运的，其幸运有三：一是遇到了国家建设的大好时机；二是遇到了何镜堂先生和他率领的高水平团队；三是他自己善于学习，不断进取。

张振辉在书中提出的“连贯性”建筑设计思维架构，融入了他长期在项目一线从事建筑创作的深刻体认，呈现出“与复杂现实积极互动，并保持对专业理想坚定追求”的鲜明特点。我在2001年曾提出“开放与整合”的建筑教育发展方向。本书围绕建筑实践的现实情境徐徐展开，其主旨同样体现了“开放与整合”的多维内涵。开放——建筑师的视域和心智既要面向条件多变、需求多样的现实环境，又要远观未来，就必须秉持跨界互动、驾驭潮流的开放姿态；整合——建筑师要深刻洞察项目的需求、制约、机遇，就必须灵活整合包括建筑学知识在内的广阔资源，开展有效创新，关注建成品质，从而实现诗意的栖居。相信很多建筑师同行会对本书有所共鸣，并能从中得到有益的启迪。

实践性是建筑学学科的核心特征，创造性实践是建筑教育的一个核心目标。从校园中的学习过程到行业中的执业实践，这个转换又恰恰是建筑设计人才成长中长期存在的一个痛点。本书提出的“连贯性”设计框架，融入了作者亲身实践体认和新近理论研究，为展现建筑学知识体系在现实项目情境中如何支持和融入设计思考提供了一种有效的路径，为打通设计教学到设计实践的通道提供了一个富有启发性的讨论契机。因此，对建筑院校的师生尤其是希望认识真实项目情境的同学来说，本书同样可以作为具有田野温度的专业参考读物。

对本书作者而言，这是他此前一个阶段的心路历程。我有幸先睹为快，好似被带入其亲历的设计创作大片之中，颇有共鸣。我们也更期待看到张振辉建筑师日后的新进展和新成就。

韩冬青

2018年11月12日于南京四牌楼中大院

前言

建筑设计可视为一种文化创作。伊塔罗·卡尔维诺在遗作《未来千年文学备忘录》中有一篇未竟的章节，英文名为“Consistency”，译作中文其词义兼有“连贯”和“稠度”的意思，这也许可以折射出连贯性与创作品质之间的内在关联。

建筑设计又明显不同于写作、绘画、雕塑等文艺与美术创作。建筑空间的实用性，建造活动与工程技术及特定环境的直接关联，工程建设中物资和人力的大量投入使建筑设计成为一种需要综合驾驭技术、艺术、人文以及社会事务的复杂行为。这种情况在当代复杂新环境中被进一步强化：设计主体必须面对更多变的需求与环境、更复合的目标以及更高的愿望水平，协调更多的合作伙伴，符合更烦琐的法规条文，处理更复杂的程序与事务，整合更广阔的知识资源，这包括建筑学、艺术学、人文学、社会学、信息学、自然科学以及工程技术学等诸多学科，并且这一切又在迅速变化的过程中。如何在复杂多变的过程中保持弹性开放、灵活应变，同时又思路清晰、始终连贯的设计思考，已成为一个亟须被关注的重要问题。

笔者作为建筑师，从求学到实践，始终追求所学所行能回归于真实世界，一直在围绕人和项目的真实情境来反思和探寻建筑设计的本质与方法，并逐渐体认到：要在真实世界中持续进行有价值的建筑创作实践，则亟须建立兼具坚实学科内核与弹性开放边界、能带动专业核心价值与当前复杂现实积极交互的设计认知和思考架构，这是十分必要，也是非常重要的。本书的主旨就在于探索这样一种在建筑创作中可供设计主体心智借鉴的、强调“连贯性”的设计思考框架，这种思考架构围绕“项目情境”，贴合“人”作为设计主体的心智特征，以“品质与体验”为优先目标。它尝试为设计思考提供如同藤蔓生长一般的、由一系列路标、支点、路径所构成的网络状弹性互动架构，引导主体心智沿着因需求、环境和专业追求的不同而开启的差异化路径，来探索构建珠玉纷呈的设计成果，而不是提供僵化的操作流程或解题程序。

如果专业读者希望在阅读之初迅速了解本书的理路，建议先阅读本书目录、第一章绪论：从主体心智到建筑成品和结语，然后再根据自身的兴趣来选择阅读相关章节。在每章的开头都有图解，以协助读者加快了解该章的主要内容。当然，从头至尾、完整有序的阅读方式也是笔者所推荐的，尤其是对仍在求学阶段或刚开始从事建筑设计实务的读者朋友而言。

本书的成稿脱胎于笔者的博士学位论文。希望借本书的思考跟各位师长、学者、同行、合作伙伴、有志于建筑实践的后来者以及设计爱好者们学习交流。

张振辉

2020 年 8 月于广州芳草居

Foreword

Architectural design can be seen as a kind of cultural creation. An unfinished chapter entitled "Consistency" , which refers to "coherence" or "consistence" in Chinese language, in Italo Calvino' s work *Six Memos for the Next Millennium* may well reflect the inherent connection between coherence and the quality of creation.

Different from writing, painting, sculpture and other literary or artistic creations, architectural design represents a complicated activity that requires a great mastery of technology, art, culture and social affairs. This is owned to various reasons, such as the practicality of architectural spaces, the strong connection between construction activities and engineering technology and specific environment, and the huge investment of materials and manpower of the project construction. In a new and sophisticated environment like today, such complications can only be magnified. As a result, Architects have to handle more changeable needs and environment, more complex goals and higher expectations. They need to coordinate more partners, comply with more intricate regulations and codes, and undergo more tedious procedures and routines. They are also expected to consolidate a broader range of multidisciplinary knowledge in architecture, art, natural science, information science, social science, humanities, and engineering technology, all of which are undergoing constant and rapid evolution. Therefore, how to maintain a flexible, open, adaptable, yet clearly targeted and consistently coherent design thinking in the midst of intricate and varying problems, situations, and processes has become a key issue that worth discussing.

As an architect, I have been basing all my learning and practices on the real world, and reflecting on the true meaning of design around the real context of people and project in my professional practice. During this process, I gradually realized that, for continuous and valuable exploration of architectural practices in a real world, it is extremely necessary and important to set up a framework of design understanding and thinking that can provide both solid disciplinary cores and flexible open boundaries, and generate the active interaction between the core values of design and the complication of the current society. In this context, this book intends to explore such a framework of design thinking that may serve as a reference of mindset for architects' architectural creation. With a focus on "coherence" , this framework centers around the "project context" in the real world, closely fits the characteristics of the architects' mindset, and prioritizes the "experience and quality" of the built environment. It aims to offer a flexible, interactive and networked three-dimensional structure of design thinking that may grow, sprawl and evolve like climbers and comprises of various road maps, pivot points and paths. This structure intends to lead the architects in exploring and building varied fascinating design works along a differentiated path that well responds to different needs, context and disciplines, instead of setting up some rigid operational processes or problem-solving procedures.

Professional readers who wish to quickly capture a full picture of the book may start with the Table of Contents, Introduction and Conclusion before diving deep into chapters that interest them. At the beginning of each chapter, a diagram is provided to help readers quickly grasp the main idea. Of course, it is also highly recommended to read the book from the very beginning in the order presented herein, in particular for students or new practitioners.

This book is based on my doctoral thesis which was written and completed during my sustaining design practices. With this book, I sincerely hope to exchange ideas and learn from predecessors, scholars, peers, partners, as well as those who are fresh yet devoted in architectural practice and design enthusiasts.

By ZHANG Zhenhui

Fangcao Residence, Guangzhou

August 2020

目录

第一章　绪论：从主体心智到建筑成品

问题缘起

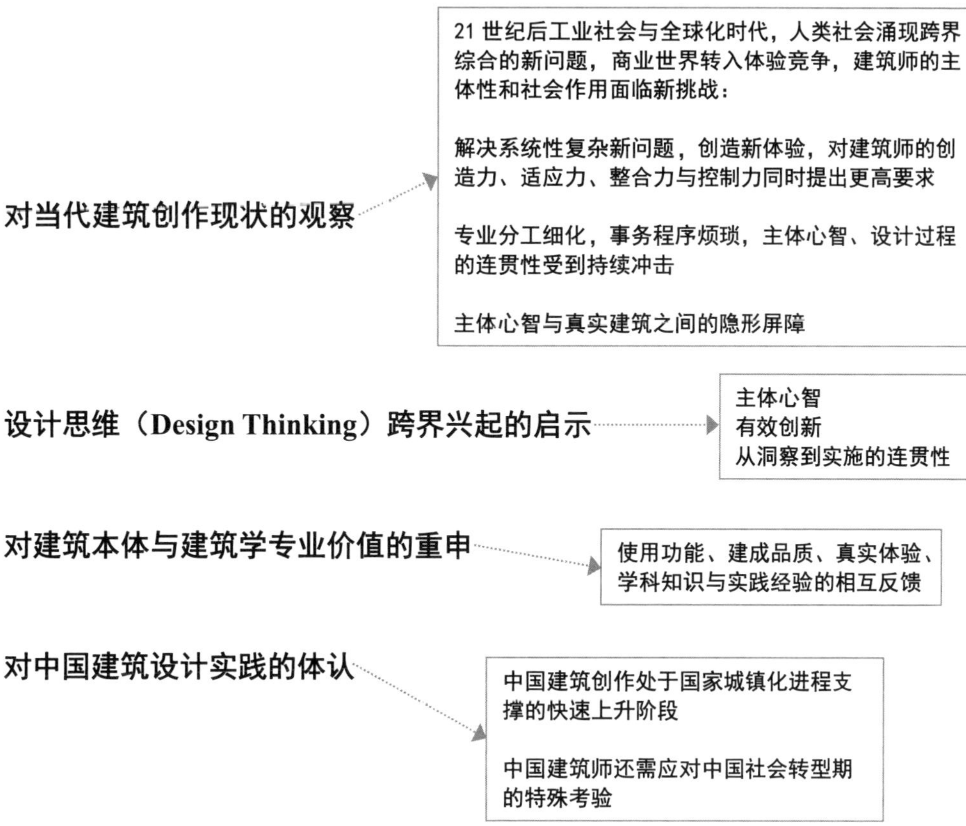

对当代建筑创作现状的观察

21 世纪后工业社会与全球化时代，人类社会涌现跨界综合的新问题，商业世界转入体验竞争，建筑师的主体性和社会作用面临新挑战：

解决系统性复杂新问题，创造新体验，对建筑师的创造力、适应力、整合力与控制力同时提出更高要求

专业分工细化，事务程序烦琐，主体心智、设计过程的连贯性受到持续冲击

主体心智与真实建筑之间的隐形屏障

设计思维（Design Thinking）跨界兴起的启示

主体心智
有效创新
从洞察到实施的连贯性

对建筑本体与建筑学专业价值的重申

使用功能、建成品质、真实体验、学科知识与实践经验的相互反馈

对中国建筑设计实践的体认

中国建筑创作处于国家城镇化进程支撑的快速上升阶段

中国建筑师还需应对中国社会转型期的特殊考验

图 1-1　问题缘起图解（来源：作者自绘）

问题切入

面对迅速变化、机遇与挑战并存的复杂新环境，一种有效的建筑设计应对策略是回归到关注每一个具体项目的设计与建造品质，以及与之密切相关的建筑师主体心智的整合、拓展与释放

图 1-2　问题切入图解 1（来源：作者自绘）

问题确立

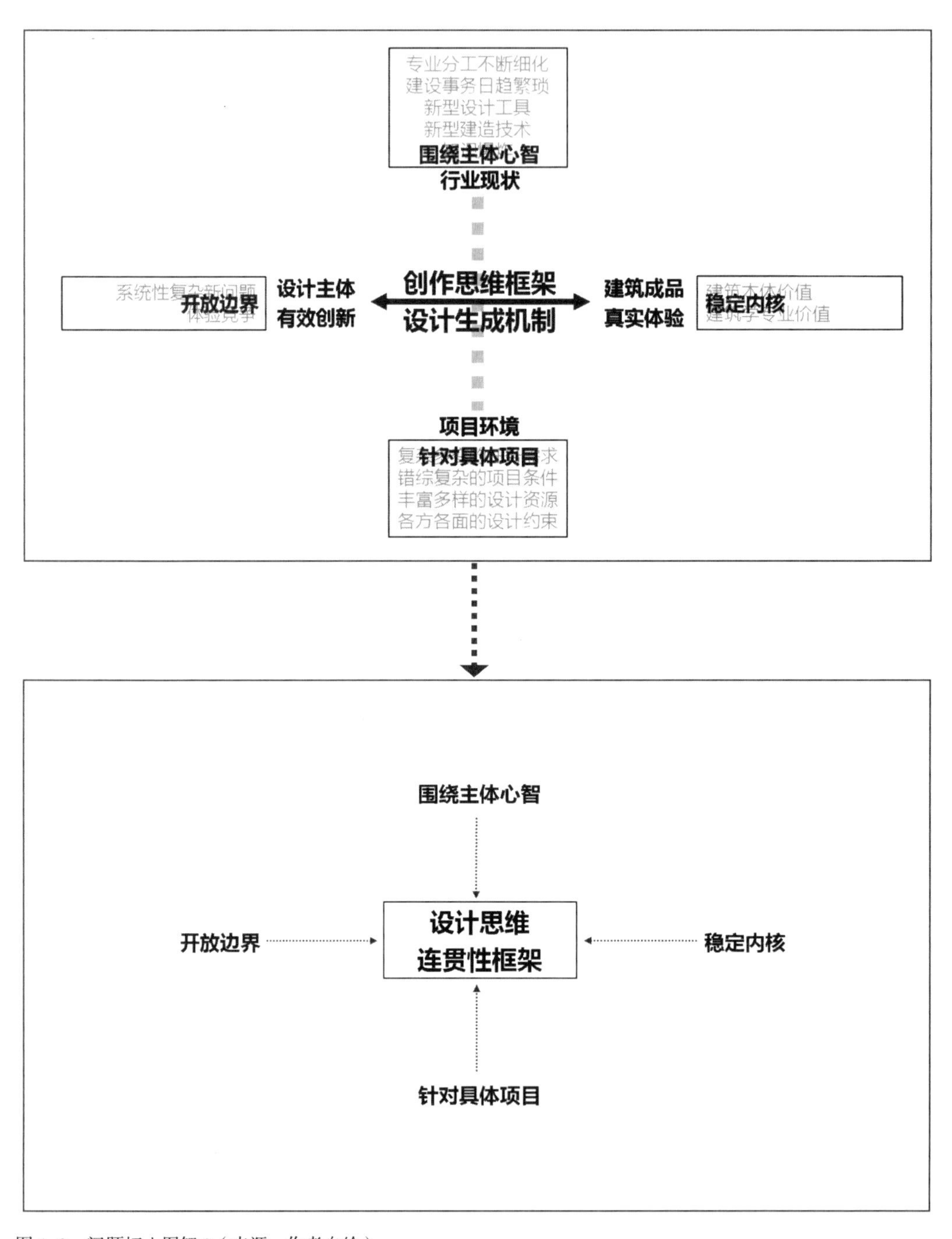

图 1–3　问题切入图解 2（来源：作者自绘）

1.1　建筑师面临的主体性挑战

建筑师是一门既古老又年青的职业。无论身处哪个时代，建筑师的心智都热切地投向即将或被期望成为真实存在的建筑，但其职责范围却随着时代与社会的变迁而改变。现代职业建筑师身份的建立，伴随着建造者即设计者的传统匠师身份的解体。现代社会的大多数建筑师远离工地，专注于建设全程的局部环节——为施工做准备的设计及制图。设计与建造如何在分解后重新整合，也随之成为一个需要不断被追问的问题。

进入 21 世纪全球化时代与后工业社会后，当代建筑师面临新的主体性挑战：

一方面，需求升级、问题跨界、竞争国际化与体验化的复杂新环境对建筑师及其建筑作品提出了更高的要求；另一方面，为了应对复杂综合多变的建筑需求与日渐庞杂的行业工作，建筑设计的分工持续细化、程序不断拆解、事务日趋烦琐，严重干扰设计主体的完整性与过程的连续性。这如同隐形的屏障，拉远了建筑师的主体心智与其实践成果——真实世界中的建筑成品之间的距离。

如何使建筑设计在一个团队合作、多方参与、程序复杂、事务烦琐的漫长过程中凝聚共识、满足需求、创新体验、稳定贯彻、控制品质，成为当代建筑师在实践中必须面对的重要问题。解决系统性复杂新问题、营造新体验的时代任务，要求建筑师的创造力、适应力、整合力、控制力同时加强。

1.2　设计思维跨界兴起的启示

建筑师面临的挑战是当代社会各个领域所面临的共同挑战的一部分。新问题不断涌现，新使命和新思维也随之诞生。对变化反应最为敏锐的当代商业领域，迅速展开思考和行动，对社会变革做出积极回应。其中，设计思维跨界兴起的现象值得建筑师关注。

“设计思维”（Design Thinking）近年来成为一个跨界的热点词汇，超越了设计与工程领域，在当代商业活动、企业管理以及教育培训等领域产生了引人注目的影响，逐步发展成为一种以“设计师的认知、思维与技能”为核心的独特的思考与实践方式，被认为能够在当今纷繁复杂的局面中洞察问题与需求、跨界整合资源、催生创造性解决问题的方案并在现实环境中有效实施，从而成为在当代争创商业竞争新优势与解决不断涌现的跨界复杂新问题的有效途径。

设计思维在当代社会的跨界兴起并非偶然。在全球经济的变局中，社会经济的生产、销售、渠道与服务等环节经过各自的高速发展期，逐步成为稳定的支撑要素，不再是显著的增长极。伴随着网络、媒体和消费文化的盛行，人们对商业消费体验、社会事务运作都产生了新的要求。如何发掘人们更深层次的需求、提供更高层次的体验，成为商业和社会组织取得更好盈利与运营效果的关键。与此同时，全球化过程也把贫穷、水资源短缺、生态危机等社会及环境问题呈现于公众视野之内，成为需要协同解决的全局挑战。应对系统性复杂新问题的共同需要，促使社会各界积极借鉴和发展设计师的思维方式，通过理解和活用设计师发现问题、寻求解答和解决问题的角度、过程和方法，使个人和组织能够更好地相互连接和激发，获得更高的创造力和整合度，并且落实为有效行动与成果，以此来应对新挑战，创建新优势。

设计思维起源于设计领域却跨界兴起的现象，为建筑师如何面对当代挑战带来一系列启示。

1. 主体心智

面对传统经验与方法在新环境中失效的局面，跨界的设计思维以激活主体心智作为切入点，重启对新方向和新办法的探索。它聚焦于主体思维与实践效果之间的关联，有助于推动实践主体积极而主动地突破既定的舒适圈，勇于走向未知地带，充分调动心智、感官和经验，使其行动起来，认知新环境、寻找新路径、创造新价值。

2. 有效创新

跨界的设计思维注重有效创新，即能实际带来持续商业利润的创新。有效创新不是不着边际的异想天开，而是目标坚定的主动探索。注重有效创新意味着设计思维并非局限于以往传统既定的学科与行业划分，也非为新而新，而是强调以洞察到的具体机会、所预期的最终效果为主导线索，跨界整合现实中能够获得的资源，从而凝结适应新现实、产生新优势的创新成果。

3. 从洞察到实施的连贯性

为了同时保持面对新问题的灵活适应与实践方向的清晰稳定，设计思考分为洞察、构思、实施[①]三个相互重叠的思考空间，提供一个思考与行动的弹性框架而非硬性的程序步骤，并强调从洞察需求到最终实施的连贯性。

---

① Tim Brown. Change by Design：How Design Thinking Transforms Organizations And Inspires Innovation [M]. New York: HarperCollins Publishers, 2009: 14.

1.3　建筑本体价值的重申

当代社会发展迅猛的互联网技术，使得信息传播十分便捷，图像和影像成为强势的信息传播媒介。社会和生活方式的深刻变革拓宽了人们体验和思考世界的维度及方式，也冲击着人们体验和思考建筑的传统经验及视角。当影像在虚拟空间的反复复制与迅速传播加剧着真实世界的失魅，当"读图时代"推动着图像和符号成为社会生产的目标本身①，建筑师必须再次思考：矗立于大地之上的建筑，其意义、价值和作用何在，指向真实建筑物与环境的建筑设计实践，其价值重心又落在何处。

面对同样来自网络、媒体和消费文化的冲击，意大利文学家伊塔罗·卡尔维诺这样表达他对文学的信心："我们常常感到茫然，不知道在所谓的后工业化的技术时代，文学和书籍会呈现什么面貌。我不想作太多的推测。我对于文学的前途是有信心的，因为我知道世界上存在着只有文学才能以其特殊手段给予我们的感受"②。同样，我们可以并应该对建筑的前途抱有信心，而这种信心应该建立在只有建筑才能以其特殊手段给予我们馈赠——建筑的使用价值与建筑给人的现场真实体验。当然，同时也就不能忽视通向目标的途径——建造。

在互联网虚拟空间膨胀、图像和影像成为强势媒介的当代社会，建筑师更应该关注真实建筑的建成品质与现场体验，这是立身之本。回归行业本源，守护本体价值，在此基础上适应新的复杂环境，这是建筑师应对时代变局的一种有效的立场。

1.4　建筑设计实践的体认

笔者从业以来一直进行建筑设计实践及研究。作为主力建筑师全程参加了2010年上海世博会中国馆的竞标、设计与建造（图1–4）。联合主持建成了青岛国际会议中心（2018年上合组织青岛峰会主会场）（图1–5）、济宁市图书馆（图1–6）、泰州民俗文化展示中心（图1–7）、钱学森图书馆（图1–8）、安徽省博物馆新馆（图1–9）、宁波帮博物馆（图1–10）等文化公共建筑和广州解放中路旧城改造（图1–11）、驻港部队香港中环总部大厦改造等城市更新项目以及雷励中国贵州大项目活动营地（图1–12）等乡村建设，主持在建项目包括驻港部队香港维多利亚港展览中心（图1–13）、诏安美术馆（图1–14）、佛山

① 张振辉. 一般技术背景下建筑设计与建造控制方法探索［D］. 南京：东南大学，2004：2.
② （意）伊塔罗·卡尔维诺. 未来千年文学备忘录［M］. 杨德友，译. 沈阳：辽宁教育出版社，1997.

图 1-4　上海世博会中国馆（来源：项目资料）

图 1-5　青岛国际会议中心（摄影：姚力）

图 1-6　济宁市图书馆（摄影：姚力）

图 1-7　泰州民俗文化展示中心（摄影：姚力）

图 1-8　钱学森图书馆（摄影：姚力）

图 1-9　安徽省博物馆新馆（摄影：张广源）

南海樵山文化中心（图 1–15）等。持续实践使笔者对中国当代建筑设计实践积累了基于亲历的体认与思考。

图 1–10　宁波帮博物馆（摄影：张广源）

图 1–11　广州解放中路旧城改造（摄影：司徒）

图1–12　雷励中国贵州大项目活动营地（摄影：姚力）

图 1–13　驻港部队香港维多利亚港展览中心（来源：项目资料）

图 1–14　诏安美术馆（来源：项目资料）

图 1–15　佛山南海樵山文化中心（来源：项目资料）

1. 对整体状况的观照

进入 21 世纪，随着中国经济腾飞，依托国家城镇化进程中的巨量建设，中国建筑设计行业迅速发展并成长起来，涌现了许多优秀建筑作品与一批有追求、有主张、有建树的建筑师。中国当代建筑设计实践呈现丰富多元的整体面貌，中国建筑师不仅激发起复兴本土文化的愿景，同时也开始努力跻身于国际竞争。

但是也应看到，在普遍的建筑品质、城市面貌和人居环境方面，我国与西方发达国家和地区之间仍然存在差距。在全球化进程中，发达国家在技术部品、系统集成及人性化设计等方面仍值得我们持续学习与借鉴。

我国近年来的快速城镇化浪潮取得了很大成果，但也存在成绩和遗憾并存的局面。这折射出在高速发展与建设中，建筑学界及行业在理论、知识及技艺的储备上并未完全跟上现实需求；我国建筑教育与职业实践之间的有效连接也有待加强。

我国支撑建筑水平进一步提升的社会纵深基础有待夯实。高品质的建筑作品需要社会整体工业、科技、工艺、管理的全方位、系统性以及体制的支持，我国用压缩到近 1/10 的时间追赶西方发达国家从工业革命到后工业社会近 300 年的历程，尽管速度惊人，但社会各个支撑系统和环节难免存在漏洞、缺失和偏差，建造业的人才素质和行业体系也亟待提高。

当前是一个机遇与挑战并存、仍需艰苦探索的转型时期。通过不断吸收和消化全球化浪潮的能量，我国对世界先进技术、理念和文化的认识理解和掌握运用不断加强。我国城镇化的持续推进积累了丰富的实践经验，并将继续带来实践机会。中国的经济和城市发展本身已经成为世界性的关注热点与重要课题。与此同时，中国建筑实践水平的提升也需要解决和跨越若干问题与障碍。例如，建立自主创新机制与学习西方文化之间的关系、复兴本土文化的愿景与知识储备纵深不足的现实的落差、快速设计建造的现实需要与社会基础条件的参差不齐之间的矛盾等。

在这种情况下，探索实践导向型的建筑设计思维及方法，研究如何提升具体项目的建筑设计实践水平，对推动建筑行业与学科健康发展具有特别重要的意义。只有促使更多实际项目持续在创意水平、建造品质、真实体验上整合提升，我们才能在不断改善实际处境的实践中，更加有效地吸收各种资源，持续把现实条件转化为更优的人居环境与知识储备。

2. 对项目实践的体认

在不断实践中，笔者对第一线的项目建筑设计运作有切身的体认。

具体项目的需求与环境千变万化，设计要解决的问题有普遍性，也有特殊性。项目的特殊性往往是创新的源泉，但需要建筑师基于对具体项目的有效认知才能识别出来。

在项目情境中，对某种教科书式的既定建筑理论进行简单、机械地遵循往往会失效。建筑设计随着具体项目的不同需求和环境而灵活展开。真实的项目设计更多是以实践的需要为主轴，选择、整合跨界的知识与资源，接受各种相关法规和条件的约束，汇聚到适应此时此地的建筑形式生成，并构建匹配建筑语言、满足项目需要和符合造价许可的建造体系。

“概念”与“创意”的重要性被竞标制度、媒体传播、国际竞争所凸显，设计竞标已经成为建筑设计机构取得项目的主要途径。在专家评审、领导决策、媒体渲染、公众关注的规则与氛围中，一个在创意度上没有突出表现的方案能够胜出是难以想象的。同样，委托项目为了在媒体和消费社会中凸显自身的存在，其创意和概念的可传播性也会被重视与强调。寻找、培育和生成概念与创意，成为当代建筑实践首当其冲的工作。创新、原创、概念等议题越来越受到中国建筑师的关注。然而，当代社会的媒体化、网络化、视觉化和瞬时化的特征，无形中会引导“概念”和“创意”向视觉冲击力和媒体传播力倾斜，而未必围绕建筑本体，从而可能弱化了概念创意与物质建造的紧密联系。

建筑的“完成度”跟“创意”同样重要，但是“高完成度”往往比“有创意”更难。我国在近几十年经历着高速发展，但是社会整体支撑系统和各个配合环节却仍待进一步完善。一个项目做下来，在设计建造与沟通协调的各个环节，建筑师常常需要临场应对各种意外和突发情况。希望建成好作品，建筑师要有优秀的应对复杂情况和处理繁杂事务的能力、准备和韧性。

“快速建造”和“不断变化”成为突出挑战。迅速发展变化的中国当代社会给建筑师提供了似乎是源源不断的实践机会，但快速建造本身就与优质作品需要时间打磨的客观事实相矛盾。与此同时，各种建筑理论此起彼伏，新型的数字化设计工具与建造技术山雨欲来，观念、价值、工具的不断更新变化也对建筑师提出了持续的考验。

新入行的年轻建筑师缺乏有效的实践指引。设计机构常会出现一种状况：当前项目急需人手，但新同事却难以迅速上手。建筑教育与设计实践的衔接应该是双向的，建筑院校应该有所作为，而实践机构也应该为新入行的建筑师提供有效的指引，帮助其快速了解自己将要投身参与的是何种工作，从而稳健地过渡到良好的从业状态，即对设计建造的整体概况有所了解，并能够在实践中迅速找到自身可以发挥作用的环节。

当代复杂新环境的设计实践需要一种兼具科学内核与开放边界的、围绕项目情境的建筑设计实践指南。它不应受限于行业划定的设计程序或机构修编的建筑法规，也不应止步于局部的技巧或招数，而应呈现为强调连贯性的建筑设计思维的主轴与框架，引导建筑师在复杂局面中始终关注持久存在的、核心关键的思考层面，主动协调需要相互平衡的专业议题，有效吸收各种资源与约束，把对项目的复杂性的应对处理成概念上能简明把握、形式上能满足需求与激发体验、建造上能操作落实的整体连贯体系。

1.5 建筑设计思维研究的回顾及反思

在此，我们有必要对建筑设计思维的以往研究做一个简要的回顾及反思。建筑设计思维属于设计方法论的研究范畴，设计方法又是在社会分工不断细化的趋势下逐渐形成的一项研究课题。

设计是人类的天赋本能，也是人类生存发展的客观需要，从原始人类在洞穴岩壁上涂抹标记或制作出第一件器物时起，设计行为就出现了。在传统乡土社会，设计潜藏在用品制作的流程中，如制陶工在陶坯上画纹样，然后烧制。随着商品的批量化流通与印刷术的普及，设计在社会生产系统的分离变得必要并且可能，如中国明清家具制作行业“苏州样、广州匠”的说法就体现出设计与制作的地域化分工。

18 世纪下半叶的工业革命进一步推动了人类社会的分工细化，设计明确从制作与生产中独立出来，走向现代化、专业化与职业化。现代设计与大规模工业制造以及聚焦于不断扩大的消费者群体的市场商业之间具有天然的密切关系。与此同时，从保持艺术品位、承担社会责任等角度对看似大势所趋的工业规模化与社会商业化保持批判的声音也从未停止过。对设计的研究在工业（意味着科学、理性、效率）、艺术品位（意味着艺术性、个性化、差异化）、社会责任（随着设计对社会的重要性加强而加重）等议题相互作用的语境下持续展开，其关注点从“具体产品的设计”逐步向“设计的过程”“设计的方法”“设计的伦理”“设计主体的认知与心智模式”“设计的哲学”等方向延伸。

1.5.1 国际研究概述

国际设计方法论研究开始于20世纪60年代，学界一般认为可分为4个主要阶段（详见本章尾部附表）。

第一阶段：1960年代初至1960年代末，“系统化”时期

从现代主义初期对“科学的产品设计”的追求，进而到追求“科学、理性、客观的设计过程”，希望将科学思维与系统论、运筹学等当时的新学科引入建筑设计领域，注重研究设计程序。主要成果为“分析—综合—评价”三阶段的设计过程框架、“把问题分解成子问题，找出子解答，然后再综合”的解题思路等内容，被称为“第一代”设计方法论。

第二阶段：1960年代末至1970年代初，对“第一代”设计方法论进行反思

注重科学化程序的第一代设计方法论未能在实践中发挥明显作用，在对其反思的过程中，设计方法论研究的重点转向对设计问题的本质与设计问题的结构的研究。学术界认识到设计问题与科学问题不同，常是“狡猾问题”（wicked problems）①，难以在解决之前就被清晰定义。该时期研究不再强调建立具体的设计程序，而是提出一系列设计原则，其中的纲领性原则是“规划设计过程的辩论性与共谋性原则”。强调参与和共谋的“第二代”设计方法论，推动公众参与在1970年代成为西方建筑实践领域的普遍现象。

第三阶段：1970年代至1990年代，从设计科学化到设计学科化

从1960年代末开始，西方社会和学界陆续涌现各种新思潮，设计方法学研究取向也较多元，其中两个方向较为突出：一是对设计活动的本质的探究，其重要途径是以研究人

① Peter G. Rowe. Design Thinking［M］. London: The MIT Press, 1987: 41.

类客观行为的科研视角对设计师式认知与设计思维展开研究；二是建筑设计方法研究的理论化倾向，即探究设计的哲学基础。经过多年的设计方法论研究，学界逐渐达成共识，基于哲学基础和基本原理上存在的根本差异，设计不应该简单地向科学靠拢，而应该成为与科学、人文并列的设计学科。对“设计活动的本质”与“设计的哲学基础”的研究及成果构成了设计学科得以自立的重要基石。

20 世纪 70 年代前后，诺贝尔奖获得者赫伯特·A. 西蒙出版了《人工科学》，提出了贯穿经济学、思维心理学、学习科学、设计学、管理学、复杂性研究等学科的“人工科学”。借助“人工界”“人工物”等概念，设计在人、人工物、外部环境的复杂大系统里获得稳定、清晰的科学定义：设计是为了满足人类的目标和愿望，构想具有功能的物体或系统，并使之适应所处环境从而有效完成目标和达成愿望的思考与行动。《人工科学》成为后继设计学研究的一个基础理论平台。

1987 年，哈佛大学教授彼得·罗出版《设计思考》(Design Thinking)，集中讨论“工作状态中的设计师在内心情境下的内在逻辑与做出决定的过程，以及用以解释并告知公众的理论因素”[①]。这是“设计思考（design thinking）”首次明确作为著作标题而出现，其讨论范围集中在城市规划与建筑设计领域。

第四阶段：1990 年代至今，“理论之后”[②]的时期

1990 年代之后，资本与市场的力量在跨国发展过程中迅速壮大，以数字化技术为核心的新型设计与建造工具不断涌现，全球性的生态、能源与社会等问题日趋显著。不仅是建筑设计方法论研究，整个建筑设计研究都走向了“理论之后”的新状态。

有些“硬课题”，如“设计师式认知与设计思维”的研究仍在继续，结合数字化工具的设计方法、形式生成与建造研究也在不断推进。而另一种延续理论化趋势的走向是推动设计成为一种设计研究，一种转化现实、生成知识的途径。与此同时，学院理论与现实实践之间的关系引发了不同的思路。

以彼得·埃森曼和 Michael Hays 等为代表的学者认为：为了抵抗资本与市场的腐蚀与驱动，需要一种“自治的建筑学”，即需要探索具有专业性、独立性的抽象形式系统。

然而进入 21 世纪，一批较年轻的学者如迈克尔·斯皮克斯（Michael Speaks）、罗伯特·索默尔（Robert Somol）、斯坦·艾伦（Stan Allen）等，开始抵制上述占据 20 多年主

① Peter G. Rowe. Design Thinking［M］. London: The MIT Press, 1987: 2.

② Michael Speaks. After Theory- Debate in Architectural schools rages about the value of theory and its effect on innovation in design［J］. Architectural Record, 2005（6）.

导地位的“反市场”思想，罗伯特·索默尔提倡既要借助市场力量也要保持专业追求的建筑，斯坦·艾伦则认为“建筑实践不对世界进行评价，它只是在这世界中运行”[①]。他们共同的观点是：不需要一种抵制实践的新“理论”，而需要一种能支持创新的“智识框架”[②]，使实践能找到撬动现实的切入点而继续下去。

很可能是由于西方世界当代建筑实践量的不足，缺乏实践需求的迫切倒逼，究竟这种“智识框架”是什么，还没有被系统地提出过。迈克尔·斯皮克斯认为，其建立的途径应该从小型的设计工作室（work shop）、商业设计中去寻找，而其中一种有效的设计方法是搭建“设计原型”（design prototype），然后吸收业主和各专业的信息加以改进，不断优化，直至做出令人满意的结果[③]。

总的来说，现实世界、实践环境的迅速发展与变化，显得超前于学术研究或理论的发展，当前的建筑设计包括设计方法论研究呈现出应对现实、多向试探、寻求突围的状态，未能形成系统性的、有机整合的新理论体系。与此同时，“设计思维”（design thinking）在跨界兴起的现象值得关注。

“设计思维”自21世纪以来成为一个热点词汇，越过设计与工程领域，在当代高端商业、企业管理以及教育训导等领域产生了引人注目的影响，逐步发展成为一种以“设计师的认知、思维与技能”为核心的独特的创意与实践方式，被认为能够在当今纷繁复杂的局面中洞察问题与需求、跨界整合资源、催生创造性解决问题的方案并在现实环境中有效实施，从而成为在当代争创商业竞争新优势与解决不断涌现的跨界复杂新问题的重要途径。

商业是对环境变化的反应最为敏锐的领域，建筑学应该关注从自身领域析出的“设计思维”在商业世界跨界兴起的反向启发，尤其是其与真实世界与现实实践的密切关系。

1.5.2 国内研究概述

1. 建筑设计方法论的介绍引进

早期的国内研究主要是对建筑设计方法论进行著作翻译、介绍引进等，在这方面，汪坦、刘先觉、沈克宁等学者先后做了大量工作。

---

① Stan Allen. Practice: architecture, technique and representation-Revised and Expanded Edition [M]. Routledge, 2009.

② 张钦楠. 建筑设计方法学 [M]. 2版. 北京：清华大学出版社，2007：280.

③ Michael Speaks. After Theory-Debate in Architectural schools rages about the value of theory and its effect on innovation in design [J]. Architectural Record, 2005 (6).

冯纪忠、杨公侠两位先生于改革开放之初翻译、出版了德国学者J·约狄克所著的《建筑设计方法论》，引入设计系统化的新风。在这本著作里，“作者一开始就提出确定设计课题和目标的方法，以及表达课题和目标的工具。……其次，书中讨论了评价和决策的技术，提出了周密的评价法，以便科学地评价一个设计方案的优劣。……在创作技术方面着重说明了形态结构研究表和集思广益法。……本书提出的系统化设计法可以一扫我们在建筑规划和设计中以直觉代替科学分析的缺点”①。

刘先觉教授的《现代建筑理论》以专篇梳理与分析了西方现代建筑设计方法论研究的发展历程，为后续研究建立了具有体系的研究基础。

目前，新近的相关译著有同济大学孙彤宇老师翻译德国学者沃尔夫·劳埃德的《建筑设计方法论》（2012年出版）。著作中作者对建筑设计具有重要意义的若干主题进行了论述，讨论了“设计者的活动——特点及能力”“复杂性”“知识体系”“文脉”“创造力”“判断与决策”“设计理论与模式”等议题，共同构成一种支持建筑设计的知识“场域”，帮助读者建立对建筑设计的有效认知而非提供设计程序等直接指引。这种论述方式展示出建筑设计方法论在复杂新局面下试图更具包容力。

近年来，《建筑学报》《世界建筑》《时代建筑》等刊物也时有发表译文，如南加州建筑学院前研究生院院长Michael Speaks的《理论之后》曾翻译发表在2007年的《时代建筑》上，介绍国外建筑设计研究的新进展。

目前，通过日渐活跃的学术刊物以及张永和先生等具有海外背景的学者所起到的桥梁作用，中国当代建筑实践开始与西方学界不断对话与对接，其中实践与理论的关系一直是一个焦点议题②。

2. 基于理论研究，提出建筑设计方法论相关理论

随着学术和实践的活跃，我国学者和建筑师也开始自主探索，延续和拓展建筑设计方法论研究，构建我国学界的相关理论。

清华大学吴良镛院士通过《广义建筑学》《人居环境科学导论》等著作，从宏观理论层面，提出了“对开放的复杂巨系统求解”，强调“融贯的综合研究方法”与“以问题为导向”的方法论，以“人居环境”的宏观思想为建筑设计方法论研究指明了方向。

张钦楠先生构建了以“遮蔽所、产品、文化”三个目标层次研究建筑设计的系统理论，其著作《建筑设计方法学》成为我国尝试开创体系并系统研究建筑设计方法论的重要著作之一。

---

①（德）J·约狄克. 建筑设计方法论［M］. 冯纪忠，杨公侠，译. 武汉：华中工学院出版社，1983.

② 张永和. 再谈实验建筑与当代建筑［J］. 城市 空间 设计，2010（1）.

张伶伶、李存东先生的《建筑创作思维的过程与表达》把建筑创作思维过程分为“准备、构思、完善”三个阶段，并注重结合实践探索展现创作的过程与表达。东南大学黎志涛教授结合建筑设计教学，对以“构思与表达”为主要内容的设计方法课题进行持续研究，成果汇集成专著《建筑设计方法》。

柳冠中教授在赫伯特·A. 西蒙的《人工科学》的基础上构建了设计事理学，认为设计固然需要关注“物”的本身，但是更需要关注影响“物”存在的情景，要在时间、空间与事理的宏观框架下寻找设计的定位，推出外部环境需要、内部系统可行的“新物种”[①]。

3. 基于设计实践，提出建筑设计相关理论

随着经济高速发展，我国的建筑实践异常活跃。在此背景下，我国本土的建筑大师基于持续性的实践，提出了一系列建筑理论，如何镜堂院士的“两观三性”论，齐康院士的“地区”与“情感”论，程泰宁院士的“境界”论，崔愷院士的“本土建筑”论等。这些各具价值的建筑理论，都关注于如何基于中国的文化与环境，创作高水平建筑作品，这为推动我国建筑创作发展与繁荣发挥了引导作用。

1.5.3 对研究现状的反思

国外相关研究已经持续了 50 多年，从研究设计程序与过程，到研究设计问题的本质与结构、设计主体及其认知规律与思维特征，逐步走向对设计的知识、方法和价值的哲学化与理论化的思考，取得了丰富的成果，加深了对设计的认识，奠定了设计学科的基础。但在指导实践方面，其研究成果更多体现为具体的流程、解题的方法或抽象的原则等，并未在真实世界的实践中达到预期效果。近年来，提倡学科自治的取向是一种抵抗资本与市场的学术导向态度。而提倡实践创新的“智识框架”的取向，也未能落实为系统的理论。而且，西方学界的设计研究与我国现实疏离，其成果难以有效指导当前实践。

国内的研究在延续与拓展国际相关研究方面，也取得了一系列成果。但是，在我国经济与城市高速发展的过程中，巨量而快速的建筑实践占据了建筑师的主要精力，迅速变化的现实也给学科研究充分整合理论、有效指导实践带来困难。建筑设计方法论研究如何为当前和未来的建筑设计提供切实有效的实践指南，成为迫切而重要的课题。

① 柳冠中. 设计方法论［M］. 北京：高等教育出版社，2011.

1.6　建筑设计思维连贯性框架的提出

综上所述，面对迅速变化、机遇与挑战并存的当代复杂新环境，我国建筑实践的一种有效策略是回归至对项目情境中设计与建造的关注，以及对建筑师从主体心智到建筑成品的设计思维的重新发掘、整合、拓展、释放。

在当前的第一线实践中，主要基于建筑师个体经验与感悟的传统设计思维已不足以应对复杂新问题。而人员分工、部门划分、流程制定等企业手段更多遵从生产与管理的过程效率逻辑，而非针对建筑创作的最终品质目标，也非贴合设计主体的认知思维规律。现实需求呼唤一种能够帮助建筑师在当前的复杂问题与环境中，打通从概念创意到建成品质的连贯思考的建筑设计实践指南。

在学术研究中，如何把理论与面向迅速变化的真实世界的实践紧密联系在一起，使设计研究切实提升实践也成为迫切而重要的课题。

回应当代建筑实践与学科建设的迫切需求，本书提出项目情境中的“建筑设计思维连贯性框架”：**从主体实践角度紧密连动理论、知识与实践；科学、系统、视觉化地描述项目情境中的设计认知模型与设计生成机制；总结和建立一种围绕项目情境、贴合主体思维、以品质与体验为优先目标，兼具稳定科学内核与弹性适应机制的建筑设计思维框架，为建筑师提供强调连贯性的实践指南，助力其在复杂多变的项目设计全过程层次分明而清晰有效地认知、处理、整合设计问题、资源、约束，激发创造力、加强整合力、保持控制力，打通从概念创意到成品控制的连贯思考。**

吸取学界对以往建筑设计方法论研究的反思，顺应设计研究的最新趋势。**这个强调连贯性的思考框架不是僵化、抽象的操作流程、解题程序、设计原则，而是一种有效反映现实复杂系统互动关系的具有稳定内核的弹性适应框架，顺应人的“有限注意力”与“短期记忆局限”等认知与思维特征**[①]**，为项目情境中的设计思考提供逐步推进的着力点、获取资源的受力点、可能前进路向的启发以及保持连贯性的指引，从而引导设计主体沿着各自不同的探索路径逐步构建因项目、环境和专业追求的不同而差异化的整体设计成果，并在此过程中始终保持建筑和建筑学本体价值对设计思考的重力**，从而把建筑设计方法论从传统“树状层级结构”推向“网络互动结构”，对设计思维与方法研究做出有益的拓展与补充。

① （美）赫伯特·A. 西蒙. 人工科学［M］. 3版. 武夷山，译. 上海：上海科技教育出版社，2004.

为了明确本书所讨论的建筑设计思维连贯性，有必要对一系列关键词进行语义界定。

1. 设计

基于“人工科学”理论[①]可对“广义设计”进行定义——**为了满足人类的目标和愿望，构想具有功能的物体或系统，并使之在适应所处环境的情况下完成功能，从而有效达成目标和愿望的思考与行动。**

2. 建筑设计

“建筑设计”是广义设计的一个分区，具有特定的设计对象（建筑物及人居环境）、愿望目标（掩体、产品、文物）与学科背景（历史积累的建筑学知识体系）。建筑设计与其他设计门类如产品设计等共同构建人类生活的“人工世界”。讨论建筑设计，既要关注广义设计的普遍规律，也要落实到建筑设计的基本要素与特有机制上。

我国对建筑设计曾有一种定义——**建筑设计是科学（包括自然与人文科学）与艺术、逻辑思维与形象思维相结合的多学科创造性劳动**[②]——指出（广义的）建筑设计应该包括多学科的共同协作，同时也隐含了二元论的视角——建筑设计是“科学与艺术”“逻辑思维与形象思维”的结合。这既植根于中国文化传统，如阴阳划分、矛盾对立等思维模式，也与我国历史上形成的建筑教育与行业的学科划分有关。承接法国巴黎美院的“布扎”体系，既受到苏联模式的影响，又经历本土环境的重组演变，我国当前的建筑学科与行业基本上被切割成三大板块——建筑学、建筑结构（前身为工民建）以及建筑机电设备（散布于各个院系）。学科与行业的未整合状态也延续到社会认知，我国社会上一般对（广义的）建筑设计持有两种理解：一种是技术或工程的理解，通常与房屋的结构安全、稳定以及设备布置与安装等问题相关；另一种是美学或艺术的理解，通常与建筑造型、立面形式、面材肌理等视觉效果、文化审美等议题有关；而在使用功能方面，则满足基本需要或相关规范的部分更多被归于前者，而进一步的舒适性与体验性则更多被归于后者。

对应于学院内普遍接受的建筑学学科范围，学界也有一种对“建筑设计”的狭义的理解，即认为建筑功能与空间布局、环境关系、造型、立面、装饰以及其他跟艺术性相关的问题属于“建筑（学）设计”的范畴，区别于主要关注房屋安全、稳定以及设备布置、安装等工程技术问题的“建筑（工程）设计”。

---

① （美）赫伯特·A. 西蒙. 人工科学［M］. 3版. 武夷山，译. 上海：上海科技教育出版社，2004.

② 城乡建设环境保护部科学技术委员会. 中国建筑技术政策［S］. 北京：中国建筑工业出版社，1986. 在2013版中，“建筑设计”表述为“建筑设计过程是综合运用科学、技术、艺术和管理手段，满足一定建筑使用功能所进行的创造性活动。建筑设计成果既是物质产品，又是精神思维的创意产品”。

由于研究切入角度为具体项目的设计实践，本书对“建筑设计”的定义更多关注围绕具体项目的设计行为及其目标与环境，即**建筑师在建筑物（及周边环境）建造之前，根据建设任务与需求、项目环境的制约与资源，对使用和施工中需要解决的问题与预期实现的目标作出事先的通盘考虑，构想和拟定在项目环境中解决问题和实现目标的综合连贯的办法与方案，通过图纸、模型或其他媒介加以表达，并作为施工备料与组织的指导文件以及各工种在制作、建造工作中相互配合协作的共同依据，以便整个工程能够在预定的投资限额范围内运用可行的工程技术手段，按照周密考虑的预定方案顺利推进建设，使建成的建筑物（及周边环境）适应特定的项目环境，充分满足使用者和社会的需求、目的与愿望。**

围绕项目情境的建筑设计，其“文化艺术性”或“建筑学性”与“工程技术性”应该被“构想和实现适应项目环境并满足项目需求、目的、愿望的建筑物及人居环境”的实践目标整合起来。

3. 建筑创作

“建筑创作”是我国建筑界广泛使用的一个词语，以“创作”描述建筑师的设计作品在1949年之前就有了。例如，1930年12月5日《时事新报》中的“故吕彦直建筑师小传”中就有“盖此等伟大创作之成功”的说法。1956年，第5期《建筑学报》中的《在一次创作讨论会上的发言》一文首次出现“建筑创作”一词，此后，“建筑创作”一度成为我国学术界对“建筑设计”的代称。经过20世纪六七十年代的沉寂，1979年以后“建筑创作”重新被广泛使用，并在1980—2002年期间形成了一个持续的学术研讨的高峰期[①]，被沿用至今。

“建筑创作”的提法可以推断是借用“文艺创作”。“建筑创作”这个词语强调了建筑师“文化创作者”的主体身份，也提示了设计成果是具有文化艺术价值的“作品”，从而显示了建筑师与传统工匠或技术工程师的区别。这种特别提示从侧面反映了西方建筑师制度传入中国之后，社会认知对“建筑师”身份长期存在陌生感和错位感的社会现实。“建筑创作”说法的出现与沿用，跟中国建筑师一直以来努力争取和提高自身应有的社会地位有关。

对“建筑创作”的一个比较明确的定义来自张钦楠先生基于对建筑设计3个目标层次（遮蔽所 /shelter、产品 /product、文化 /culture）的划分（表1-1），他认为重视对精神价值

---

① 耿士玉，沈旸.《建筑学报》60年的建筑话语流变——基于关键词条的统计分析［J］. 建筑学报，2014，09+10：74-79.

和文化价值追求的建筑设计可以称作“建筑创作”，而一般的建筑设计则达不到“建筑创作”的高度[①]。

建筑创作与建筑设计的区别　　表 1-1

层次	掩蔽所（shelter）		产品（product）			文化（culture）	
目标要求	下限	上限	下限	中限	上限	下限	上限
	避风 挡雨	安全 可靠	最低限度 物质功能的要求			适用经济 美观	时代性 民族性 地方性
时间效果	眼前利益为主		产品使用期的效益			历史的记录	
思维方式	经验		思维方式为主			逻辑思维与形象思维的结合	
目标范围			←—— 建筑设计 ······→ ←—— 建筑创作 ······→				

［来源：张钦楠. 明确目标　创造环境——对繁荣建筑创作的几点认识［J］. 建筑学报，1986（2）：28-33.］

尽管在各个时期“建筑创作”的具体所指可能会有一些变化，但总体上可以把“建筑创作”认为是愿望水平和目标层次较高的建筑设计。“建筑创作”的态度意味着建筑师具有比较强烈的专业追求，在设计实践中不仅关注建筑物（及周边环境）基本的安全与适用，而且注重建筑作品的文化价值、艺术价值与社会影响。

“建筑创作”的提法在中国语境的历史脉络下具有独特的存在意义和积极作用，然而，我们也应该意识到其对“建筑设计”的替代或专指在某种程度上可能会维持或加剧建筑界与社会大众对建筑设计的“文化艺术属性”和“工程技术属性”的区别对待，而当代的高水平建筑设计则需要二者以及更多因素的有机整合。

本书讨论的建筑设计也指高愿望水平和高目标层次的建筑设计实践，高水平的建筑设计实践会对建筑师的设计思维连贯度提出更高要求。如果只为满足基本的使用和安全需求，则对工程技术和现实可行性的考虑会迅速占据主导地位并排挤其他因素。而随着社会经济、技术与观念的持续发展，普遍性建筑活动的目标层次与愿望水平的不断提高也成为一种明显的趋势。因此，本书中的“建筑设计”偏向于指建筑师重视专业价值追求的高水平建筑设计实践，延续学界讨论的习惯，在有些受语境推动之处本书将沿用“建筑创作”的提法。

① 张钦楠. 明确目标　创造环境——对繁荣建筑创作的几点认识［J］. 建筑学报，1986（2）：28-33.

4. 设计思维

“设计思维”的含义可能会显得模糊而宽泛，对设计的价值观、认知、方法以及技巧、诀窍、点子等话题的讨论都可能使用“设计思维”一词。

设计思维研究总体上属于设计方法论的学科分支内容，其形成和发展的脉络大致如下：工业革命之后的生产大机器化与社会商业化→现代设计运动蓬勃发展→设计方法与设计方法论研究兴起→设计主体在设计行为与过程中的认知模式、决策判断、创意飞跃、内心情境等心智运行机制受到关注并成为研究课题。设计思维作为一个课题出现，除了植根于设计研究的发展脉络，还跟人工智能、认知心理学、思维科学等学科的兴起所产生的激发与推动有关。

设计思维与设计方法紧密联系，共同构成设计主体（设计师或设计师群体）在实践中作用于设计对象（设计成果与目标）的中介层面。设计思维是相对外显的设计方法与人类主体关联的黏结层面，具有更强的主体性与内在性。对设计思维的讨论会涉及设计方法，而又更多聚焦在设计主体心智层面对设计活动与过程的认知与掌控。

本书中的**设计思维在现代设计方法论学科视角下是指设计主体在设计活动与过程中的认知方式、生成路径、决策判断、创意飞跃、内心情境等心智运行的规律、模式、框架与机制等**。在讨论设计主体的有意作为时，本书会使用“设计思考”作为“设计思维”的动词形式，以避免跟名词性含义混淆。

“设计思维”近年来成为一个跨界的热点词汇，越过设计与工程领域，在当代商业活动、企业管理以及教育训导等广泛领域同样引人注目。在当代商业世界跨界兴起的“设计思维”对建筑设计的逆向启发值得建筑师关注。

5. 连贯性

“连贯”在词典里的解释是“连接贯通”[①]，在文学上指“书面表达中句子排列组合的规则以及加强语言联系与衔接使之更为通畅的方法，具备统一的话题、合理的顺序、前后的呼应”[②]。

“连贯性”指“连续的情况或状态；部分与部分之间的连续性”[③]。

本书的“连贯性”在项目情境中主要包含以下意图：首先是任务具有统一的主题或要旨；其次是可拆分成若干部分、环节或层面；再次是各个部分、层面或环节之间具有密切

---

① 中国社会科学院语言研究所词典编辑室．现代汉语词典［S］．7版．北京：商务印书馆，2016：807.
② 百度百科词条“连贯”。
③ 百度词典词条“连贯性”。

的相互作用关系；最后是这些密切的相互作用关系围绕共同的主题或要旨将整体运行推动至连续贯通的状态。

本书的“连贯性”也指在持续的实践过程中保持一以贯之的价值重心和品质稠度。

在接下来的章节中，本书将对建筑设计思维连贯性框架的构建逐层推进：以人工科学、设计思维等研究为基础，融合实践体认的理论化思考，建立围绕项目的建筑设计认知模型，提出价值重心、项目环境、内部着力点、外部推动力等概念，构建围绕项目情境的建筑设计思维框架，并分为概念探索、形式生成、建造控制等三个相互交叠、彼此联动的核心思考层面，且对各层面内部、相互之间及与价值重心、项目环境之间的连贯桥接展开阐述。

第二章　设计思维关联实践的三条线索

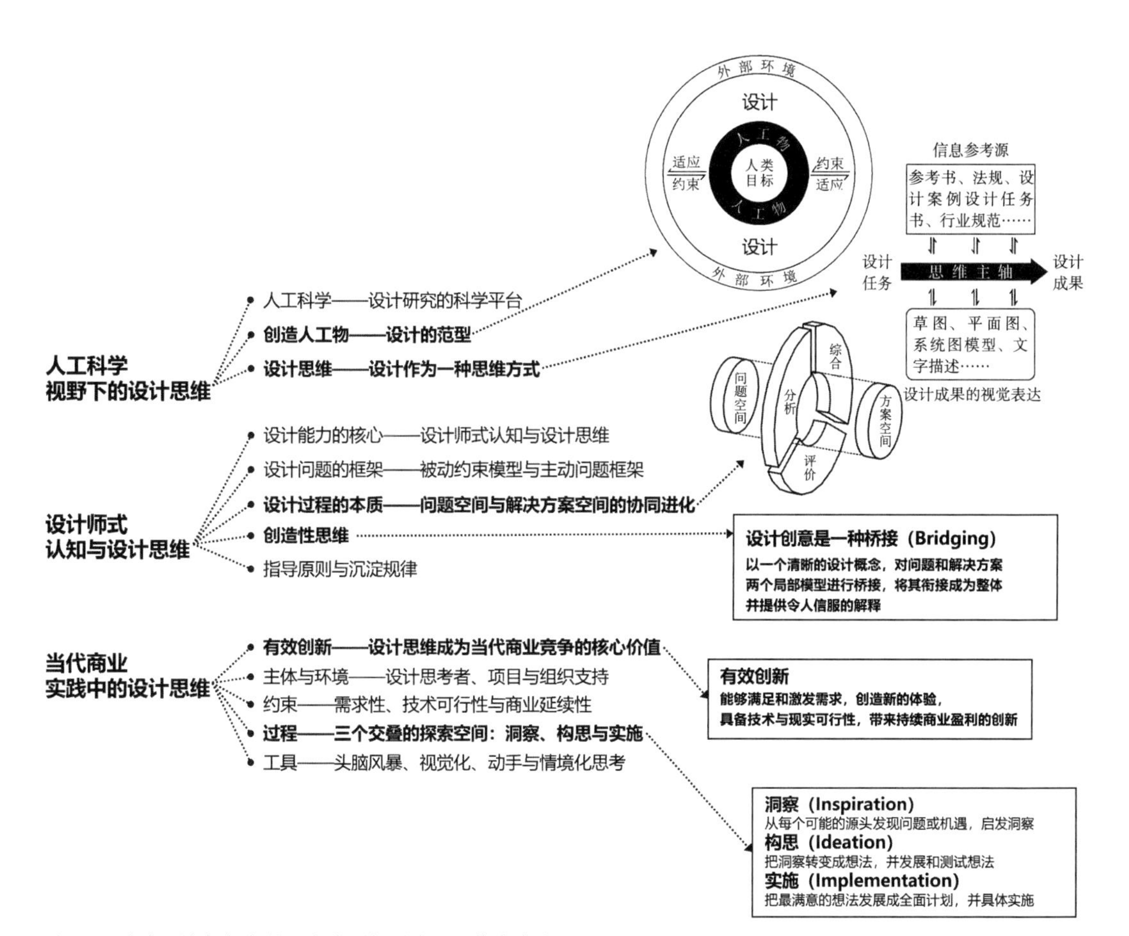

图 2–1　本章研究框架与核心内容图解（来源：作者自绘）

要将对设计思维的思考与在真实世界中的实践有效连接起来，需要从历时性回顾中披沙拣金，提炼出其在科学范式、主体心智、前沿实践等不同维度的关键线索，并以实践体认的映照加以梳理及整合。

2.1 人工科学视野下的设计思维

2.1.1 人工科学——设计研究的科学平台

美国经济学、管理学和心理学家赫伯特·A. 西蒙（Herbert A. Simon）于1969年出版了著作《人工科学》(1981年出版第二版，1996年出版第三版，又译为《人为事物的科学》)。在书中，他纵贯经济学、思维心理学、学习科学、设计科学、统筹学、复杂性与层级系统等学科和主题，构建了“人工科学”的概念。赫伯特·A. 西蒙认为：近300年来自然科学取得了很大的发展，其目标是解释自然界，也就是认识自然。但是，人们如今生活的世界已经充分地人工化，应该建立一种跨越传统学科的“人工科学”(the sciences of the artificial)，也就是改造世界的科学[①]。

《人工科学》一书被认为是推动设计学科发展的经典著作，其主要原因如下。

首先，赫伯特·A. 西蒙从学科整合的视角提出了“人工物”和“人工界”等定义，并指出设计科学是研究创造人工物的学科[②]，这为清晰而稳定地界定“设计”的行为目标和活动环境等基本概念提供了条件。之后的设计研究——包括我国学者的研究——很多都在“人工物”和“人工界”的概念平台上进行。

其次，赫伯特·A. 西蒙在构建“人工科学”概念的过程中纵贯联结了众多的相关学科和主题，这样就建立了一个开放性的平台，为设计科学与其他学科的交叉融合提供了许多启发和接口，预示了学科未来发展可能具有的开阔前景。

最后，赫伯特·A. 西蒙在第五章“设计科学：创造人工物”的小结之后专门增加了一篇名为“设计在精神生活中的作用”的论述，提出“设计”作为一种文化背景，其重要性超出了“设计师”的专业工作范围，应该成为“各种文化的成员都能享用的共同知识内核”[③]的组成部分。赫伯特·A. 西蒙总结：“……在相当大的程度上，要研究人类便要

---

① （美）赫伯特·A. 西蒙. 人工科学［M］. 3版. 武夷山，译. 上海：上海科技教育出版社，2004：1-3.
② （美）赫伯特·A. 西蒙. 人工科学［M］. 3版. 武夷山，译. 上海：上海科技教育出版社，2004：103.
③ （美）赫伯特·A. 西蒙. 人工科学［M］. 3版. 武夷山，译. 上海：上海科技教育出版社，2004：127.

研究设计科学。它不仅是技术教育的专业因素，也是每个知书识字人的核心学科”[①]。赫伯特·A. 西蒙展示的“大设计”作为人类基本素质教育的核心学科之一的愿景成为后来设计研究者持续为之努力的一种学科理想。

《人工科学》出版几十年来，随着设计研究的发展，学者们也对赫伯特·A. 西蒙开创性的研究提出了批判。法国学者马克·第亚尼在《非物质社会》一书中指出赫伯特·A. 西蒙对于设计的解释存在一种矛盾——一方面突出了“设计”与“科学”的不同，另一方面又强调要建立一门“设计科学”[②]。赫伯特·A. 西蒙虽然对“设计也许无法等同于科学”有所察觉，但他的根本目标在于拓展“科学”的视野，他讨论的“设计”是他倡导建立的“人工科学”体系下“人类创造人工物的活动”这个意义上的“大设计”，是对人类广义设计行为的意义、内涵和方式的高度抽象的总结和论述，在理论研究和学科奠基上的确具有重要价值，但还远远不能直接作为指导具体设计实践的理论和准则。要使设计研究从“人工科学”的平台（改造世界的宏观思考）贯通到指导设计实践的层面（改造世界的具体行动），以下两个方面的深入研究必不可少。

一个是广义设计学之下的具体设计门类，如建筑设计、产品设计和艺术设计等客观存在具体的差异，需要围绕各自的自身特点建立具体有效的知识体系、方法技能与思维方式；另外一个可能更重要的方面是，按照赫伯特·A. 西蒙的《人工科学》一书的立论方式，研究设计的学者或许能够推导出一系列符合传统科学标准的研究理论成果，但是无法帮助从事设计的人更好地进入设计实践的情景和状态，这里需要引入另一种对设计的理解，**即把设计的主体性和实践性紧密结合起来的方式**。

2.1.2　创造人工物——设计的范型

赫伯特·A. 西蒙在《人工科学》一书中指出设计的目标是创造人工物，并给出了定义人工物概念的 4 个方面：

1. 人工物是经由人综合而成的（虽然并不总是，或通常不是周密计划的产物）。

2. 人工物可以模仿自然物的外表面而不具备被模仿自然物的某一方面或许多方面的本质特征。

3. 人工物可以通过功能、目标、适应性三方面来表征。

① （美）赫伯特·A. 西蒙. 人工科学［M］. 3 版. 武夷山，译. 上海：上海科技教育出版社，2004：129.
② （法）马克·第亚尼. 非物质社会［M］. 腾守尧，译. 成都：四川人民出版社，1998：6.

4．在讨论人工物，尤其是设计人工物时，人们经常不仅着眼于描述性，也着眼于规范性[①]。

图 2–2　设计的范型（来源：作者自绘）

其中表征人工物的“功能、目的、适应性”三要素中，“功能”是指“人工物的内部体系所具有的性质”；“目的”是指“人类的目标或愿望”；“适应性”是指“对外部环境的适应”。这三者构成人工物存在和发挥功能的环境范型，即由内部体系、人类目标和外部环境构成的整体关系模型，这也构成了描述和定义“设计”的范型。创造人工物的“设计”可以定义为：**为了满足人类的目标和愿望，构想具有功能的物体或系统，并使之适应所处环境，从而有效完成目标和达成愿望的思考与行动**（图 2–2）。

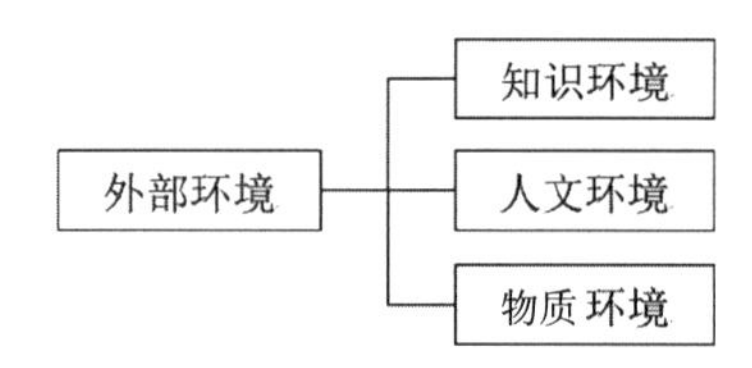

图 2–3　外部环境构成
（来源：作者自绘）

在这里，我们有必要进一步明确内部体系和外部环境的关系：首先，内部体系与外部环境的关系是双向互动的，人工物的形成需要从外部环境获取资源，同时必须适应外部环境的制约；其次，外部环境不仅仅指包括自然在内的物质环境，也包括由文化、历史、政治、社会等方面构成的人文环境，还包括由具体专业知识体系构成的知识环境（图 2–3）。

2.1.3　设计思维——设计作为一种思维方式

在科学领域，把设计视作一种“思维方式”的观念可以追溯到《人工科学》，赫伯特·A．西蒙在这本著作中呈现了建构这种观念的 3 个层面。

1．认知心理学层面——与设计技能密切相关的思维规律

现代认知心理学围绕“问题求解”这一人类思维活动的核心议题对人类思维的结构、机制和过程做了富有成果的研究。《人工科学》一书从现代认知心理学的视角探讨设计与思维的关系。同人类设计技能密切相关的思维规律，主要有以下几点。

（1）设计与其他领域一样必须遵守人类思维由于生物学构成而产生的基本限制，如“短时记忆结构的储存能力较小（小于 7 块信息单元）”和“将一块信息单元从短时记忆转

① （美）赫伯特·A．西蒙．人工科学［M］．3 版．武夷山，译．上海：上海科技教育出版社，2004：5.

移到长时记忆所需时间相对较长（约为 8s）”[①]。这些制约使思维过程表现为一种串行处理或搜索状态（**同时考虑的问题数量的有限性**），从而限制了人们的注意广度（**注意力的选择性**）以及知识和信息的获得速度与存量。因此，保持连贯性对于人类思维来说，在一个持续的工作过程（如设计）中是必须面对的基本挑战。

（2）“人在求解问题或思考时总是在一些普遍的控制和搜索机制的指导下进行，其中对设计而言最重要的机制是启发式搜索等。搜索过程是在两个问题环境当中进行的——一个是真实的外部环境；另一个是长时记忆。长时记忆是由组块和联想链等构成的表结构。从长时记忆中取出信息，比存入新信息快得多，大约 0. 1~2s / 组块。”[②]

（3）“在思维活动中存在着以适应性产生式系统为基本原理的学习和发现机制，它使思考者获得新的策略，以更高效率适应问题环境。产生式是以条件和动作组成的法则，构成长时记忆当中的策略库存。这个策略库存能不断增长和更新，并能在外界刺激和内部动机控制下迅速取出。”[③]

认知心理学的其他丰富的议题也对理解人类设计技能的本质有所帮助，如概念和知识的获得与表达、各种推理的形式、视觉思维的规律、自然语言的运用等。基于跟设计技能密切相关的思维规律，赫伯特・A. 西蒙进一步指出：在实际设计实践中，设计整体过程的推进是在特定思维模式中进行的。

2. 实践行为层面——设计推进过程的思维模式

实际的设计行为发生在复杂的环境中，赫伯特・A. 西蒙通过“蚂蚁预言”表达了“人类的思维单元是简单的，人类行为轨迹的复杂性体现了需要适应的环境的复杂性”[④]的观点。因此，我们不仅可以对与设计技能密切相关的基本思维规律做出描述，而且也可以在繁复各异的表象中抽象地认识到在实践中设计整体过程推进的普遍思维模式。

（1）设计任务（问题）具有**等级结构**和**可分解性**[⑤]。虽然设计任务通常是复杂的，但具有可分成子系统或分系统[⑥]的层次结构，这种层次结构带有“人为设定”的因素，即根据人们观察和入手的角度不同可以得出不同的分解方式和分层模型。C・亚历山大和 M・曼黑姆等人提出了一些著名的分解和分步设计方法，如分量决定法、交叉矩阵法和资源配置法

---

① （美）赫伯特・A. 西蒙. 人工科学［M］. 3 版. 武夷山，译. 上海：上海科技教育出版社，2004：76.
② 杨砾，徐立. 人类理性与设计科学——人类设计技能探索［M］. 沈阳：辽宁人民出版社，1988：217.
③ 杨砾，徐立. 人类理性与设计科学——人类设计技能探索［M］. 沈阳：辽宁人民出版社，1988：218.
④ （美）赫伯特・A. 西蒙. 人工科学［M］. 3 版. 武夷山，译. 上海：上海科技教育出版社，2004：48-50.
⑤ 杨砾，徐立. 人类理性与设计科学——人类设计技能探索［M］. 沈阳：辽宁人民出版社，1988：254.
⑥ 部分学者把空间上可分的叫子系统，功能上可分的叫分系统。

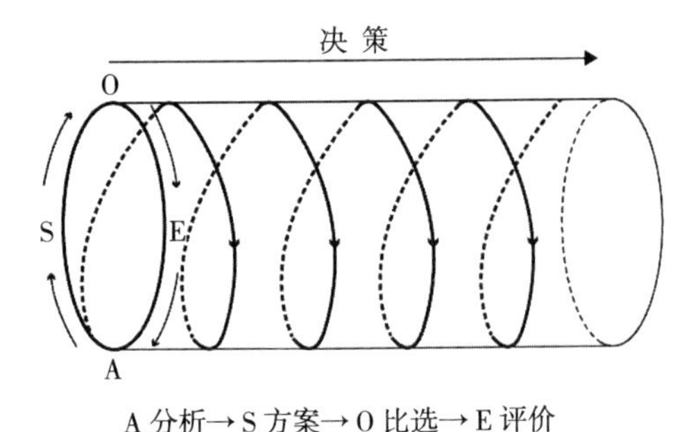

图 2-4　搜索与决策的行动链
（来源：作者自绘，参考自彼得·罗. 设计思考［M］. 天津：天津大学出版社，2008：54.）

等。我们可以根据任务采用有效的分解方法，把整体任务拆解成彼此联系较弱的部分分别应对。我们在分解任务的时候应该关注系统性和连贯性，即努力保持对子（分）系统间相互联系的注意，使分析建立在综合的基础上，并在分析之后能够再综合。

（2）设计过程是由**一连串的搜索和决策的小循环衔接所构成的行动链**（图 2-4）。设计任务的可分解性，使设计过程能够化解为适于人类思维能力承担的一系列连续的搜索备选方案和评价决策的小循环。赫伯特·A. 西蒙和一些学者指出符合设计思维创造性特质和设计实践现实环境的搜索模式是**启发式搜索模式**即**高度选择性试错模式**[①]，而不是理论上的最优选择模式或穷举试错模式。而评价决策则主要依据有限理性和满意准则——**有限理性**是指人类行为的依据是受人类认知和决策成本限制的有限度的理性。因此，人类选择机制不是完全理性的最优机制，而是有限理性的适应机制。决策者在决策之前没有齐备的相关信息和候选方案，而必须通过信息收集和方案搜索。决策者做不到对效用函数求最大化，而是依据一个可调节的愿望水平（这个愿望水平根据决策者的经验和性格特征、搜索方案的资源成本等因素而调节）决定搜索的结束和方案的选定。从有限理性出发，赫伯特·A. 西蒙提出了实际决策的**满意准则**，即①根据目标愿望以及所处的境况调节愿望水平，确认什么是"好"或"令人满意"；②搜索备选方案，直至找到一个"足够好"的方案为止。而一旦找到足够好的备选方案，就停止搜索，告一段落。面对每一个子（分）任务的具体决策，决策者原则上可以运用赫伯特·A. 西蒙提出的决策四步骤来完成决策，即收集和分析情报；形成可能的方案；在可能的方案中做选择；对选择的方案和实施作出评价。有限理性观念下的启发式搜索与决策的满意准则是紧密关联的，整个思维模式使得"真实的人在无法完全了解复杂事物和环境的情况下仍能处理复杂事务"[②]，而设计正是在这种充满复杂性和不确定性的情景下推进的。

（3）设计整体进程的思维模式——**思维主轴与外部储存结构的连续互动**（图 2-5）。赫伯特·A. 西蒙专门以建筑学为例，描述了在当今充分专业化的领域中实践主体（人）如何处理主体心智和外部资源的结合："建筑学是个很好的例子。……专业人员所需的许

① （美）赫伯特·A. 西蒙. 人工科学［M］. 3 版. 武夷山，译. 上海：上海科技教育出版社，2004：85-86.
② （美）赫伯特·A. 西蒙. 人工科学［M］. 3 版. 武夷山，译. 上海：上海科技教育出版社，2004：128.

多信息储存在参考书、设备、部件和法定建筑规程之中。没有哪个建筑师打算将这些记在脑中，或搞设计时不经常借助这些信息源。……即将出现的设计结果也体现在一组外部储存结构之中：草图、平面图、系统图、模型等。在设计过程的每一阶段，这些文件所反映的局部设计起着重要刺激物的作用，它们向设计者暗示下一步应该试图做什么。有了新的子目标，设计者又能从记忆和参考源中汲取新信息，朝设计的完成又迈出一步。”[①] 设计主体（人）的心智活动沿着设计推进的轨迹构成主导性的思维主轴，其推进过程除了需要不断调动长时记忆中的信息和策略库外，还必须经常借助外部的信息储存结构，这些信息储存结构主要分成两种，一种是之前作为知识或人文背景的已经存在的信息参考源（参考书、法规、设计案例等）；另一种则是阶段性设计成果的视觉表达（草图、图纸、模型等）。主体心智的思维在这些平台之间交互穿梭、搜索、衔接、试错、评价、判断、决策，逐步解决眼前的子目标和明确下一个可能需要解决的子目标，从而推进整体设计进程。

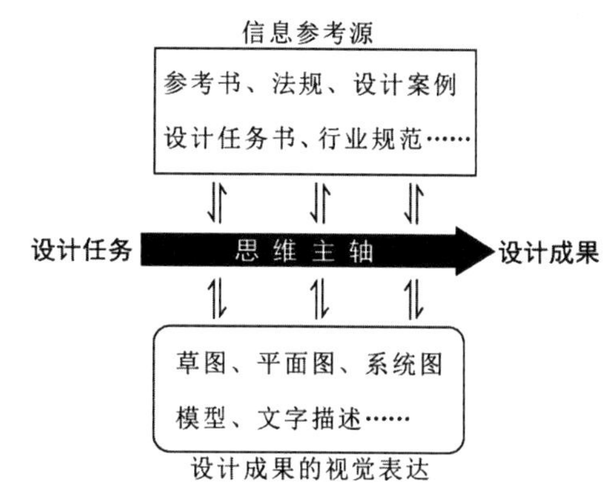

图 2-5　设计思维主轴与外部储存结构的连续互动（来源：作者自绘）

3. 学科定位层面——设计的含义比手段、职业与实践行为更广阔

前文已经提到，赫伯特·A. 西蒙提出“设计”的重要性超出“设计师”的专业工作范围，应该成为“各种文化的成员都能享用的共同知识内核”的基本组成部分。这种对设计学科深层价值的洞察和发掘被其他学者继续发扬，力图把设计学科推动成为与科学、技术和人文等学科对等的基本大学科，而非科学、艺术或技术的一门分支。英国学者 N·克罗斯（Nigel Cross）将科学、人文和设计在认知对象、认知方式和研究价值等各方面进行对比，明确设计的含义及其独特性（表 2-1），并指出在通识教育中与培养科学家式（scientific）和艺术家式（artistic）素养相似，我们还应重视和发展培养设计师式（designerly）素养。中国学者柳冠中在赫伯特·A. 西蒙的观点基础上提出“科学解决是什么（be），技术解决可以怎么样（might be），设计解决应该怎么样（should be）”[②]，正是“大设计”作为人类基本素质教育的核心学科之一的愿景把“设计”从具体的手段、职业或实践行为的含义中加以提升，才使其思维模式、方法技能和创造性价值有可能升华为一种既

① （美）赫伯特·A. 西蒙. 人工科学［M］. 3 版. 武夷山，译. 上海：上海科技教育出版社，2004：85-86.
② 柳冠中. 事理学论纲［M］. 长沙：中南大学出版社，2006：13.

有独特性又有普遍性的关于改造世界的认识论、方法论和价值观的结合体。在当今国际商业界和高等教育界，“设计思维”成为一个广为传播的旗帜性名词——表示一种与设计师式素养密切相关，强调积极地发现需求或问题、搜索创意、系统性解决复杂问题和重视最终体验效果，能够帮助个人、企业或组织建立竞争优势或解决全局性复杂难题的思考与行动方式。

科学、人文和设计的对比　　表 2-1

	科学	人文	设计
认知对象	自然世界	人类经验	人造世界
认知方式	可控的实验、归类、分析	类比、比喻、批判、评价	建模、图式化、综合法
研究价值	客观、理性、中立、追求真理	主观、想象、承诺、追求正义	实用、创造、移情、关注适用

［来源：作者自绘。参考自：(英) Nigel Cross. 设计师式认知［M］. 任永文，陈实，译. 武汉：华中科技大学出版社，2013：11.］

2.2　设计师式认知与设计思维

《人工科学》展现了一个强调理性和科学性的跨学科设计研究平台，推动设计科学向建立独立学科的方向发展。在《人工科学》出版前后的 20 世纪六七十年代，设计方法论的研究兴起了一个科学化的潮流并延续到 20 世纪 80 年代，重点是设计流程的理性化和科学化。然而，随着“科学的方法在日常设计实践中并未取得多大的成功”[①]，学者们逐渐认识到设计行为跟科学研究（或艺术创作）有着本质上的区别，并开始关注和建立设计学科的另一块基石——对设计师式认知和设计思维的研究。这类研究聚焦在真实世界中实践着的设计师（特别是富有成就的设计师）及其设计实践，通过设计师采访、观察设计过程实例、“有声思考”[②]实验以及反思与理论化等研究方式，认识、理解和描述设计师的认知与思维方式、设计行为过程以及设计专业知识的本质特征。

2.2.1　设计能力的核心——设计师式认知与设计思维

英国学者 N·克罗斯在对设计专家的设计能力进行总结研究之后指出“设计师式认

① (英) Nigel Cross. 设计师式认知［M］. 任永文，陈实，译. 武汉：华中科技大学出版社，2013：171-172.

② Nigel Cross. Design Thinking: Understanding how designers think and work［M］. Berg/Bloomsbury，2011：3.

知”和“设计思维”是设计能力的核心内容[①]。他把“设计师式认知”和“设计思维”作为一组紧密相关的概念，并把其范畴归类为设计中问题的界定、解决方案的产生以及设计过程策略的运用等3个部分。

基于对设计师式认知和设计思维课题的系列化研究，N·克罗斯认为“**设计能力是一种以解决未明确定义的问题为目的的综合能力**”[②]，包括以下主要特征。

1. 采用聚焦于解决方案的认知策略（solution-focused cognitive strategies）

N·克罗斯引用Eastman的口语分析研究成果指出[③]：设计师在设计推进中以解决方案为导向，而非以问题为导向。在充分界定问题之前，设计师的研究对象往往就会转到解决方案（或局部解决方案）的创意点上。重要的是对解决方案的评价，而非对问题的分析验证，尤其是经验丰富的设计师，更倾向于通过提出假设性解决方案处理设计任务，而不是用大量时间来分析问题。

英国学者布莱恩·劳森通过对比科学家和建筑师的解决问题思路的实验研究[④]也发现：科学家致力于发现规则，会单纯地对问题进行严格定义。建筑师则期望达成符合要求且令人满意的结果，在思考解决方案的同时了解问题。把同样的实验应用在年轻学生身上，则发现建筑学大一新生和中学六年级学生并没有呈现明显的认知和思维差别，这表明，建筑师是在教育和实践中逐步倾向聚焦于解决方案的思维，可能是在学习和实践中，他们发现这种思路对解决建筑设计问题更有效率。这一推测的根据是“设计问题常常是未明确定义的，若像科学家那样试图定义和全面了解问题，则不太可能在有效的时间内产生合适的解决方案”[⑤]。也就是说，这是设计问题的性质与决策过程的有限理性及满意准则共同造成的。

建筑职业实践也有例证：在华南理工大学建筑设计研究院创作中心（笔者所在的设计团队，以下简称创作中心）的建筑创作中，设计团队会先根据设计任务广泛收集相关资料和信息，经过初步分析和定位之后，就会鼓励团队成员提出各种试探性方案，并迅速进入多方案比选阶段。在对众多方案进行讨论、评价、筛选、修正和整合的过程中，逐步形成对设计更深入地理解和对所需要解决问题的认识，逐渐产生独具特色且切实可行的最终方案。有些独特的方案甚至还会激发团队的思维，并在设计过程中对前期的分析和定向做出

---

① （英）Nigel Cross. 设计师式认知［M］. 任永文，陈实，译. 武汉：华中科技大学出版社，2013：中文版序.
② （英）Nigel Cross. 设计师式认知［M］. 任永文，陈实，译. 武汉：华中科技大学出版社，2013：3.
③ （英）Nigel Cross. 设计师式认知［M］. 任永文，陈实，译. 武汉：华中科技大学出版社，2013：138.
④ （英）布莱恩·劳森. 设计师怎样思考：解密设计［M］. 杨小东，段炼，译. 北京：机械工业出版社，2008.
⑤ （英）Nigel Cross. 设计师式认知［M］. 任永文，陈实，译. 武汉：华中科技大学出版社，2013：39.

明显的调整。没有试探性的方案就无法清楚地讨论设计问题。

2. 运用溯因或同位的思维方式（abductive or appositional thinking）

设计并非不运用人们熟知的演绎（deductive）推理和归纳（inductive）推理，但N·克罗斯、彼得·罗、布莱恩·劳森等学者都认为，溯因推理是设计师处理设计问题常用的思维方式。溯因推理的概念来自于哲学家查尔斯·桑德斯·皮尔士（Charles Sanders Santiago Peirce）。查尔斯·桑德斯·皮尔士提出溯因推理是开始于事实并推导出其最佳解释的推理过程①，并把溯因与演绎及归纳一起并列为基本推理模式之一。溯因推理是一种推测性的逻辑，有些学者更倾向于使用有效性推理（productive reasoning）或者同位性推理（appositional reasoning）来描述这种主动引入假设的思路，这都说明了设计认知及思维过程的独特性。②

美国学者彼得·罗比较了演绎、归纳和溯因推理的不同（图2-6），并借用Handa的例子来说明溯因推理③：

"假设我们希望让两个命题A与C相互关联，而且两者看起来分别属于两个明显不同的领域X与Y。在此，依靠第三种命题B的演绎与归纳是无效的，因为B必定是非属于X领域即属于Y领域。为了使A与C相关，我们必须延伸X和Y这两个截然不同的领域，并拿出另一种认为他们有所关联的观点，以便让B同时属于X和Y领域。举例来说，假定A、B、C是平面上的二维区域面积，A是X的子集，C是Y的子集，然后X与Y是漂浮在三维空间里的不同平面，那么本来使A和C能够并存的B是不存在的，但如果我们允许加入一个弯曲的三维空间概念，那么包含或连接A和C的B就可能被发现或创造出来了"（图2-7）。

	前提	普遍情形	具体情形
演绎	A⊂B and B⊂C	A⊂C	A⊂C
归纳	A⊃B and B⊂C	A∩C≠∅	A⊂C　A⊃C　A∩C≠∅ ≠A ≠C
溯因	A⊂B and B⊃C	A∩C≠∅ A∩C=∅	A⊂C　A⊃C　A∩C≠∅ ≠A ≠C　A∩C≠∅

图2-6 演绎、归纳和溯因推理的区别
（来源：彼得·罗. 设计思考［M］. 天津：天津大学出版社，2008：115.）

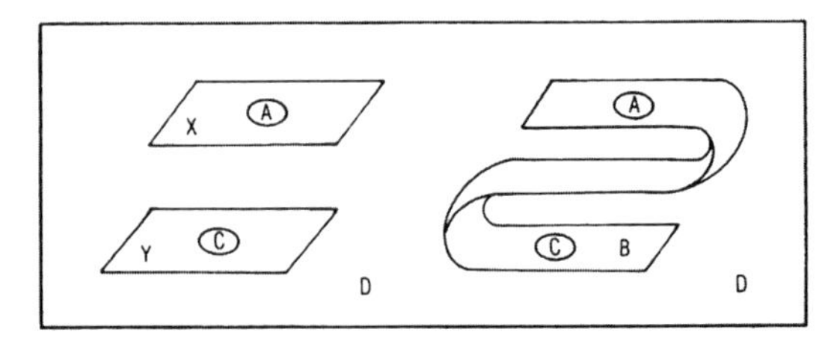

图2-7 溯因推理图解
（来源：彼得·罗. 设计思考［M］. 天津：天津大学出版社，2008：116.）

① （英）Nigel Cross. 设计师式认知［M］. 任永文，陈实，译. 武汉：华中科技大学出版社，2013：40.

② 同上：P40。

③ 彼得·罗. 设计思考［M］. 天津：天津大学出版社，2008：115.

彼得·罗继续指出，溯因并不是一个随机的举动，其运用应该能够使解决问题的行动更容易。这种探索式的思考模式在设计中的应用十分普遍，以使我们能将自发性限制引入到当前的问题空间里，以促成进一步的行动。在设计经常遇到的界定不佳和“狡猾”的问题面前，溯因是常规思路而非特殊情形。

3. 使用非口语的绘图和建模媒介（non-verbal modeling media）

设计师在设计中使用非口语的建模媒介，即草图、图纸、模型等图形或空间的建模和表达方式来推进设计进程和表达成果。这里至少有两层含义：设计的最终成果主要由图纸和模型来表达，与文字和语言作为记录人类思考和推理的媒介一样，它们是呈现设计思考成果的“设计语言”；与此同样重要的是，离开不断地绘图和建模，设计过程就难以推进。

通过不断地绘图和建模推进设计对设计师而言绝不陌生，设计过程中的草图、图纸和模型会作为一种“外部储存器”记录和呈现阶段性的设计思考成果，进而提供一个设计者与自身之间的思考与进行对话的“情境”。学者Schon这样描述这种“情景反馈对话”：“通过草图，设计师依据自身对设计问题最初的认识，建立了设计情景，设计情境会反馈给设计师一些信息，设计再根据这些信息做出反应”[①]。这种基于草图或模型的“情景反馈对话”有以下作用。

（1）设计成果表现出从概念到细节层次分明的等级结构，但设计推进中的设计思维并不是一种具有严格层次等级的过程。借助草图和模型，设计师在设计进程中可以跨越层级，自由游走于详细程度不同的层次之间，对一些重要线路的关键问题（从概念到细节）进行反复推敲，逐步清除影响整个设计实现全盘连贯的障碍。

（2）设计师在试图解决问题时，相关的内容才能围绕问题清晰呈现和组织起来。这些内容包括设计任务、设计师大脑的长时记忆、外部的参考信息源（参考书、案例、法规等）以及其他所有可能与解决问题有关的制约和资源。设计师在绘图和建模的媒介上不断尝试引入、评价、排除和结合这些资源和制约，使原本不明朗的设计问题逐步结构化，同时也推动解决方案的清晰化。也就是说，草图和建模是设计过程中设计师同步发展问题空间和解决方案空间的探索式途径。

（3）草图和建模能帮助设计师实现在解决问题空间里的创意转换[②]，能够辅助设计师在“看见”（对之前想法的反思性评价）和“看作”（类比联想和对草图的创造性解读）之间自由切换，拓展设计探索的可能性和持续激发设计师的创造意识。

正如书写是我们思考和推理过程的扩音器一样，绘图和建模也是设计思维过程的扩音

① （英）Nigel Cross. 设计师式认知［M］. 任永文，陈实，译. 武汉：华中科技大学出版社，2013：41.
② （英）Nigel Cross. 设计师式认知［M］. 任永文，陈实，译. 武汉：华中科技大学出版社，2013：74.

器。如果不进行书写，我们将无法连续地探讨和解决头脑中的想法；如果不进行绘图和建模，设计师也将无法顺利地探索和解决头脑中的创意。这种非语言的媒介方式呈现了设计思维的特征，例如探索的、试错的、带有机会主义色彩的和反省性的，同时也说明了“设计语言”本身的视觉化和编码化的本质。

N·克罗斯认为设计文化并不过多地依赖语言、计算、文学的思维和沟通模式，而是主要依赖非语言的以图形和模型为主的“编码”方式。“与设计相关的非语言的思考与交流领域包含了从平面图形能力（graphicacy）到造物语言（object languages）、行为语言（action languages）及认知映射（cognitive mapping）等广泛的组成元素”。他进一步指出，“设计师使用‘编码’进行抽象需求和具象形式之间的转换；设计师使用‘编码’进行读写，转换造物语言”①。

2.2.2 设计问题的框架——被动式约束模型与主动式问题构架

美国学者彼得·罗（Peter G. Rowe）在研究设计思维时把需要解决的问题分成3种②（表2-2）。设计问题往往属于“定义不佳的问题”或“狡猾问题”，需要运用探索和试错的方法寻找解决方案，而且问题本身的体系也有待于设计师在寻找解决方案的同时逐步厘清。

设计的3类问题　　表2-2

问题类型	常用解题方法	例子
确定性问题 Well-Defined Problems	1. 计算型方法 （1）决定性过程 （deterministic process）	1+1=2
非确定性问题或不甚明确的问题 ILL-Defined Problems	（2）随机性过程 （stochastic process） （3）模糊逻辑过程 （fuzzy logic process）	概率法 $E(X)=\sum_{i=1}^{n} x_i p(x_i)$ 高、低；美、丑 ……
开放终端或“狡猾性”问题 Wicked Problems	2. 诱导型方法	建筑方案构思

客户提供的设计概要文件或设计任务并不能直接反映设计要解决的问题，因为设计师职业存在的前提就是：客户有目标和愿望，但是他们并不能清晰地知道自己最后会得到什

① （英）Nigel Cross. 设计师式认知［M］. 任永文，陈实，译. 武汉：华中科技大学出版社，2013：28-29.
② Peter G. Rowe. Design Thinking［M］. London: The MIT Press, 1987: 39-41.

么样的解决方案。建筑师 Denys Lasdum 说："我们的工作并不是给客户想要的，而是给他做梦也没有想到的。当他得到时，会发现这是他梦寐以求的"[①]。设计师的行为特征是把看似给定的问题当作未给定的问题来处理，问题本身、问题目标和初始条件在探索过程中都可以被改变或重新定义，直到问题空间和解决方案空间达成一种令人满意的匹配状态。

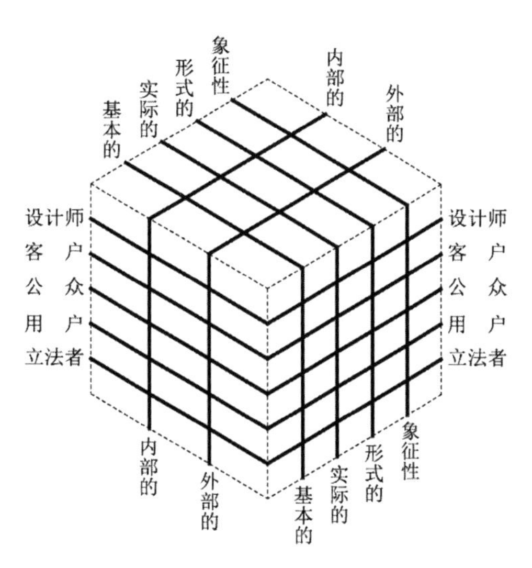

图 2-8　设计约束模型
（来源：作者自绘。参考布莱恩·劳森. 设计师怎样思考：解密设计［M］. 杨小东，段炼，译. 北京：机械工业出版社，2008.）

设计具有探索性和不确定性，但绝不是一种随意的自由，设计过程要接受来自多方面的制约。在设计初期，设计师就要设法识别可能会遇到的主要约束，为设计推进确定方向。布莱恩·劳森在《设计师怎样思考：解密设计》一书中讨论和建立了设计约束的模型，能够比较有效和清晰地帮助设计师理解设计约束的来源、范围和功能。笔者在此基础上，针对当代社会重视公众意见和参与的趋势，增加了"公众"一项，形成本书的设计约束模型（图 2-8，表 2-3 ~ 表 2-5）。**这个设计约束模型具有帮助建筑师全面理解设计约束的结构性框架的作用，在实践中建筑师也可以依据其检视当前项目可能遇到的约束，属于知识储备或是防御型的工具，笔者称之为设计问题的"被动式约束模型"。**

在实际项目设计中，设计师不会限于给定的设计任务，而会在更宽泛的设计概要的基础上提出假设性的解决方案，并逐步发现、理解和界定设计问题，形成一个围绕当前项目的"问题空间"。问题空间的概念由赫伯特·A. 西蒙和他的同事 A. 纽厄尔提出，是指问题解决者认知问题的状态，由问题所包含的相关信息构成，主要由认知问题的初始状态、目标状态及操作等三个方面来定义[②]。在实际操作上，问题空间的架构过程主要包括确定待处理的问题和建立处理问题的语境，这个语境关乎如何把设计任务、设计问题以及解决方案联系起来并提供令人满意的解释。"问题空间的架构活动很少能在设计过程的开始阶段一次性完成，它不仅在设计初期占据主导地位，而且会在整个设计任务的过程中周期性地反复出现"[③]。

① （英）Nigel Cross. 设计师式认知［M］. 任永文，陈实，译. 武汉：华中科技大学出版社，2013：64.
② （英）Nigel Cross. 设计师式认知［M］. 任永文，陈实，译. 武汉：华中科技大学出版社，2013：141.
③ （英）Nigel Cross. 设计师式认知［M］. 任永文，陈实，译. 武汉：华中科技大学出版社，2013：143.

设计约束的来源　　表 2-3

设计约束的来源	描述	灵活性排序
客户	客户是把设计项目委托给设计师的人或机构，他们的目标、愿望和禁忌是产生各种设计问题和约束条件的最直接的源泉。理想的状态是通过设计师与客户之间的良性互动，创造性地探索与分析设计问题和约束	灵活的 可选择的 ↑ 设计师 公众 客户 用户 立法者 ↓ 刚性的 强制性的
用户	用户是最后真正使用建筑或产品的人们。今天，大量设计任务的委托客户并不是最终用户，而设计师往往很少能直接接触到用户，不仅设计师与用户之间，而且客户与用户之间也存在社会组织上的“隔阂”。设计师应特别注意了解用户的真实需要	
立法者	规划部门、消防部门、电力部门、水利部门等制定与设计、制造与建造有关法规的政府部门就是“立法者”。如何在灵活多变的设计中满足各种法规条例的要求，是设计师需要面对的一个复杂难题	
公众	通过媒体的传播，现在很多设计，特别是重要的项目会对并不直接参与该项目的人群产生影响。作为广义社会现象的作品的设计师应该主动洞察和了解公众潜在的共同价值、愿景及禁忌，推动社会共识、公共价值的伸张和规避对文化禁忌的冒犯	
设计师	设计师自身经过沉淀而形成的理念原则与艺术追求也构成设计的一种约束。越优秀的设计师，就越会感受到自己的追求和准则与设计任务之间的张力关系，这种张力往往又成为推动优秀作品出现的推动力	

（来源：作者自绘。参考布莱恩·劳森. 设计师怎样思考：解密设计［M］. 杨小东，段炼，译. 北京：机械工业出版社，2008.）

设计约束的领域　　表 2-4

设计约束的领域	描述	自由度排序
内部约束	来自于设计成果内部构成的约束称为内部约束，例如住宅内部的灶具、厨房、餐厅、起居室等元素之间的功能关系，以及空间与结构之间的关系等。布扎（Beaux Arts）教学体系里的核心观念之功能流线分析，就是典型的处理建筑设计内部约束的技能训练	自由度大 ↑ 内部约束 外部约束 ↓ 自由度小
外部约束	来自于设计成果外部环境的约束称为外部约束，例如住宅场地边界、日照间距、街道引入的交通等元素。外部约束会给设计师发挥自由度带来外部环境的限制，同时也常常影响和赋予设计师以灵感	

（来源：作者自绘。参考布莱恩·劳森. 设计师怎样思考：解密设计［M］. 杨小东，段炼，译. 北京：机械工业出版社，2008.）

设计约束的功能　　表 2-5

设计约束的功能	描述	自由度排序
基本约束	基本约束事关设计物体或系统的主要目的，基本是指“根源的”或“基础的”。例如，设计一所学校，基本约束是指该学校执行的教育制度。通常，客户对基本约束都能准确而清晰地理解，并通过设计任务书来传达。但是，也常会出现客户与用户之间对基本约束的分歧。例如设计一所医院，如对病人有利的安排，医务人员未必会赞成	自由度大 ↑ 象征性约束
实际约束	实际约束涉及生产、制造或建造设计作品的现实条件及技术条件等方面。对建筑师而言，实际约束包括外在的场地承受力等因素，而内在的约束如建造材料等因素	

续表

设计约束的功能	描述	自由度排序
形式约束	形式约束主要指设计成果的视觉效果组织，包括比例、尺度、形式、色彩、肌理等方面的视觉形式规律。对建筑师而言，形式约束跟其相关知识积淀和设计指导原则有密切关系	形式约束 实际约束
象征性约束	象征性约束是指对设计表达精神含义的要求，对建筑师而言，通常与纪念性、标志性等目标相关。尽管现代主义运动以来鲜明的国际式风格对设计象征性有所忽视，但对建筑物超出实用功能层面的精神性要求在历史上一直有着深厚的传统，在当前的建筑实践也依然有着强烈的现实需要	基本约束 ↓ 自由度小

（来源：作者自绘。参考布莱恩·劳森．设计师怎样思考：解密设计［M］．杨小东，段炼，译．北京：机械工业出版社，2008．）

可能由于建筑设计普遍的复杂性，学者们针对建筑师的研究多次提到了这种问题的构架。“Lloyd 和 Scott 通过研究发现，经验丰富的建筑师在设计思考中常常具有鲜明的问题范式或指导原则。通过访谈和口语分析研究，Cross 和 Clayburn Cross 也认同运用可靠的指导主题或原理构建问题构架的重要性。Darke 对优秀建筑师进行访谈并指出：为了能够设定问题的界限和解决方案的目标，建筑师利用可靠的指导主题作为基本出发点”[1]。也就是说，经过实践积淀的一系列被确认和秉承的主题、原则，能够帮助建筑师更可靠和有效地建立设计问题框架，确定探索解决方案的可能方向。

彼得·罗在他 20 世纪 80 年代出版的《设计思考》中提出问题空间计划（Problem-space Planning）。他认为决策过程在问题空间里的推进路径是非常复杂和广延的，设计师应该有意识地、主动地探索问题空间，做好若干计划[2]。彼得·罗呈现的问题空间的形态延续了 Simon 的“近可分解系统”，呈现明显的层级结构（图 2–9），可以从大想法往下细分探索，也可以从小想法回溯到上层节点，从而探索出问题空间的整体结构。德国学者沃尔夫·劳埃德（Wolf Reuter）在 2012 年出版的《建筑设计方法论》一书中则认为建筑师的知识体系是网状结构（图 2–10）：

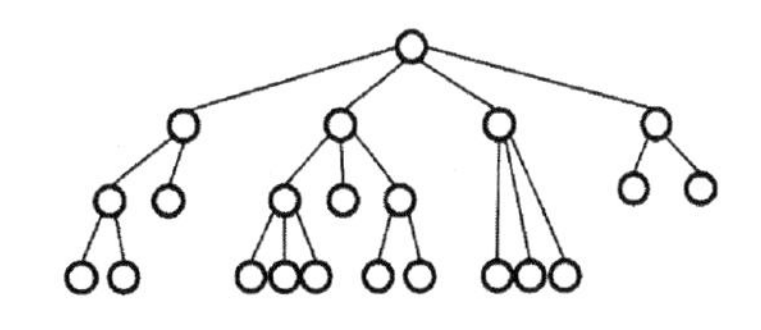

图 2–9 设计认知的层级结构
（来源：彼得·罗．设计思考 [M]．张宇，译．天津：天津大学出版社，2008.）

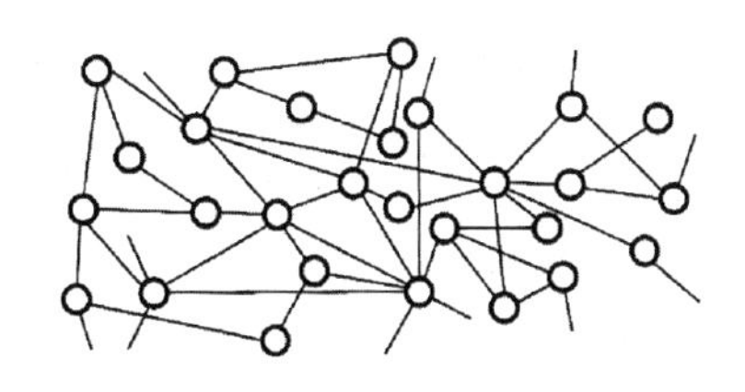

图 2–10 设计认知的网状结构
（来源：沃尔夫·劳埃德．建筑设计方法论［M］．孙彤宇，译．北京：中国建筑工业出版社，2012：16.）

① （英）Nigel Cross. 设计师式认知［M］．任永文，陈实，译．武汉：华中科技大学出版社，2013：143.
② Peter G. Rowe. Design Thinking［M］．London: The MIT Press, 1987: 65–74.

“设计过程中建筑师的知识不处于任何层级，因为每一个问题和知识类别之间的关系产生于建筑师独立的决定，即使这些知识类别与通常的分类系统有着巨大距离，跨越了行政管理和科学组织划定的界线，但他们仍然可能被联系起来（原有学科上的），秩序和分类与建筑师自主探索的策略无关。这种结构的智能体现在它凌驾于经典百科全书秩序之上的潜力，做到改造它、完善它，使之服从于对一个项目的探索、思考、行动等实际操作的需要，由一个实际的设计项目所触发。……建筑学知识便是一个网状结构。”①

沃尔夫·劳埃德进一步指出，这种围绕项目目标以网络状形态延展知识体系的特性，正是设计实践能够综合解决复杂问题和具有超乎寻常的创新潜力的重要基础。彼得·罗的看法更着重于追随经典决策理论，但他和沃尔夫·劳埃德一样，都强调建筑师（设计师）面对项目设计，要有架构问题空间的主动意识、思维储备和方法计划。**在项目设计推进过程中，构架问题空间的活动最终会建立起一套围绕本项目解决方案的独特知识体系，这个知识体系既包括生成最终解决方案所需要的各方面知识，也包括把最终解决方案与设计任务紧密联系起来，并提供令人满意的支撑体系。笔者把构架问题空间的过程和成果称为项目设计的“主动式问题构架”。**

2.2.3 设计过程的本质——问题空间与解决方案空间的协同进化

设计方法研究曾经一度关注设计流程科学化，希望把设计过程归结为一系列可细分、按顺序的行动步骤。这方面的研究成果集中在20世纪60—80年代，对设计师理解设计整体阶段划分也有帮助。面对一个项目设计，今天的设计师大多会按以下3个大阶段来推进：首先解读设计任务，收集并分析背景资料；接着开始设计，一般是从多方案比选开始，逐步确定最终方案；最后进入设计成果和表达文件的制作。

但是，进入到具体设计过程，而“设计过程是按一定顺序依次发生的一系列行为”的设想就显得难以令人信服了。在日常的设计实践中，“科学”的设计方法并未取得明显的成功；随着更深入的研究——对优秀设计师的深度访谈、设计过程观察、有声思考实验等——学者们认识到真实的设计过程是一个具有探索性、试错性和情境性的复杂过程，很难被细致地程式化。对一些设计师的设计实践的研究表明，细节有时也会改变整个事件的发展，从细部出发（自下而上）与从全局出发（自上而下）一样，都可以启动一次

① （德）沃尔夫·劳埃德. 建筑设计方法论［M］. 孙彤宇，译. 北京：中国建筑工业出版社，2012：16.

成功的设计。由于设计的知识体系的发展是随着探索性活动沿网络结构生成的，设计中间的过程灵活多变。

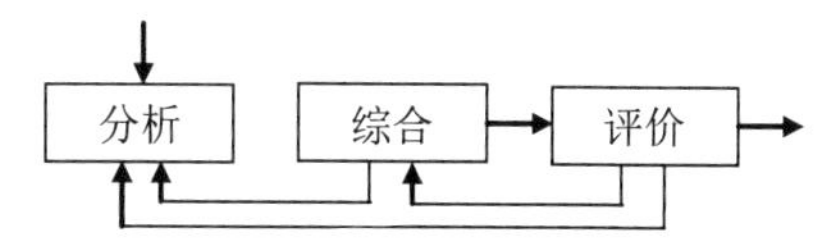

图 2-11 “分析、综合、评价”的思维活动
（来源：作者自绘）

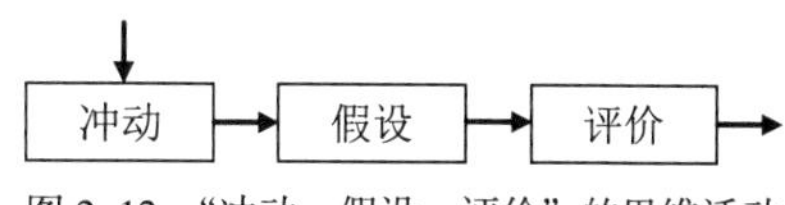

图 2-12 “冲动、假设、评价”的思维活动
（来源：作者自绘）

借助管理决策理论，有些学者把设计过程解释为一系列决策小循环构成的行动链；部分学者认为这些决策小循环是由“分析、综合、评价”的思维活动组成（图 2-11）；另外一些学者则认为更接近实际的思维活动轨迹是“冲动、假设、评价”（图 2-12）。设计师最初的判断（第一冲动），可以成为理解设计问题的重要切入点，他以此为基础先做一个粗略的设计，然后对该设计进行分析评价，看看能否发现新的设计问题。从这里可以看出，提出解决方案与理解设计问题之间的相互推动关系。

由于设计问题的性质常常是未确定或“狡猾的”，需要采用探索型的策略来理解和解决，因此，设计是聚焦于解决方案的行为。“孤立于解决方案之外的问题不可能被充分地理解”。因此，“设计师倾向于把假设性解决方案作为进一步理解问题的手段”，而且“提出的解决方案通常会直接提醒设计师考虑重要问题”[①]。

通过建筑师访谈和设计过程观察等研究，许多学者认同应该把设计的具体推进看作问题和解决方案交替互动和发展的过程。例如，设计一个医院最高效的方法之一就是给客户提供一份设计草案，客户面对一份看得见的设计草案表达他们的意见、建议和批评要比面对一份抽象的设计任务书简单明了得多。

设计过程的本质是解决方案空间（由潜在的一系列解决方案构成）和问题空间的协同进化（图 2-13）。**设计师会从探索问题空间开始，从对各种资料的初步分析中寻找、发现和确认一些总体问题或局部问题，针对这些总体问题或局部问题产生一些初步的概念性想法，接着尝试发展和扩大解决方案空间的总体构想或局部结构，然后反过来将阶段性的解决方案转回到问题空间，利用对它进行分析评价的反馈扩大问题空间的结构，再接着进**

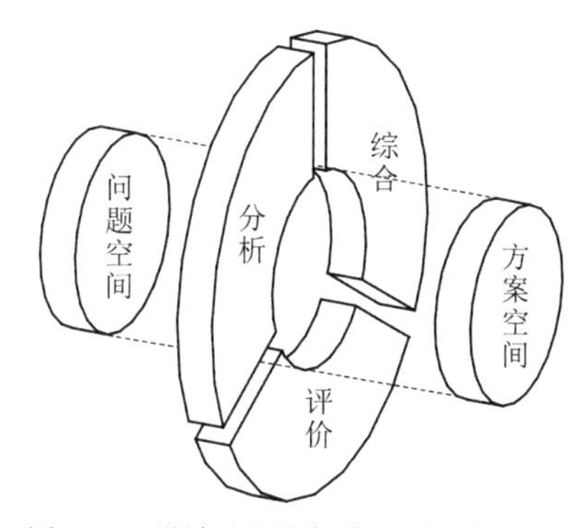

图 2-13 设计过程的本质——问题空间与解决方案空间的协同进化
（来源：作者自绘）

① （英）Nigel Cross. 设计师式认知［M］. 任永文，陈实，译. 武汉：华中科技大学出版社，2013：141.

一步发展解决方案空间。如此反复，最终目标是创建一套相匹配的问题——解决方案的组合。

2.2.4 创造性思维

创造力和创造性思维广泛存在于人类活动的各个领域。关于创造力的研究文献众多，分布于心理学、哲学、生物学、认知与计算机科学以及艺术等学科。然而，绝大部分人都认同设计是人类最富有创造性的活动之一。在设计领域，创造性思维的焦点在于如何在设计实践中**“创造性地解决问题和激发新体验”**。设计的创造性从结果来看，至少包括以下3个层面：

1. 引发变革，塑造观念。设计的成果不仅创新地解决了眼前的问题，而且历史性地改变了人们看待事物的观念。例如，密斯·凡·德·罗在1929年设计的巴塞罗那德国馆，清晰地定义了建筑中支撑、墙体与屋顶的关系，展现了全新的现代流动空间概念。

2. 独创性。在一个特定的设计任务中，塑造了以前没有的新颖的组织方式、形象或体验。

3. 出乎意料而又恰到好处的解决方案。

设计既对灵光闪现的创意高峰时刻充满渴望，也对创造力怀有普遍意义上的需要。学者们研究了创造力的能力构成，例如，沃尔夫·劳埃德将其总结为以下7个方面[①]：

①快速的认知和识别问题的能力；

②快速产生各种想法、符号、图像的能力；

③思维的灵活性、变化参考系统的能力、发现备选方案的能力；

④对惯常方式和事物进行不同解释和重新释义的能力；

⑤快速领悟可行性的能力；

⑥产生罕见的和非常规的思维方式和结果的能力；

⑦创新的勇气。

学者们也提出了若干可能支持和强化创造力的方式。例如，特定的物质环境的刺激、心理条件的辅助和团队组织方式的辅助等；还有学者注重研究和总结创意产生的流程。例如，Wallas对“创造性地解决问题”的流程进行了梳理，并建立了一个包括4个步骤的描述

---

① （德）沃尔夫·劳埃德．建筑设计方法论［M］．孙彤宇，译．北京：中国建筑工业出版社，2012：110.

模型，即准备期、孵化期、启发期和验证期[①]。而布莱恩·劳森则把创造性过程归结为5个阶段，即初始洞察、准备、培育、灵感和验证[②]（图2-14）。

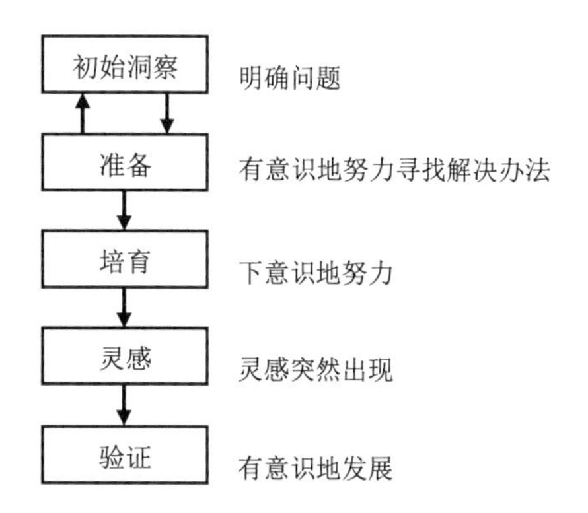

图2-14 创造性过程的“五阶段模型”
（来源：布莱恩·劳森. 设计师怎样思考：解密设计［M］. 杨小东，段炼，译. 北京：机械工业出版社，2008:140.）

这些研究都各有价值和启发，但是对设计师而言，更重要的是要了解设计实践中创造性思维的过程结构。

设计的溯因或同位的思维方式意味着设计过程是问题空间和解决方案空间相互推动的协同进化，问题和解决方案的局部模型是并行构建的。N·克罗斯经过对一系列设计的观察、记录、分析和研究后认为，**设计中的创意飞跃就是以一个清晰的设计概念对问题和解决方案两个局部模型进行衔接（Bridging），将其连接成为整体，并提供令人信服的解释**[③]。N·克罗斯对3位顶级设计师Victor Scheinman（工程设计师）、Kenneth Grange（产品设计师）和Gordon Murray（赛车设计师）在具体项目实践中的创意策略进行了深入研究和比较，发现尽管设计的产品各不相同，但他们在设计过程的创意策略存在某些共性。

1. 都在概念产生和概念细化阶段明确或隐形地依赖“基本原则”。例如，三角形稳定结构原理、流体力学的气流下压力原理以及现代主义的“形式追随功能”原则等。

2. 都从一个独特的观点或角度出发探索问题空间并建构问题框架，目的是激发和孕育设计概念。这些观点和角度似乎深受他们对设计任务的洞察以及个人一贯秉承的价值动机的影响。

3. 设计师设定了自己对待问题目标的满意标准，客户也有接受解决方案的标准。创造性设计的出现，一定是处理好了这两者之间的对立统一关系[④]。

N·克罗斯进一步总结了3位设计师的策略模型，并把模型分为3层：

1. 底层是设计师所依靠的明确而坚实的基本原理或原则。

2. 中间层从切入角度启动问题框架，提出解决方案的建构。

3. 顶层是个有待平衡和统一的两面体，一方面是设计师坚持的相对稳定但又隐藏

① （英）Nigel Cross. 设计师式认知［M］. 任永文，陈实，译. 武汉：华中科技大学出版社，2013：83.
② （英）布莱恩·劳森. 设计师怎样思考：解密设计［M］. 杨小东，段炼，译. 北京：机械工业出版社，2008：140.
③ （英）Nigel Cross. 设计师式认知［M］. 任永文，陈实，译. 武汉：华中科技大学出版社，2013：105.
④ （英）Nigel Cross. 设计师式认知［M］. 任永文，陈实，译. 武汉：华中科技大学出版社，2013：114-127.

的目标；另一面是客户和其他行业的权威明确设定的、在本项目难以动摇的临时性标准[①]。

据此，N·克罗斯提出了创造策略通用模型，呈现了设计中创造性思维的“衔接”结构（图2–15）。

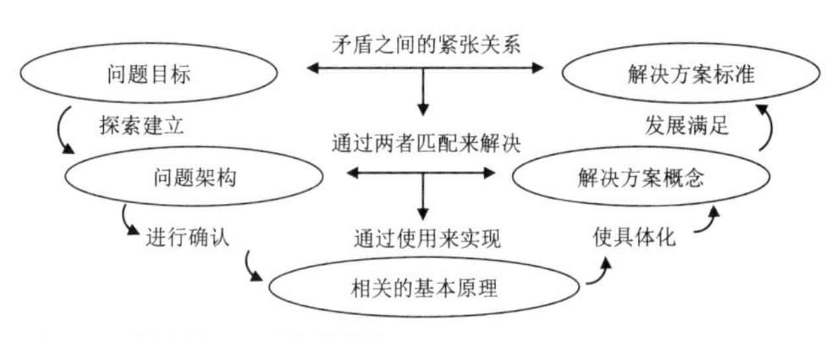

图2–15 创造性思维的衔接结构
（来源：Nigel Cross. 设计师式认知［M］. 任永文，陈实，译. 武汉：华中科技大学出版社，2013：131.）

当然，很多著作都谈到，不管对创造性思维提供多有力的研究支持，实际工作中创造力的释放都不会是简单轻松的，创意的闪光往往都是在经过对问题背景与结构的努力探究，以及对可能解决方案的不懈探索之后才会出现的，这符合“衔接”的创意策略模型——建构的过程跟触发的时机一样，在“衔接”中都是必不可少的。在实现创意衔接的过程中，丰富的实践经验和有力的指导原则也起到至关重要的作用。

2.2.5 指导原则与沉淀规律

面对一个新的设计任务，设计师只要接触设计概要，甚至只要知道项目的名称，他的脑海里通常就不会是一片空白。相反，总会有一些想法在涌动，他做设计的动机、秉承的价值观、养成的思考方式、过去的经验等都可能帮助他做出反应。**“把设计变成现实”的强烈愿望会贯穿设计过程的始终，在此推动下设计师努力把自己的价值取向、理念原则和经验总结投射到当前的设计中，以引导搜索方案、解决问题的过程。**这些价值取向、理念原则和经验总结，对某些设计师而言可能是零碎的、片段式的；而对另一些设计师而言，则可能更为完整而系统，甚至足以发展成某种设计理论并著书立说。无论是零星想法的集合，还是连贯统一的哲学体系，抑或是完整的设计理论，**我们都可以把它们看作设计师从事设计实践的“指导原则”。**

指导原则随着设计师的职业生涯成长、变化，对设计过程产生深远影响。例如设计风格，不少著名建筑师谈到过这个问题，他们都不认为自己是以某种“风格”在做设计，但他们都承认自己的工作的确遵循了一些有效的准则和方式。也许正是对共同指导原则的遵守和运用，形成了不同项目之间的某种外在的一致性——风格。

① （英）Nigel Cross. 设计师式认知［M］. 任永文，陈实，译. 武汉：华中科技大学出版社，2013：114–127.

设计师在设计实践中的指导原则包括以下几个层面：

1. 对设计的信仰或价值观、设计动机、美学标准等。例如，贝聿铭认为建筑设计应该从对“时间、地点和目标”三要素的分析而启动[①]，并遵循现代建筑的基本美学原则。

2. 具体的设计准则或策略，如对布局、空间、形体等的处理原则和手法。例如，杨经文对东南亚生态型高层建筑设计提出的一系列设计议题（图 2–16），并且他的设计策略与他的“气候决定形式”的建筑生态观一脉相承[②]。

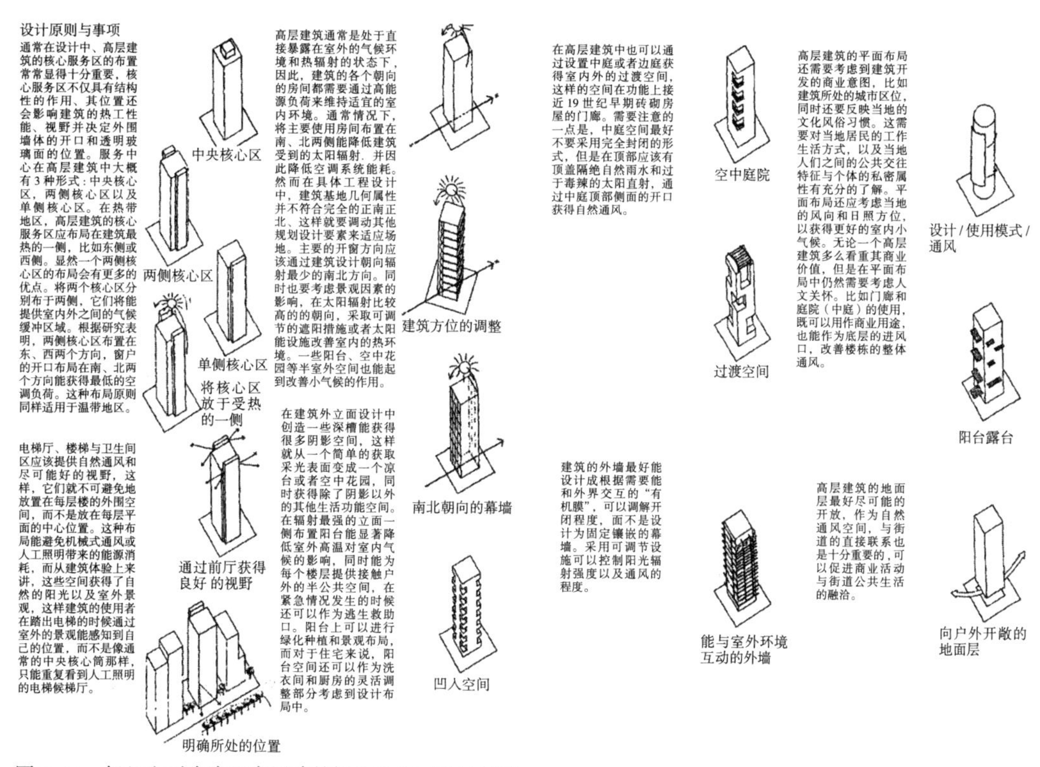

图 2–16　杨经文对东南亚高层建筑提出的生态设计原则
（来源：布莱恩 · 劳森. 设计师怎样思考：解密设计［M］. 杨小东，段炼，译. 北京：机械工业出版社，2008：168–169.）

3. 推进设计整体过程的反应机制和思维路径。在设计的每个具体处境中，设计师要具有对达成有价值整体设计目标的掌控力，在遇到难题、陷阱或机会的时候要具有洞察力和决策力。这方面的指导原则明确区分了资深设计师和新手设计师：资深设计师经验丰富，脑海中有整体设计展开的大致图景，对可能会遇到的难题、陷阱或机会有所预计，对问题空间和解

① （德）盖罗 · 冯 · 波姆. 贝聿铭谈贝聿铭［M］. 林兵，译. 上海：文汇出版社，2004：108.

② （英）布莱恩 · 劳森. 设计师怎样思考：解密设计［M］. 杨小东，段炼，译. 北京：机械工业出版社，2008：168–169.

决方案空间来回互动并开展探索的局面与重要节点同样心中有数，做起设计来得心应手，在探讨具体问题时也能保持整体心态；新手设计师由于缺乏成熟而有效的内心指引，容易陷入眼前的问题而不知该何时停止或该往何处走，做起设计来可能处处是泥沼，举步维艰。

设计师的指导原则部分来源于间接经验的学习，而亲身实践的经验积淀则是必不可少的。**“……有一个普遍被认可的层面，在达到被认可的专业水准和成就之前，至少需要一段时间的实践和持续的工作投入——从首次入行开始至少需要十年时间。这并不是简单的经验或努力工作的问题，而是致力于应用性实践。获得专业性的一个重要因素被认为是坚持、考虑周全和有导向性的实践活动”**[①]。**这种现象可称为设计师借由日渐成熟的指导原则和技能向着专家水准成长的“知识沉淀”**。其中，长时间专注于同一领域是必不可少的，而主动地对实践经验进行思考和总结能够大大加强知识沉淀的效果。知识沉淀除了对个人职业生涯十分重要外，对行业的发展同样意义重大。设计师对个人实践经验的总结、传授和著书立说将推动行业知识体系的积淀和拓展。

2.3 当代商业及社会实践中的设计思维

近年来，“设计思维”超越了设计和工程技术的范畴，成为一个跨界的热点词汇，在当代商业活动、企业管理、教育训导以及社会公益等领域产生着越来越大的影响。

设计思维的跨界兴起并非偶然。在全球经济的变革中，社会经济的生产、销售、渠道与服务等环节经过各自的高速发展期而逐步成为稳定的支撑条件，不再是显著的增长极，甚至可能成为故步自封的变革障碍。伴随着网络、媒体和消费文化的盛行，人们对商业的消费体验、社会事务的运作方式等都产生了新的要求。进一步发掘人们更真实的需求、提供更高层次的体验，已成为商业和社会组织取得更好的销售、运营或行动效果的关键所在。

与此同时，全球化过程也把贫穷、水资源短缺、生态危机等社会及环境问题呈现在公众的共同视野之内，成为需要协同解决的共同挑战。

正是应对新的系统性复杂问题的共同需要，促使社会各界积极借鉴和发展设计师所运用的思维方式，通过理解和活用设计师发现、处理、解决问题的角度、过程与方法，使个人和组织之间能够更好地连接和激发，达到更高的创造力和整合度，并且落实为实际行动和有效成果，以此应对新挑战、新局面，创建新的竞争优势。

---

① Nigel Cross. Design Thinking: Understanding how designers think and work [M]. Berg/Bloomsbury. 2011: 173.

2.3.1 有效创新——设计思维成为当代商业重要竞争力的核心价值

在近20年来的全球经济变革中，企业（包括许多知名的跨国公司）不得不面对金融危机的强力冲击和市场变化的严峻考验，并且以往曾经行之有效的扩大生产、拓宽渠道、产品升级甚至技术突破等方式都难以产生明显的效益。这种状况推动人们进一步发掘企业在商界长盛不衰的根本规律，并走出可能导致倾覆的危机与陷阱。

多伦多大学罗特曼学院院长、资深商业顾问罗杰·马丁（Roger Martin）提出"知识漏斗"理论。他把企业的商业开发从把握需求到产生持续盈利的探索过程比喻为穿越知识漏斗，并分为3个阶段：谜题、启发与演算法[①]（图2-17）。

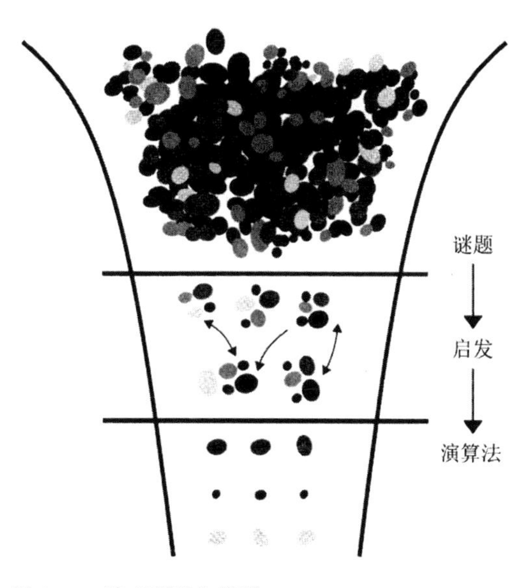

图2-17 "知识漏斗"模型

（来源：Roger. Martin. The Design of Business: Why Design Thinking is the Next Competitive Advantage［M］. 3rd edition. Harvard Business Review Press, 2009:12.）

谜题阶段是指开发者开始发现和思考某一范围人群的某种需求。例如，全球餐饮连锁麦当劳的创立开始于麦当劳兄弟对日益增长的以汽车为主要交通方式的加州新兴富裕阶层喜欢什么样的就餐方式的思考。

启发阶段是指通过探索，把对问题的解答缩小到可掌控的经验法则，从而锁定明确有所可为的市场机会。例如，麦当劳兄弟认定美国人想要快速、简便又好吃的就餐方式，并对此探索和开发出高效清晰的"即时服务系统"：缩减餐牌可选项，精选并标准化汉堡做法，通过运用奶昔机等设备和规范化的服务流程提高周转率。这一做法初步获得了商业上的成功。

演算法阶段是指把启发阶段的成果应用在运营后，并继续钻研、不断调整，把一般性的经验法则转化为精准而固定的运营公式，引发规模效应，从而走向扩张发展和持续获利。例如，接手麦当劳全部股权的克罗克精心调整原来的服务体系，将不确定性、模棱两可和随机判断从原始流程上排除，设法让营运完全标准化，使麦当劳系统成为一套拥有严

① Roger Martin. The Design of Business: Why Design Thinking is the Next Competitive Advantage［M］. 3rd edition. Harvard Business Review Press, 2009: 11-13.

密规则的精确科学。他详细规定了汉堡等食物烹饪的精确配方和时间，以及雇佣人员、选择地点、管理餐厅和加盟等环节的精确办法，最终把麦当劳从一个地区性餐厅，拓展成为全球随处可见的速食餐饮业巨人。

罗杰·马丁指出企业取得一定成功后，最大的危机在于停留在演算法阶段，安于企业管理，偏好基于过往经验和精确论证的分析性思考进行决策，对不断变化的社会条件和“还可能如此”的新机会产生盲点。这样，其他企业就可能重新审视谜题，并根据已经变化了的新情况做出更强力的启发，甚至颠覆上一家企业通过演算法积累的优势。这种案例相当普遍。例如，同样是速食餐饮、同样采用“即时服务系统”的赛百味（Subway），把谜题的解决跟当代社会对健康的追求紧密结合起来，推出健康汉堡快餐模式，并超过麦当劳，把自己发展成为在全球拥有最多分店的单一品牌快餐连锁店，倒逼麦当劳重新审视健康这个主题并做出改变。

罗杰·马丁认为，企业要在当代商界保持长期兴旺，关键在于要不断返回知识漏斗上方，检视下一个明显的谜题或回到原始的谜题，通过重新穿越知识漏斗，争创新的优势。**创新，已经成为生存策略**。阻碍重新穿越知识漏斗的力量来自探索和创新总是未知的，并且难以从经验上和财务上加以分析性的证明。**企业迫切需要的不是盲目地为创新而创新，而是能满足和激发需求、具有可行性、能产生商业盈利的有效创新**。他认为能够平衡直觉性和分析性、原创性和可靠性，最大限度推动有效创新的方法论就是设计思维[①]。

目前，作为热点词汇的“设计思维”普遍被引用的定义来自于IDEO公司总裁Tim Brown在《哈佛商业评论》上发表的同名文章[②]：**“一系列思考和行动的原则，运用设计师的敏锐感知与方法技能，通过技术上可行以及能够转化为顾客价值和市场机会的有效商业策略，来满足与激发人们的需求”**。商业实践的设计思维实际上是围绕人的需求与体验，通过设计创新和商业策略的同步探索，在商业谜题和创造性满足需求的产品及服务之间架设衔接。衔接本就是设计的创造性结构。在新的复杂形势下，**设计成为轮子的中轴，而非链条中简单的一环**[③]。设计不再仅仅意味着漂亮的造型或包装，而是溯流而上，进入商业组织的战略与管理的核心层面。

---

① Roger Martin. The Design of Business: Why Design Thinking is the Next Competitive Advantage [M]. 3rd edition. Harvard Business Review Press, 2009: 33-34.

② Tim Brown. 设计思维 [J]. 哈佛商业评论，2008（6）：86.

③ Tim Brown. Change by Design: How Design Thinking Transforms Organizations And Inspires Innovation [M]. New York: HarperCollins Publishers, 2009: 5.

2.3.2　商业实践设计思维的主体与环境——设计思考者、项目与组织支持

Tim Brown 把具备他所定义的设计思维的人称为“设计思考者”（Design Thinker），并列出设计思考者应具有的特质：**同理心、整合思维、乐观精神、实验主义、善于合作**等。

罗杰·马丁提出设计思考的个人知识系统包括 3 个相互加强的要素：**立场、工具和经验**①（图 2-18）。

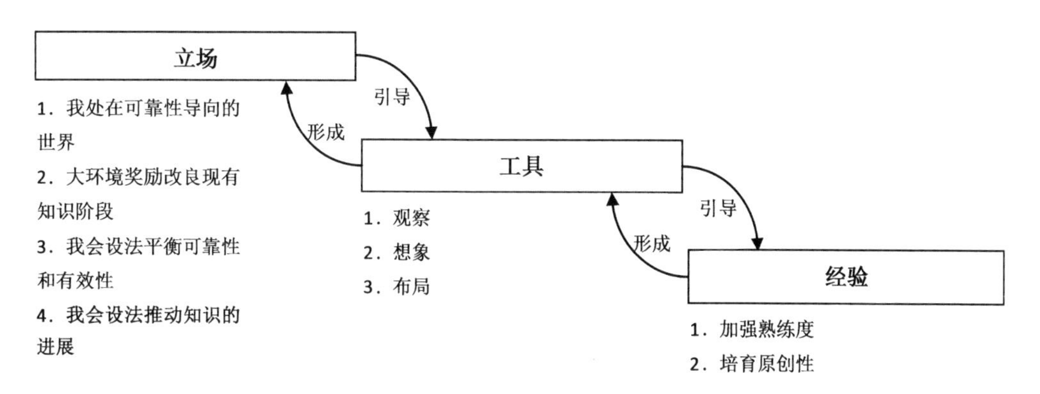

图 2-18　设计思考的个人知识系统
（来源：L. Martin. The Design of Business: Why Design Thinking is the Next Competitive Advantage [M]. 3rd edition. Harvard Business Review Press, 2009:221.）

可见，设计思考者既不是大公司常见的财务分析型人物，也不完全等同于传统意义上的设计师。设计思考者具有设计师发现问题、厘清脉络、提出假设、不断探索、架设衔接、解决问题、转化产品的溯因思维、整合与落地能力，还要同时具备把握现实可行性以及商业价值的视野和判断力。Brown 和罗杰·马丁都认为，企业在当代商界要获得持续的成功，从领导者到广大职员都需要更多的设计思考者。这反过来也提醒设计师与建筑师，设计的思维和能力在当代社会越来越重要，时代的新形势也要求和呼唤设计师拓宽思考的维度，“想得更大”②。

在商业实践中，设计思维是在项目（也称为专案）的框架上发挥作用的。大多数设计师都熟悉什么是项目，这是围绕特定任务进行工作的组织形态。对于由众多等级和职位构

① Roger Martin. The Design of Business: Why Design Thinking is the Next Competitive Advantage [M]. 3rd edition. Harvard Business Review Press, 2009: 211-221.

② Tim Brown. “Think Big” . TED 演讲. http: //www. ted. com/speakers/tim_brown, 2009.

成人事体系的商界企业，罗杰·马丁特别强调项目导向结构的重要性，即围绕特定目标具有时间限制，组成跨部门合作的项目团队，以攻克专项难题，并推动重新穿越知识漏斗，实现有效创新。Brown认为项目是将想法由概念变成现实的工具，每个项目都有目标愿望、时间限制和各种资源与约束，正是这些明确的制约条件使其牢牢扎根于现实世界，这对维持高水平的创造力至关重要①。

以项目为基础的工作方式，自然会更强调协同合作。项目通常是由团队而非个人负责，虽然团队内部可能有（通常是暂时性）分工和阶层，例如队长、前锋、后卫、中场、后勤等，但是一般预期与解决方案会来自团队而非队长个人。团队的构成应该呈现有组织的差异化，从而产生优势互补效应。在推进有效创新的团队中，需要兼顾两个维度的“T型人”——在纵轴上，具有某项很强的专业技能，能够对项目成果带来有形的贡献，顶部的横轴就是成就设计思考者的所在，需要超越自己的领域，具备同理心和跨领域合作的素质。合作过程应该尽量让客户（对设计师来说是业主）加入，他们可以接触一系列的方案原型，参与到反复修正的过程，这样将更充分地推进有效创新。

设计思考者要能够通过项目切实发挥作用，必须得到来自企业组织的支持。企业战略和管理层面必须引入设计思维作为企业文化的有效部分，否则，安于过往经验和财务分析的惯性以及严格的职位等级观念就会造成排挤新创意出现和落地的可能。**要贯彻设计思维与进行有效创新，企业本身也要进行重新设计和改造，成为能够平衡可靠性与创新性，适于设计思维生存的环境**。在这个过程中，企业的领导者本身要成为某种类型的设计思考者，并把引入设计思维基因作为企业战略层面的重要议题来推行，而基层员工也能通过恰当的方式从下而上推动设计思维在组织中生根发芽。苹果、宝洁、世楷等世界知名企业都是具有设计思维特征的企业，其持续成功与设计思维的充分运用密切相关。

2.3.3 商业实践设计思维的约束——需求性、技术可行性与商业延续性

设计项目的边界一定存在着约束，而设计创意的自由是自觉接受约束后获得的自由。

① Tim Brown. Change by Design: How Design Thinking Transforms Organizations And Inspires Innovation [M]. New York: HarperCollins Publishers, 2009: 21–22.

“愿意接受甚至欢迎相互矛盾的约束条件，正是设计思维的基础所在”[①]。在商业领域，通常会在设计开始阶段“确定哪些是重要的约束条件，并建立评估体系。要将约束条件清晰地呈现出来”[②]，可以采用以下3个相互重叠的衡量想法：

需求性（Desirability）——对人们来说是有意义的；

技术可行性（feasibility）——在可预见的将来能够实现功能；

商业延续性（Viability）——有可能发展成为可持续的商业模式或其组成部分。

设计思考者不仅会分别解决好这三者，而且会在这三者之间做出平衡。追求满足约束条件的平衡性并不意味着所有约束条件都是平等的：不同类型的组织、比例不同的项目推动因素等都会产生倾斜，并非一个简单的线性过程。在项目的全过程，项目团队将反复衡量所有这3个因素。在这三者之间，**强调人的基本需求（并非短暂或人为控制而产生的渴求）是推动设计思维前进的核心动力**。

“从现有商业模式框架下入手调整有相当的合理性，因为商业体系旨在提高效率。但是这时新想法是渐增式的、可预测的，不但很容易被竞争对手模仿，而且难以产生显著的效果。这就可以解释为何市场上这么多产品都非常雷同并且竞争激烈”[③]。

由技术和工艺驱动的企业，可能会优先寻求技术上的突破，之后再考虑如何在现存的商业体系中应用和创造价值。正如现代管理学之父彼得·德鲁克指出的那样，“仰赖技术具有极大的风险，通常只有极少的技术创新能迅速带来经济回报”[④]。企业作为商业机构，在激烈的竞争中未必能支撑起为突破而突破的研究模式。

有些企业的主要驱动力来自于对人们的需求和欲望的判断。有时这意味着凭空构想出的产品仅仅看上去诱人但实质上无用，维克多·帕帕奈克曾经很坦白地说过，这就像是劝说人们“用自己没有的钱去买自己并不需要的东西，只是为了给那些其实并不在乎他们的邻居留下印象”。

无论项目大小，要获得成功特别是可持续的成功，都必须根据项目的特点，保持需求性、技术可行性与商业延续性这三方面的适当平衡。

---

① Tim Brown. Change by Design: How Design Thinking Transforms Organizations And Inspires Innovation [M]. New York: HarperCollins Publishers, 2009: 19.

② 同上。

③ Tim Brown. Change by Design: How Design Thinking Transforms Organizations And Inspires Innovation [M]. New York: HarperCollins Publishers, 2009: 20.

④ 同上。

2.3.4 商业实践设计思维的过程——3 个交叠的探索空间：洞察、构思与实施

与 20 世纪初占统治地位的科学管理观念不同，设计思维的创新过程并没有“最佳方法”或“固定程序”。Brown 指出，“尽管在设计过程中的确存在一些有用的起点和路标，但是我们最好把设计思维的过程理解成各部分相互交叉存在的空间系统，而不是一串秩序清晰的步骤”[①]。这些空间（图 2–19）分别是：

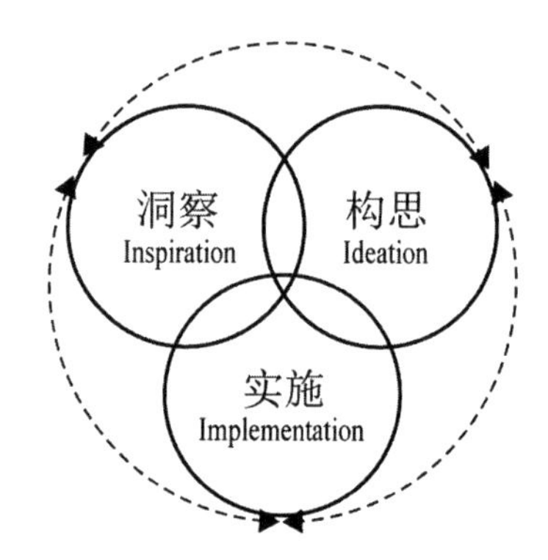

图 2–19 设计思维的 3 个相互交叠的核心空间
（来源：作者自绘）

洞察（Inspiration）——从每个可能的源头发现问题或机遇，启发洞察；

构思（Ideation）——把洞察转变成想法，并发展和测试想法；

实施（Implementation）——把最满意的想法发展成考虑全面的计划，并具体实施。

当设计团队探索新方向或改进想法时，设计项目的进程会在这 3 个空间来回往复，从而不断完善。之所以要经历这种非线性的反复的过程，是由于设计思维本质上是一个探索的过程。**“每个设计过程都会在看来毫无章法、模糊的试验阶段和突然变得极其清晰的阶段之间，在与核心想法纠结的阶段与长时间关注细节的阶段之间往复循环”**[②]。

偏向过往经验和可靠分析的人可能会对这种无既定结论、开放和往复的状态感到混乱和不安，“但随着项目的推进，这种允许探索、平衡约束的做法终将显示出合理性”[③]，而且取得的成果与传统商业运作的基于节点的线型流程完全不同。反应敏锐的设计思考者团队，不会按固定逻辑在一条始终毫无成效的道路上前进。他们会从一开始就提出原型模型，在测试评价中不断自我修正、迭代升级。有经验的设计思考者也不易被暂时的困境所干扰，他们能够预见到探索性进程可能会遇到的境况，并且明白**“失败得越多越早，成功就越快来临”**。相反，按固定流程操作的方式可能会对企业的支持性组成部分有效，但对旨在有效创新的项目则会显得令人乏味和过于可预测，乏味容易导致创意人才的流失，可预测性则容易被人抄袭，而且对已有知识体系的渐进式开发往往不易产生

---

① Tim Brown. Change by Design: How Design Thinking Transforms Organizations And Inspires Innovation [M]. New York: HarperCollins Publishers, 2009: 16.
② 同上。
③ 同上。

显著的效益。

在3个空间中进行往复探索的过程中，设计进程会不断在**发散阶段**和**汇聚阶段**交替推进。发散阶段的目的是增加可能的选项，如诺贝尔奖得主莱纳斯·鲍林所说，“为了有个好主意，必须先有很多想法”。汇聚阶段则要做出选择和整合，得到结果。在增加选项和做出抉择的过程中，都要运用**分析**和**综合**等思维方式，也需要切合当代商业环境的检验原则，这些原则包括**以人为本、换位思考、真实情境和集体效应**等，这些原则的主旨都是为了提醒设计思考者把人摆在故事的中心，设身处地站在受众的角度思考问题，并且充分考虑项目在真实环境的实际施行效果，最后要努力导向能引发集体效应的解决方案，以便取得商业的可持续成功。

2.3.5　商业实践设计思维的工具——从观察到洞察、头脑风暴、视觉化思考、动手思考与场景化思考

在推进围绕项目的设计思维探索中，可以运用一系列匹配的思考工具，更有效地发现问题、产生创意、发散想法和检验成果。

1. 从观察到洞察

设计思考者首先需要深入、仔细、虚心地观察。这不仅是发调查问卷或查看畅销排行榜，而应该把人放回到故事的中心，走进用户的生活环境，像人类学学者般与用户相处与深切交流，留意人们“不假思索的行为”，倾听人们没有说出来的话，带着换位思考的同理心去理解人们的实际处境，认识人们如何看待自身的处境，并感受以何种方式会引起人们的情感反应，从而抓住对未被满足的真实需求的洞察。这种观察也不应该仅仅关注统计学意义上的普通人，更应该关注极端用户或善变客户；不仅仅看到正常运作的事情，更应该留意不协调的细节，关注边缘地带往往更有可能获得宝贵的线索。**观察的目标，是寻找洞察，即帮助人们明确表达那些甚至连他们自己都不知道的潜在需求**[①]，正如亨利·福特指出的，“如果问顾客想要什么，他们会说想要更快的马”，而为这些顾客提供汽车则是设计思考者面临的挑战。这种从观察到洞察的过程，才有可能产生打破常规和改变游戏规则的想法，而不仅仅是渐增式的改进。

---

① Tim Brown. Change by Design: How Design Thinking Transforms Organizations And Inspires Innovation [M]. New York: HarperCollins Publishers, 2009: 40.

2. **头脑风暴**

在设计思维必不可少地创造更多想法的环节，头脑风暴可能会是最有效的方法。成功的头脑风暴需要有明确的规则，若没有良好的组织，它并不比积极性高的人独立展开创意思考的效果更好。在IDEO公司，有专门用于头脑风暴的空间，并且将规则清楚地写在墙上：**暂缓评论、异想天开、不要跑题和借题发挥**[①]。其中“借题发挥”特别重要，应该鼓励参与者对之前提出的想法做出延伸和关联，形成接力式的气氛，这样整个会议才有机会向前推进。

3. **视觉化思考**

运用非语言的视觉媒介是设计思维的特征之一，除了运用视觉化的方式表达设计成果，更重要的是运用视觉思维推动设计探索的过程。通过视觉化的思考手段而非语言，设计思考者才能够更好建立探索问题的情境，**直观地把握想法的结构特征**。视觉化的思考手段，除了快速地边想边画，还包括使用灵活的符号标记、使用即时照片拼贴以及运用思维导图等关系图表。视觉化思考还包括在一个界面，如工作室的一面白板墙上把项目相关信息和想法用照片、关键词、故事版等多种方式共同呈现出来，**通过“一眼看全”的全景式视觉思维，发现更深层次的关联和激发更具整合力的想法**。

4. **动手思考**

动手做模型来探索某个想法，这是设计思考者内心自然出现的冲动。通过动手来思考，用实物激发想象力和感受可行性，这种从具象制作到抽象思考再回到具体制作的历程，正是人们探索世界、释放想象力并向新的可能性敞开心智的一种根本的状态。模型并不是仅仅用来做最后成果的漂亮展现，更重要的是从初期开始，就以粗糙而简明的模型研究推动项目进程。模型制作看起来似乎会消耗时间，但是按满足目前需要的深度把想法做成原型，能够帮助我们迅速评判想法的优劣，特别是在早期，越快将想法实物化，就能越早评估和改进想法，并把注意力集中到优选方案与进行下一轮推敲中。“制作模型的目的，不是为了好看，也不是为了制作一个能工作的模型，而是赋予具体想法的外形，这样就可以直观评价这个想法的优缺点，并找到方向制作更详细、更准确的下一代模型”[②]。**动手思考就是要通过不求精细、胜在快速的模型制作，实现想法原型的快速迭代进化。**

---

① Tim Brown. Change by Design: How Design Thinking Transforms Organizations And Inspires Innovation [M]. New York: HarperCollins Publishers, 2009: 78.

② Tim Brown. Change by Design: How Design Thinking Transforms Organizations And Inspires Innovation [M]. New York: HarperCollins Publishers, 2009: 91.

5. 场景化思考

设计思维不仅意味着设计产品，还可以设计一项服务、一种体验，甚至一种组织架构。动手思考的规则同样适用，这时不仅需要制作模型，而且还需要用模拟设计对象发生的现实场景来检验这些设想是否可行和如何改进。因此，剧本故事板、用纸板搭建的模拟前台、角色扮演、情景戏剧等讲故事的手段也被引入到项目设计的工具箱。**场景化思考的一个核心作用是促使设计团队把人放回到故事的中心，防止设计者迷失在机械的或美学的细节中。场景化思考还提醒设计者，应对的不是“物”，而是“人与物的相互影响”**[①]。现实场景的模拟能让设计团队看到人与设计对象在什么样的情况下会发生互动，而且每一个这样的“接触点”，都指向可能为顾客提供服务的机会，或者是失去这些顾客的缘故。

2.3.6　持续拓展领域的设计思维

在当代新形势下，设计思维作为一种推动有效创新的实践论与方法论，从设计师的工作室走出来并进入商界企业，且仍在持续拓展自身发挥作用的领域。

在商界企业内部，设计思维不仅意味着设计物品，还意味着系统化地发掘和构想消费者所需要的服务，提供全链条的满意体验。例如，IDEO 创意公司的业务已经包括改善列车全程乘车体验、医疗服务基金会机构重组、银行新型业务创新等拓展型设计任务；设计思维也从设计工作室走向组织中的所有部门，溯流而上推进到决策的最高层，从而改造整个组织，使组织能够适应全球经济变化带来的以多元创新稳定增长的要求。商业思维反过来也影响了设计思维，成为设计思维不可或缺的一部分，很难想象当代的设计师在考虑项目的创新性、可行性和延续性时会缺乏商业意识。

设计思维与商业紧密结合的模式也进入高等教育领域，从 IDEO 前总裁大卫·凯利于 2004 年在斯坦福大学建立跨学科的设计学院开始，掀起了包括哈佛大学、麻省理工学院在内的著名高校在设计学院开设商业课程以及加州大学伯克利校区和多伦多大学等高校在商学院或管理学院开设设计课程的跨界潮流。管理学家汤姆·彼得斯（Tom Peters）提出：“艺术硕士（MFA）即新型的工商管理硕士（MBA）”。

由于其推动有效创新和综合解决问题的能力，设计思维更被推行至全球性的社会公益事业，用以解决落后地区的饮用水卫生、贫困人口的视力保健、生态环境恶化等社会难

① Tim Brown. Change by Design: How Design Thinking Transforms Organizations And Inspires Innovation [M]. New York: HarperCollins Publishers, 2009: 94.

题。在这种社会创新中，项目团队不仅要在成本等明显制约下灵活调动现有科技的可能性，而且也要深刻理解解决方案能够在真实环境中有效延续整个脉络，并有针对性地设计整个体系，这样复杂的发现问题和探索解答的工作正是设计思维的核心价值所在。

正是应对新的系统性复杂问题的共同需要，促使设计思维在人类实践的各个领域持续拓展，并逐渐发展出一个多元化的知识体系，为人类可持续发展的共同愿景提供切实有效的方法论和实践论的支撑。设计思维的跨界兴起，应该反过来引起包括建筑师在内的设计师的关注，并引发对设计本身更开阔的思考。

第三章　项目情境中的设计范型与思考要素

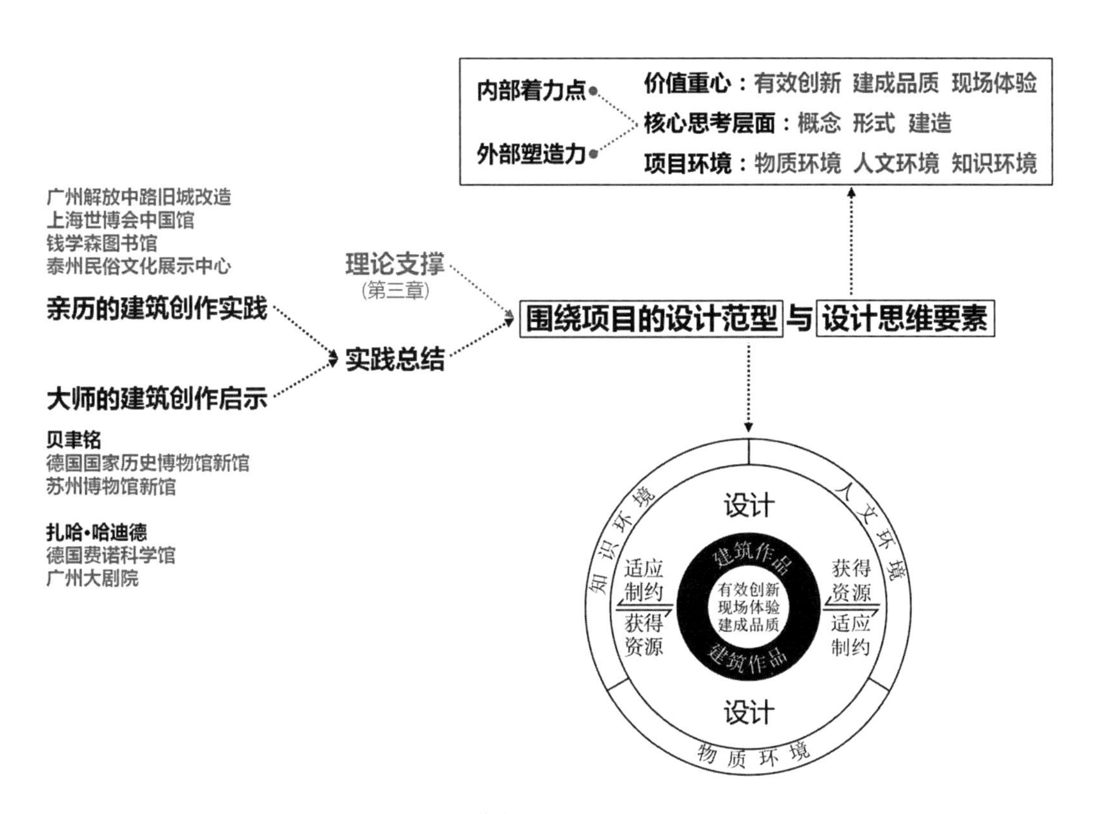

图 3-1　本章研究框架与核心内容图解（来源：作者自绘）

建筑师从事建筑创作通常以项目作为载体，而项目又立足于所处的环境。建筑师在项目设计中受到来自任务和环境的各种约束，需要运用自身的知识技能，努力从环境中搜索资源，推动设计探索，寻找解决问题的途径。在这个实践性的过程中，作为设计能力核心要素的设计思维发挥着重要作用。这与推进设计过程的思维模式有关，也与对设计的价值、目标、过程以及支持系统的理解和认知有关，还跟经验积淀有关。

经验是一种难以脱离主体的“个体性的”“意会性的”和“过程性的”知识。它不仅是“集中的察觉”，还是“附带的察觉”；不仅指导“概念化活动”，还引导“身体性活动”[①]。经验在维持人在认识事物和实践活动的连续统一性上发挥着重要的作用。

建筑创作的设计思维既根植于人类共有的天赋潜力，也发展于设计过程。它来源于人类主体的实践经验以及对经验的反思和凝结。

得益于中国经济的持续高速发展，中国建筑师近 20 年来获得世界上数量最多、规模最大的设计与建造机会。笔者身处其中，从业十几年来主持及参加了一系列文化公共建筑和旧城更新改造项目，积累了比较丰富的工程实践经验，对建筑创作的中国当代语境有了切身体认。这种体认与经验令笔者认识到理路通达、连贯缜密的设计思维在设计实践中的重要性。

面对每一个项目特别是重要项目，建筑师的设计思考都开始于努力认知错综复杂的项目需求与环境，寻找关键难题或核心约束，进而探索构建一个能够满足项目需求、适应项目环境并呈现出自身独特性的形式体系，最终通过建造转化为在现实世界中真实存在的物质系统。这里既有把零散的因素与线头整合在一个解释系统之内的思考过程，也有各种主题性的聚焦、各个思考层面（如概念、形式、建造）之间的转换与承接，尤其不能忽视的是各个思考聚焦点或层面之间应该充分地相互印证与衔接。好的建筑创作，最终设计思考应该在概念、形式和建造上同步达到通盘皆亮的局面，如同接通复杂电路后灯火通明一样。

本章将对笔者亲历的代表性项目设计实践进行梳理与反思，并对两位建筑大师贝聿铭与扎哈·哈迪德的当代实践进行案例分析。在此基础上，把实践总结与前文的理论支撑结合起来，进一步探索和总结围绕项目情境的建筑设计思维范型与要素。

① 柳冠中. 设计方法论［M］. 北京：高等教育出版社，2011：247.

3.1　亲历的实践

以下 4 个已建成项目，都是笔者联合主持设计或全程参与的项目，因为具有代表性而被选作回顾、分析和反思的对象。对已建成项目的再研究就像事后的有声设计，重点在于回溯设计何以成为最终建成结果的过程——项目的主要约束、建筑师的核心追求、核心追求和主要约束之间的平衡如何塑造了设计、原初设计为适应实施条件的调整和坚持、各个关键节点建筑师做出的判断、选择和应对等。它们如同一些标记，在一定程度上展示了项目创作建筑设计思维的轨迹。

3.1.1　广州市越秀区解放中路旧城改造

解放中路旧城改造项目是广州市为了迎接 2010 年亚运会而在 2004 年启动的旧城改造试点项目，政府希望通过这个项目探索一种新的旧城改造模式并加以推广。

1. 开发商不介入，由政府主导、投资；

2. 不搞强制拆迁，居民自愿选择回迁、外迁或领取经济补偿；

3. 建筑量主要考虑回迁的需要，适量增加建筑面积，用于补偿政府投资，不把盈利作为目标；

4. 保留基地内有价值的老建筑，新建部分延续老城文脉和肌理。

这是一个很有意义的项目，尽管竞标的设计时间很短，我们还是认真考察了现场，并对当时已经建成并具有影响的旧城改造案例，如上海新天地、宁波天一广场和新外滩等进行了对比分析解读，迅速构思定案，并最终赢得竞标。通过后续交流，我们得知方案中选的主要原因是设计定位与项目意图有较高的契合度。

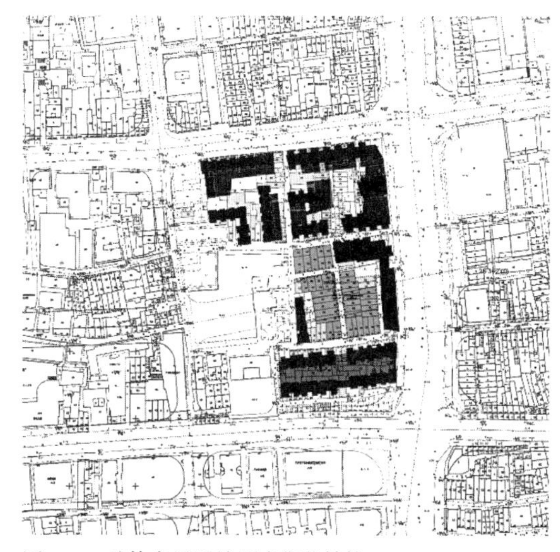

图 3-2　总体布局延续原有街巷结构
（来源：设计文件）

1. 总体布局注重延续和发展基地原有的街巷结构（图 3-2）；

2. 采用多层集合住宅的中等密度策略，比较清晰地解决了回迁房居住需要；

图 3–3　宜人的居住环境（上）与城市街道（下）（来源：司徒摄影）

3. 采取岭南传统的下商上宅的剖面模式，有利于发掘地块价值和分层次营造商业和居住环境（图 3–3）；

4. 保留建筑原样修复，嵌入的新建筑材料明显区别于保留建筑，并通过比例、尺度、布局的呼应以及共同营造街巷的策略与保留建筑对话与衔接。新旧缝合的概念在整体和谐的基础上能够激发新体验，为旧城改造注入新能量。

这些设计概念也成为在后续细致烦琐的设计修改和深化中建筑师始终努力贯彻的原则。

中标后设计团队开始了渐进式的设计修改与完善，在与执行建设单位——区旧城改造办公室（以下简称“旧改办”）的反复沟通以及与居民的座谈交流中，建筑师不断了解到新的信息和需求。

首先，建设单位要求增加住宅量，几轮沟通之后我们了解到建设单位的处境是首次操作房产开发，希望加大经济账的保险系数。于是我们回到体量分析研究，经过反复权衡，在确认可以维持原方案的街巷结构的前提下，先后在 3 号楼和 2 号楼地块各增加了一排住宅，但在 1 号楼地块则坚决拒绝了，以保证可以从城市道路看到保留建筑的最初设想（图 3–4）。

接着，在进行了几轮内廊式及外廊式住宅模式研究（图 3–5）之后，建设单位提出希望修改为一梯两户模式。沟通后了解到建设单位担心用户尤其是回迁居民难以接受走廊式的住宅模式，我们换位思考后认同一般市民确实更容易接受常见的一梯两户，于是回到住

图 3–4　投标方案（左）与定稿方案（右）鸟瞰图（来源：设计文件）

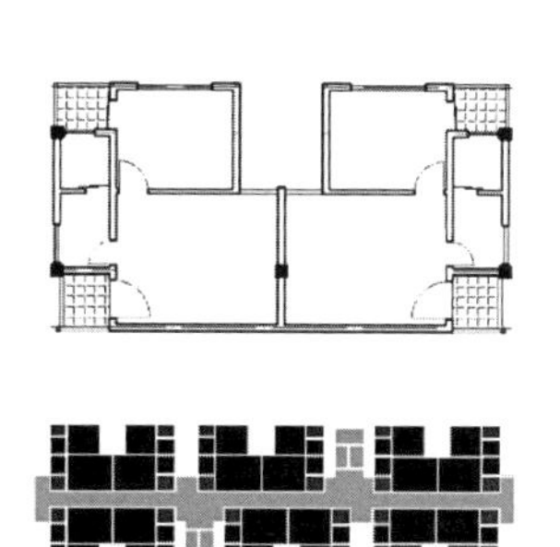

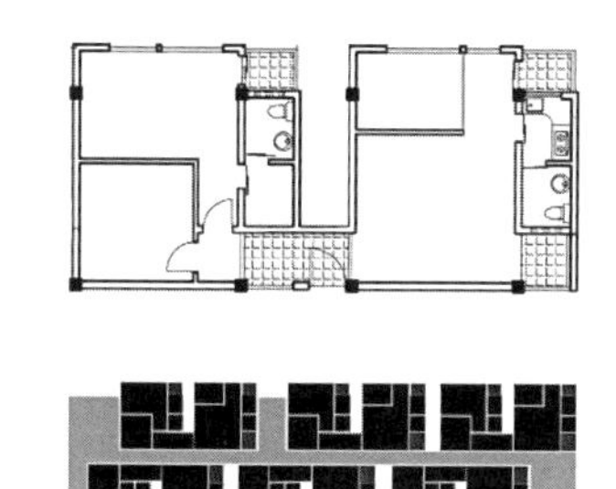

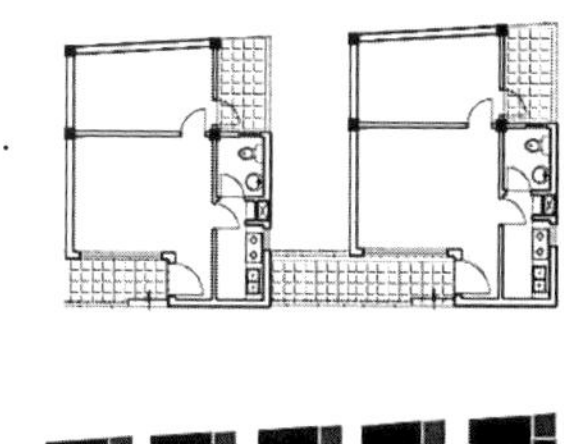

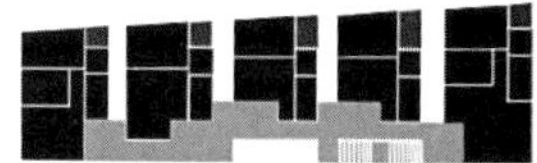

图 3-5　住宅模式研究（来源：作者自绘）

宅单元和单元组织研究。这时除了一梯两户模式的使用，还要同步达到以下目标：回迁房设计需要面积可调整的灵活性；建筑师希望向用户提供明显改善的生活品质，如明厨明厕、前后通风等；建筑师希望仍然实现激发邻里交往的设计目标等。经过反复的探索和比选，我们发展出一个标准户型单元模式以整合以上的需求和约束，其主要特点是：厨、厕和生活阳台组合成一个服务模块，保证空间高效、明厨明厕和所有住户享有均好性；两个起居条块之间的卧室条带可用于调整面积；坚持保留了入户阳台跟单元楼梯组合设计，形成一组具有开放性的邻里交往空间。通过遵守这些精心推敲而形成的原则，户型单元可排列成梳状布局的条形体量，灵活嵌入基地的肌理或组合成新组团，楼梯间部位可前后通风以改善小气候，这对岭南地区尤为重要（图 3-6）。单元楼梯把邻里交往从街道或共享平台引向每层的入户阳台，实现公共性到私密性的分层次渐变（图 3-7）。

在这个过程中，规范的严格约束已成为设计需要同步思考的另一个主题。其中的主要矛盾在于防火和居住日照，其规范条例要求把建

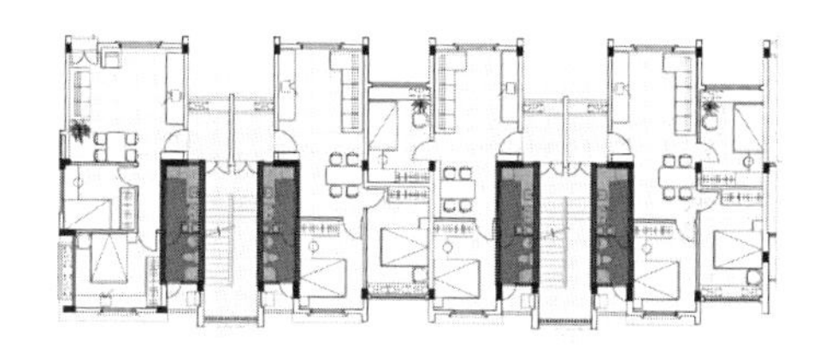

图 3-6a　适应性的户型单元（来源：设计文件）

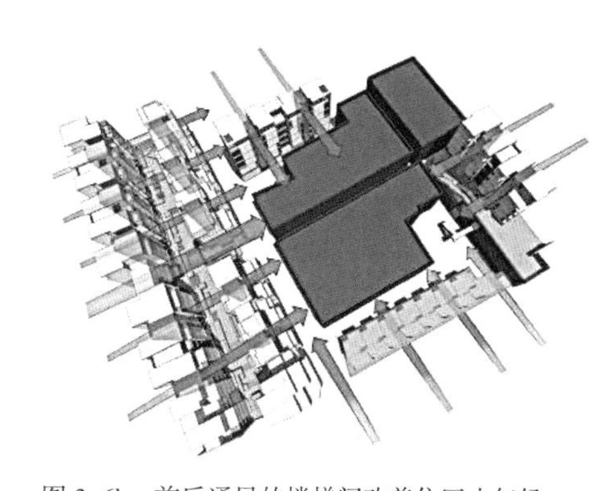

图 3-6b　前后通风的楼梯间改善住区小气候（来源：设计文件）

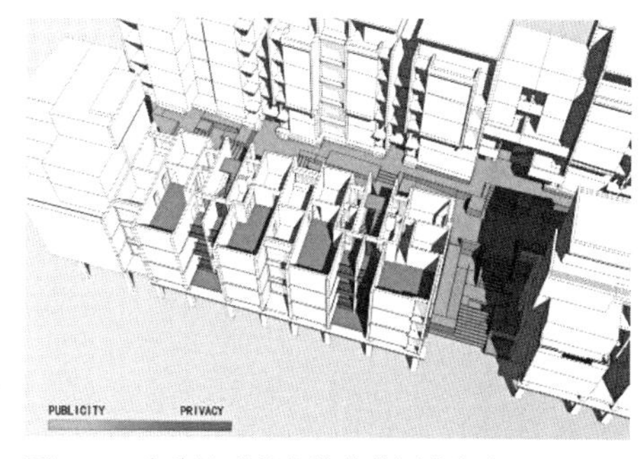

图 3-7　公共性到私密性的分层次渐变（来源：设计文件）

筑的间距尽量拉开，而设计若要延续旧城的街巷肌理则又需要新建筑之间、新旧建筑之间保持一定的紧密尺度，同时还要保证多层住宅的群体组合能提供足够的建筑量。为了平衡这一组错综复杂的矛盾，设计团队仔细研究规范，与规划部门和规划专家反复沟通，并做了大量的设计探索，最终采取了一系列综合性的城市设计与建筑设计策略来满足规范要求，并不破坏原来设想的总体规划结构。如 6 号楼沿着用地边界错动单元组合以争取更大面积，4 号楼、5 号楼面向保留建筑作退台处理以缩窄间距，3 号楼靠近保留建筑的局部墙面做防火墙处理等，这些措施反过来又影响建筑设计。退台以后每层户型都要变化，这就需要建筑师提供更多的户型并处理单元组合非规则错动后产生的更多的衔接问题，使整个项目产生非常具体的变化，其标准化程度也大大降低。**最后能够条理清晰地解决这一系列相互交织的复杂问题，得益于设计团队设定的明确设计原则和原型，如标准户型单元模式，这使得所有的修改都有价值底线和有效工具，以保证所有户型调整都在标准户型模式的原则下修改出来，也使得最终的结果保持着思路的连贯性和结构的简单性。**

在处理总体规划、平面布局、剖面关系和报批程序的同时，设计团队也在探索建筑外观设计，以及如何更好地体现旧城改造示范项目应该具有的文化价值。竞标方案已经确定了住宅的梳状布局，这个结构性特征在从走廊式转化为一梯两户的过程中没有动摇。同样，住宅体量采用灰白品相而沿街的商业体量采用钢、玻璃和木百叶的新材质与红砖老建筑对话的策略也延续不变（图 3-8）。设计团队在进一步研究和体会基地内保留下来的民国红砖建筑的精美立面之后，认为竞标方案的简洁体块面应该被看作一种草稿，即体量关系原则。而设计还必须深入一个层次，提供更细腻的刻画和工法，才能使新建筑达到与保留建筑的某种品质对等。经过反复的设计探索，我们没有选用当时流行的大玻璃落地窗的外墙处理方式，而是灵活地安排窗洞、阳台、小挑台（空调机位），并精心设计

图 3-8a　住宅体量灰白品相（来源：司徒摄影）

图 3-8b　商业体量与老建筑对话（来源：司徒摄影）

窗框、栏杆和檐口滴水勾边等建筑细节，使立面元素跟生活内容有联系。同时，使其组织呈现一种有机性，与保留建筑和周边的城市环境达成某种默契（图 3–9）。

围绕品相对等的目标，设计工作又分成两条路线去支持。一条是回到户型设计，通过每一户每个房间家具和空调的陈设（图 3–10）以确定外墙开洞，并满足生活的实际需要和立面组织需要。这份家具布置图后来也提供给建设单位，并转交给住户作为家居布置建议；另一条是细致考虑外墙窗洞的窗框、阳台及挑台的挑板和栏杆等做法以及材料的选择、建造的实现和构造的方式等（图 3–11），并最终呈现出水刷石的灰色窗框、剁斧石的墙基和平台护栏、深灰色的金属栏杆和窗框、依据趟栊门意象定制的入户铁门、深灰色的檐口滴水勾边以及灰白色墙面搭配起来的、局部有细部勾勒的素雅品相，且与保留的民国建筑共同组成新的生活场景（图 3–12）。

图 3–9　保留建筑与新建筑立面图（来源：设计文件与项目资料）

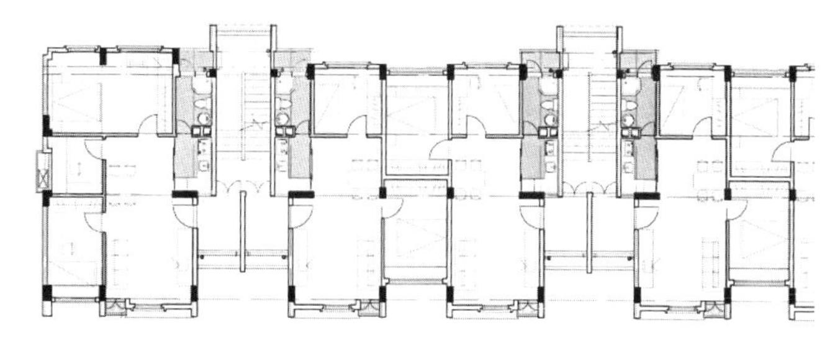

图 3–10　住宅户型平面图（来源：设计文件）

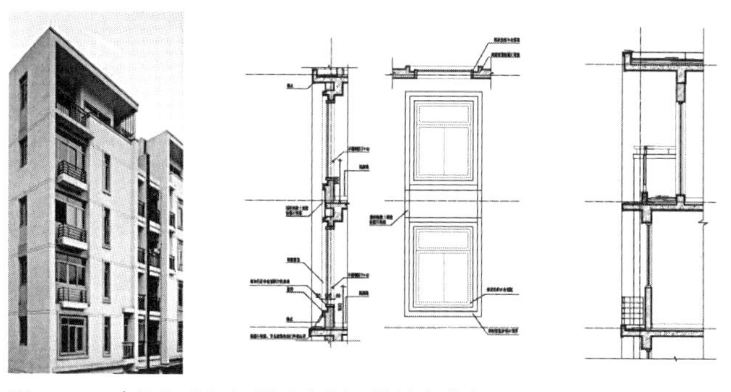

图 3–11　建筑构造与细部（来源：设计文件）

图 3–12a　新旧融合的生活场景（来源：司徒摄影）

图 3–12b　从新建筑阳台看老建筑（来源：司徒摄影）

图 3-12c　新建筑融入传统城市肌理
（来源：司徒摄影）

本项目追求社会价值、经济价值和文化价值的同步实现，这样的目标要通过为人（住户）服务、延续老城文脉和激发改造后的新活力来达成，但这不仅仅是一种主张或是一种风格，而是落实到通过设计切实连贯地解决一系列具体问题，既要下功夫，也需要缜密心智和专业技能的支持。

3.1.2　2010 年上海世博会中国馆

尽管每个项目都各有不同，但是上海世博会中国馆仍然显示出其独特性，这个项目的全过程都受到社会的广泛关注。

为了迎接 2010 年首次在中国举办的世界博览会，筹委会在 2007 年举办了全球华人方案征集设计竞赛，总共收到参赛方案 344 个。我们设计团队以“中国元素、时代精神”为定位推选了 3 个方案参赛。经过 344 进 100、100 进 50、50 进 20、20 进 8 的数轮方案评审，我们的“中国器”方案以第一名的票数进入前 8 名（图 3–13）。这个方案的总体特点是：以层层出挑、架空升起的“中国器”作为主体，形成一个具有象征意义和实际作用的城市庇护体。地区馆作为基座，形成一片面向黄浦江倾斜的公共开放平台。主入口引桥连接西面的世博轴，引导世博轴的人流分流到东西向引桥，到达伞状主体之下，从上行或下行开始参观。

图 3–13　首轮竞赛方案“中国器”（来源：设计文件）

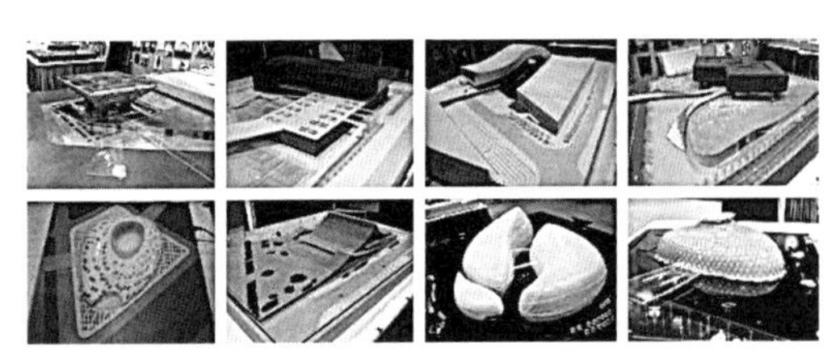

图 3–14　第二轮竞赛八家单位方案（来源：作者自摄）

在第二轮 8 家设计单位进行设计竞赛（图 3–14）之后，我们的方案和清华大学的方案被评为并列第一。“中国器”方案这一轮主要的修改在于去掉了主体建筑外围试图体现江南烟雨的“垂幕”，这是对第一轮评选委员会希望主体更加鲜明有力的回应（图 3–15）。清华大学方案的总体特点是：用规整的体量组成L形布局，以组织展厅功能，并通过外墙的叠篆肌理体现中国性；通过开放平台和上层展厅形成大型灰空间，呈现城市性和公共性。主入口引桥同样是设在西面以连接世博轴。这个方案中选的一个原因是，其方案提供了规整连续的展览空间，有利于布展以及对世博会后的运营具有一定的灵活性。

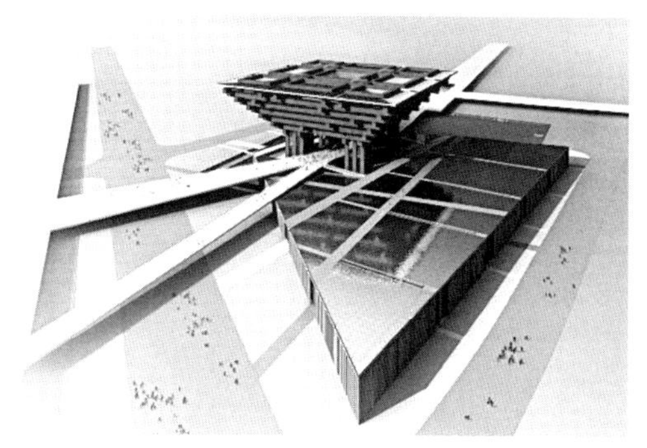

图 3–15 “中国器”第二轮竞赛方案（来源：设计文件）

整个评选过程是 344 选 2，而对我们团队来说，3 选 1 的结果则体现了评委群体在评审过程中所蕴含着的社会意志与共同愿景。

最终的决定是由我们团队和清华大学与上海民用院联合体组成联合设计团队，并推进中国馆设计。这种由广州、北京、上海三地建筑师共同设计重要项目的方式也开创了国内建筑合作设计的新模式。

联合设计团队面临的第一个考验，就是应建设单位要求整合两个方案，形成最终的中国馆方案。联合设计团队展开了密集的探索、交流和汇报，产生了多个阶段性的成果（图 3–16）。整个融合过程主要经历了4 个阶段：①简单地合二为一；②汉白玉平台烘托斗冠；③江南园林意向的引入；④西入口改为南入口。其间，主体建筑即国家馆的造型没有改动，可见原方案对象征性约束的应对是被专家、建设单位和各级政府广泛接受的。但仅有造型形象还不够。在一次沟通会上，建设单位提出“中国器”的名称对中国馆来说还不够有分量和朗朗上口。于是我们开启了一个头脑风暴式的主题讨论，提炼出后来广为人知的“东方之冠、鼎盛中华”的主题。在优化过程中，对整体方案产生重大改变的原因主要来自于建设单位的意见，他们认为中国馆应该体现我国坐北朝南的文化传统，建筑主入口应该朝南，而且入口应该更为大气、开阔并具备礼仪感。依据这个要求和所蕴含的精神，设计团队把主入口改作朝南，设置裙房拱卫的大台阶，主体建筑也转了角度，形成与世博轴平行的中轴格局（图 3–17）。这个方案连同“东方之冠”的题名一起上报中央，并得到批准，成为定稿方案。

合二为一

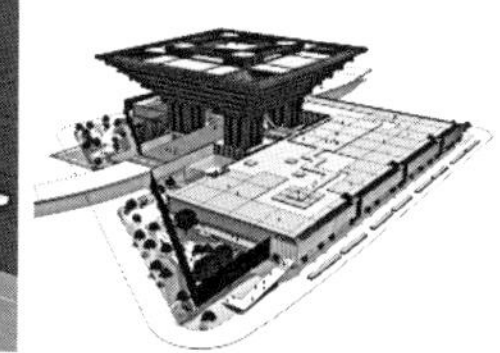

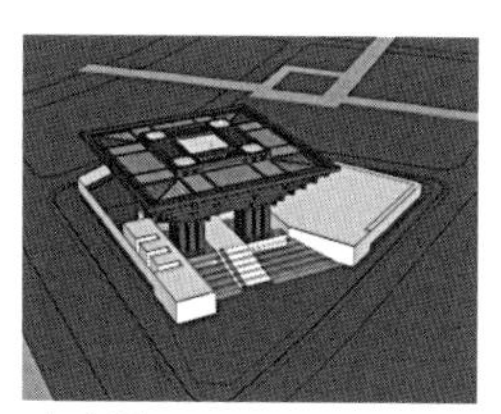

平台烘托斗冠园林意向

南入口 + 大台阶

图 3–16 联合设计初期的阶段性探索成果（来源：设计文件）

图 3-17　定稿方案"东方之冠"（来源：设计文件）

接着，联合设计团队开始为12月18日的开工典礼做准备。对于这个备受关注的项目，在仪式上要通过视频、效果图、文字等媒介向媒体公布和展示定稿方案与设计理念。设计团队意识到就像奥运会的开幕式一样，面向社会介绍项目设计的表达、表现和诠释只能成功、不许失败。在用心制作的同时，联合设计团队不断加强对设计概念和建筑语言的共识，最终拿出了高水平的设计表现成果，协助建设单位举办了一个成功的开工典礼。很多在中国馆建成以前就在媒体上广为传播的图像、影像、文字甚至音乐就从此时开始传播出去。

开工典礼之前，尽管建设单位和设计团队侧重于进一步强化概念、明确主题和传播发布，但对设计满足功能和结构等基本建筑问题也进行过定性的讨论，有了基本的把握。开工典礼之后，在明确的设计概念与意象的共识指导下，设计团队开始跟包括建设单位、展陈设计、室内设计、景观设计、艺术顾问、外幕墙施工单位及厂家等在内的参建各方深入地沟通交流，围绕更多的议题展开不同线路的创意、修改、优化、深化与设计合作。

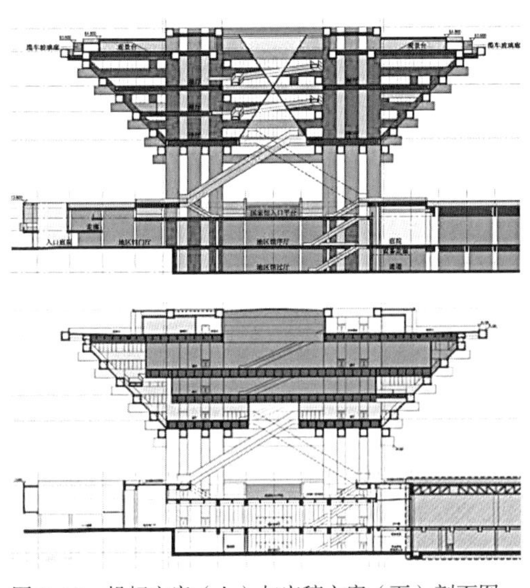

图 3-18　投标方案（上）与定稿方案（下）剖面图（来源：设计文件）

1. 展陈需求与室内空间布局。在竞标阶段的中国馆室内空间呈现一系列螺旋上升的平台，它与建筑层层出挑的形体有机结合，并设有一个贯穿主体各层面的通高中庭。由于展陈设计团队坚持布展需要建筑预留更多的平层大空间，经过多轮讨论和反复权衡，建筑设计团队尊重展陈设计团队的需求，把中国馆的空间调整为较为集中的3层平层大空间，中庭的规模缩减至架空层与空中一层的贯通空间以及空中3层屋顶的天窗（图 3-18）。与此同时，在功能平面与外墙构架之间拉开一道空间，设置了连接上下层展厅的、与45度倾斜的玻璃面紧密结合的观景坡道，从而把建筑体验的重点从中心转移至外围，把作为世博园区制高点的中国馆转化为整个园区的观景阁（图3-19）。室内体验的转换原则是适应功能需求，同时保持实际体验与概念构思的关联性。地区馆的平面和结构，由于要平衡世博会期间和世博会之后的使用以及适应不规则用地边界，也进行了反复的设计探索与修改。其中的重点是解决如何在不规则且面积有限的平层大空间内为36个省、市、自治区提供空间条件具备均好性的展位。

图3-19　从国家馆看“新九州清晏”
（来源：设计文件）

2. 地区馆屋面平台景观与国家馆屋面层贵宾厅。水平展开的地区馆屋面面积约2.7万m^2，在实际的参观过程中不但能够在居中升起的中国馆内环视俯瞰得到，它还承担着疏散参观人流的交通集散功能，其远观效果与走入体验都需要结合到完整的设计之中，因此，地区馆屋面平台的设计成为一个专题。联合设计团队经过数轮的设计探索，逐渐明确了园林景观的设计方向，并最终确定了以“新九州清晏”为主题概念的、把中国代表性地貌特征与皇家园林园中园的布局结合起来的园林景观设计方案，它成功地把起伏地貌、高低树木、宽窄水面、小桥曲径与集散场地等融为一体，与中国馆主体形成刚柔并济的对仗关系，补全了“中国元素、时代精神”的整体故事场景（图3-20）。居中升起、层层出挑的中国馆也在屋面自然出现一个作为世博园区制高点的空中平台。在设计深化过程中，建设单位希望在中国馆屋面增加功能用房，以充分利用资源。经过设计探索，设计团队最终谨慎地把屋顶层向外扩了7.4m并压缩原来布置的设备用房，从而增加了贵宾接待区的用房面积。建设单位还专门请来艺术顾问单位参加室内装修及陈设设计，并确定了江南文化品相的室内设计基调。

图3-20　“新九州清晏”园林景观平面
（来源：设计文件）

3. 中国馆“中国红”外墙与地区馆“叠篆”外墙。中国馆主体建筑的层叠构架是整个设计最具有表现力的部分，其红色外墙的做法也成为设计与建造的重中之重，受到参建各方的格外关注。建设单位专门组织了外墙设计专家委员会，由建筑、幕墙、灯光、材料、色彩学等领域的学术或行业专家以及建设单位代表组成，共同为设计团队推进“中国红”外墙设计并确保建成效果提供支持力量。“中国红”外墙专项设计历时近 8 个月，主要包括 3 个阶段：首先是设计团队以头脑风暴的方式提出各种创想，包括金属板、玻璃、亚克力、陶板等多种材料，冰裂纹、竖纹、回纹等各种肌理，以及双层纹理透叠、全透明玻璃底衬红板、融入 LED 多媒体展示系统等复合表皮，而专家委员会则从各自领域给予专业性的反馈与建议，形成一个讨论探索的氛围。接着，经过数轮讨论，逐渐明确“中国红”外墙的设计定位为“经典、庄重，确保白天效果、夜晚辅以泛光，远观、近观皆宜”，并依此缩小设计选项，排除显得花哨与不够成熟的方案。最后，动员行业内主要的幕墙施工企业牵头，自由组合各大材料厂家进行 1∶1 足尺的挂板实验。挂板实验共进行了 4 轮，从一开始的 100 多种样板缩减到 5 种左右，最后由领导与设计团队一起看样定板，确定了纹理宽 4.2cm、深约 2.5cm，并且纹理均匀的红色铝板作为最终的红色构架外墙材料，外墙材料的划分全部按构架完成面尺寸 2.7m 的分模数进行控制（图 3–21a、图 3–21b）。地区馆外墙延续投标

图 3–21a “中国红”外墙设计探索过程（来源：设计文件）

图 3–21b “中国红”外墙试板过程（来源：项目资料）

阶段的“叠篆”方案，做出了3个主要的调整：首先是颜色从红色修改为浅灰色，以达到衬托红色主体的效果；其次是材料从可降解塑料修改为铝合金方管，运用更为常规与稳健的建材；最后是叠篆文字从地区与朝代名称调整为二十四节气的名称，减少不必要的争议。设计团队也精心探索地区馆“叠篆”百叶的构件尺度、间隔疏密与连接工艺，以确保良好的尺度感与连续感。为呼应地区馆的“叠篆”百叶外墙，中国馆红色构架的端头也处理成叠篆百叶形式，分别篆刻“东、南、西、北”。部分端头的百叶用作空调系统的进出风口，加强了形式与使用的结合度。

4. 地铁线下穿与结构及功能流线应对。在中国馆地块底下有已完工的地铁线，它从西北角穿过并设有站厅。水平基座衬托着主体建筑，并要求基座在外观上尽量占满用地界线。尽管通过设置庭院进行体量最小化处理，但是地铁线上方仍然出现局部建筑体量。因此，设计团队需要非常谨慎地处理地铁线上部建筑体量及结构转换，以便结构跨过地铁线周边并安全落地，确保地铁盾构与站台的安全。同时，斜穿地块的地铁线及站台也对建筑地下空间的功能布局与流线设置产生较大制约。设计团队与地铁设计单位进行了多轮协商，旨在解决地铁进出站流线与建筑公共流线的衔接问题，以及地铁风井需要通过中国馆四根大柱子的其中一根进行进风与排风的结合问题。涉及地铁的问题都需要设计者非常细致地把新的设计与既定的现实作周密的连接，最终形成一种密不可分的共生状态。

5. 融入绿色建筑技术。尽管造型备受关注，而且的确是设计的启动点，但设计团队把绿色建筑作为一个专题，并将一系列绿建技术有机融入建筑本体：中国馆架空升起、层层出挑的体型本身就是自遮阳体型并带来自然通风的架空层；开阔的屋面铺设光伏板以利用太阳能；其他绿建措施包括雨水收集利用系统、绿化屋面、透水地面、冰蓄冷技术以及建筑设备与能源综合管理系统等。

6. 在细致繁杂的设计事务中穿行。在进行设计创想以及把想法落实的同时，设计团队也在应对各种细致繁杂的设计事务，如各阶段设计报建、落实建筑法规要求、消防性能化设计配合、推进设计图制作、文件往来、与各参建单位的设计配合以及满足建设单位推进工程建设对设计方面的各种需要等。设计是在细致烦琐的事务中不断推进的。

在整个中国馆设计与建造过程中，设计团队沿着不同的路线和专题而聚焦思考，并沿着特定专题向纵深发展，同时也不断回顾总体定位以及本专题与其他部分的关系。通过一次次的创意、讨论、检验与决策，逐步构建整体的设计成果并不断修正既定的设计图纸或模型，这个过程也使设计成果逐渐清晰和细化，并凝聚为团队成员在分工状态下的共识。每一条路线和专题的设计研究都会从对项目需求、环境的分析与理解延伸到概念创意，然后转化为形式，落实为建造方式，最终通过施工成为现实。建筑师在建造过程中同样不会缺席，例如笔者就作为现场执行建筑师全程经历了中国馆的设计与建造，直到开馆。建筑师在施工阶段密切配合现场施工，对更好地落实设计效果起到重要的作用（图 3–22a、图 3–22b）。

中国馆项目备受关注，社会各界的共同愿景对设计产生强大的塑造力。社会环境、资源与能量就如同海洋或河流，建筑师则像是冲浪者或船员，依靠经验、热忱与专业，保持在波浪中连贯持续的前行状态，借力发挥，并尽力做出精彩的建筑表达（图 3–23a、图 3–23b、图 3–23c）。

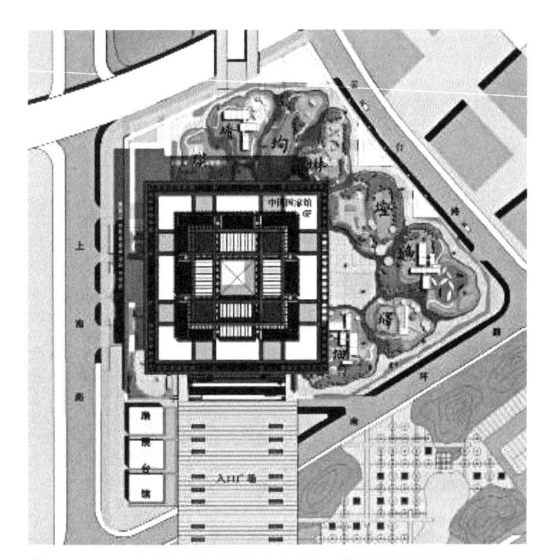

图 3–22a　中国馆总平面（来源：设计文件）

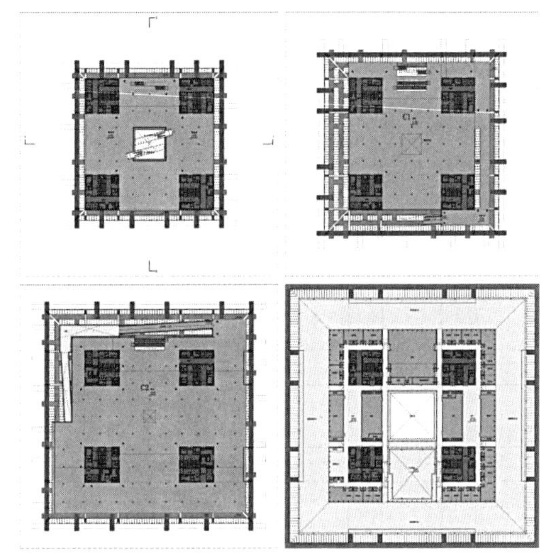

图 3–22b　中国馆平面图（来源：设计文件）

图 3–23a　从城市开放空间看中国馆（来源：项目资料）

图 3–23b　从“新九州清晏”看中国馆（来源：项目资料）

图 3-23c　近观中国馆（来源：项目资料）

3.1.3　钱学森图书馆

钱学森图书馆（以下简称钱馆）是我国科学家、“中国航天之父”“中国导弹之父”“两弹元勋”钱学森的纪念馆。基地位于钱老的母校——上海交通大学徐家汇校区，是一处介于校园与城市道路交角的不规则地块。

这是一个人物主题非常鲜明的文化建筑，也是我们在上海继中国馆之后另一个由国家投资建设的重点项目。在设计竞标阶段，设计团队认真调研了与项目有关的背景资料，并结合场地条件进行头脑风暴式的创意，提出了一系列的比选方案来探索设计走向（图 3-24）。在设计过程中，钱老平实低调的品格与其倡导的山水城市理念吸引了我们。围绕山水城市的意象，结合攀登之路的构想，我们采用基本几何形有机组合以适应基地要求，并创作出一个灵巧、有机与低调的设计方案（图 3-25）。在平面设计上，一系列顺应基地走向而错动的矩形盒子相互衔接，而剖面上这些盒子以不同的高度放置并融合了大量灰空间和水平城市界面。绿化与水面等景观要素也与建筑空间充分渗透。观众则通过一条穿越于各个场所、空间与层面的“攀登之路”进行参观。我们的概念

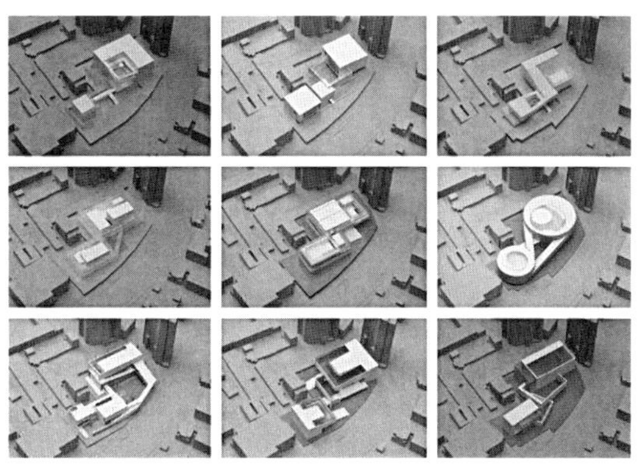

图 3-24　竞标前期的多方案比选（来源：设计文本）

图 3–25a　参赛方案：融入校园环境（来源：设计文本）

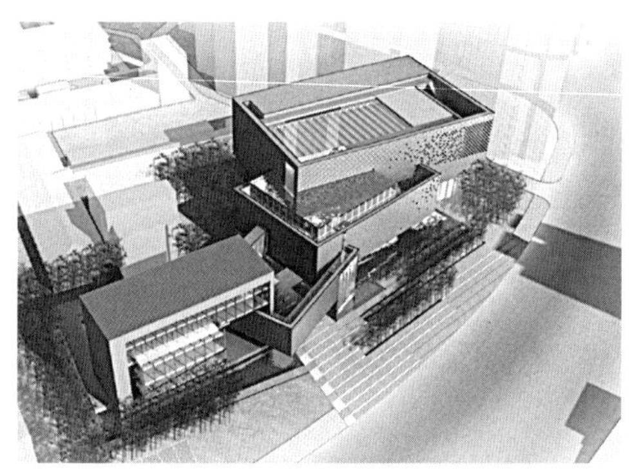

图 3–25b　参赛方案：建立城市界面（来源：设计文本）

创意与设计表达打动了评委会，赢得了这次国际竞标。

中标后我们开始与建设单位上海交通大学、钱老所属的军队部门以及钱老的家人接触，经过数轮汇报和沟通，我们逐步感觉到军队领导和钱老家人对我们这个设计团队是比较满意的，但对直接实施中标方案则持有保留意见。再通过与钱老有过接触人员的当面交流以及针对性补充调研，设计团队对钱老的生平事迹和卓越功勋有了更深入的认识，亦逐渐了解建设单位的潜在愿望——希望建筑表达出更强的纪念性并更加充分地展示钱老对我国科学和国防事业作出的重大贡献。与此同时，一个重要的、且竞标阶段没有明确的设计条件出现了——我国第一枚“两弹合一”的东风二甲导弹实物（高约 24m）将作为展品放置在这个约 8000m^2 的展馆内。原来的方案无论如何调整，都很难贴切地与这要求相契合。于是，设计团队回到概念创意阶段，重新梳理设计任务书，探索建筑跟基地的可能关系，提出了一系列新方案，其中主题为“石破天惊”的方案得到了大家一致认可。这一方案把建筑体量集中在基地的西北侧，采取风蚀岩的意象，带出我国核事业在大西北戈壁滩艰苦奋斗的联想。钱老的肖像转化为“风蚀岩”外表，呈现出若隐若现的肌理，突出了人物主题，也加强了纪念性表达。

具有鲜明叙事性和强烈纪念性的概念构思被认可之后，设计团队投入大量精力把设计概念与体量布局转化为建筑语言（图 3–26），从而把对功能需求的满足、观众体验的激发与对建筑学专业价值的追求有机结合起来。

1. 经营基地内建筑与场地的布局。“风蚀岩”的建筑体量集中在西北面，基地东南面留出了在城市中心区尤显珍贵的广场及景观场地。建成以后，此广场成为徐汇区一处颇受市民欢迎的活动场地。面向城市开放的广场嵌入校园用地，成为校园、城市与建筑之间的公共场所。广场的形态从宽到窄，从低到高灵活变化；设计在有限的用地内有机结合水面、绿岛和原有城市绿化带，形成引导人们走向建筑入口并随之转换心境的场地空间序列。

2. 精调“风蚀岩”建筑形体。建筑对场地的呼应也提供了“切削开凿”建筑体量的动因：为顺应“风蚀岩”主题，建筑主体处理为各面向上倾斜的方体，展示鲜明的体量感。方体在靠近广场与校园的南面悬空，在远离广场的北面落地。在面向城市的东面打开“V”字形裂面，透过玻璃面向城市展示位于建筑中庭的东风二甲导弹。在面向校园的南面对准校园道路劈开裂缝，嵌入校园环境。在面对钱老曾经学习的工程馆的西面切开缝隙，给内部展陈以远望实景的可能。外墙肌理的设计也充分与环境对话：钱老的肖像位于东面偏南，易于向城市与入口广场展示。南北两面，肌理像素从东到西逐渐从有机错落变化为规律有序，在西面整合为徐汇校区历史建筑经典线脚的图案意向。所有外墙肌理均通过 5 种像素组合而成，即材料颜色相同，但因反射天光不同而成像（图 3–27）。

3. 处理导弹与内部空间的关系。规划条件中的建筑限高为 24m，而东风二甲导弹高度也是 24m，

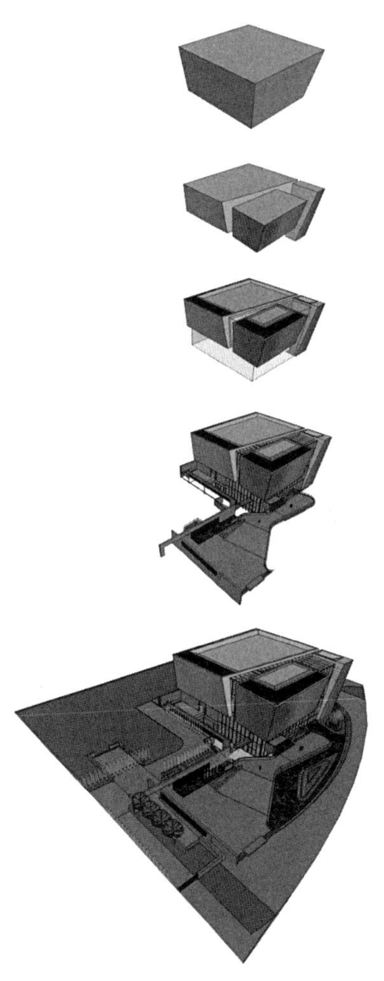

图 3–26 “石破天惊”方案设计生成分析（来源：设计文本）

图 3–27 沿城市道路全景（来源：姚力摄影）

这决定了导弹如果放在室内并且竖向展示，则必须从地下层放起。同时，从入口空间效果出发，希望入口平台抬高 1.2m，形成一个微妙的似隔非隔的平台。这两个制约因素确定了首层和地下层的大致标高，也引导设计在有限的场地内采取双首层的策略，即观展入口位于首层东面，而办公、货物入口则位于地下层西面，学术会议可以从前广场通过楼梯下行至下沉庭院的报告厅入口。因此，场地设计也围绕主广场与建筑周边做了一系列高差处理，妥善处理各出入口的交通要求与景观效果。放置导弹的圆形大厅成为方圆结合的室内公共空间的核心。展厅呈 L 形布置在西面与南面，方圆之间的空间处理灵活变化。观众在展厅与圆厅之间穿梭参观，可以感受独特的体验。圆厅的内界面与矗立的导弹通过东面的玻璃面向城市开放，它与钱老的肖像一起构成时空对话的场景（图 3–28）。

图 3–28a　时空对话场景（来源：姚力摄影）

图 3–28b　陈列东风二甲导弹的核心圆厅（来源：姚力摄影）

4. 处理地铁出入口及风井与建筑结合的难题。与中国馆类似，钱学森图书馆也遇到与地铁建设衔接的问题，规划中两条地铁交汇的出入口及风井就在基地范围内。为了保证整体效果，我们选择了一个比较“笨”的办法，宁愿增加跟地铁及规划部门的沟通与衔接，也要把地铁出入口及风井纳入到钱学森图书馆整体设计范围，最终把这部分塑造为风蚀岩形体构成的一部分，融合在整体建筑之中。后来，地铁站的室内设计也受到启发，他们对钱学森图书馆地铁站的室内效果做出了特别的设计。

5. 整合景观设计、室内设计和展陈设计，最大限度地落实建筑整体构思意图。建筑师在建筑与景观、室内与展陈的设计过程中，非常关注对核心概念的传达与沟通。幸运的是，我们前期的概念创意和设计深化都赢得了建设单位的信任。因此，建筑师的意见能够得到建设方的尊重，并基本把握住设计整合的主动权，其景观、室内与展陈设计等紧密配合、相互支持，从而保证了连贯的建成体验效果。

从上述的建筑语言生成过程我们可以看到：一个明显的制约或矛盾（例如导弹高度与建筑限高的矛盾）可能会从设计的某个主要方面（例如建筑剖面）切入设计思考，但随着设计思路的展开，总会引起相关因素（如场地设计等）的变化，甚至是全局性的。建筑设计是一个各方面都需要相互衔接并且相互关联的整体，通常需要反复试探与调整才能最终实现设计目标（图 3–29）。

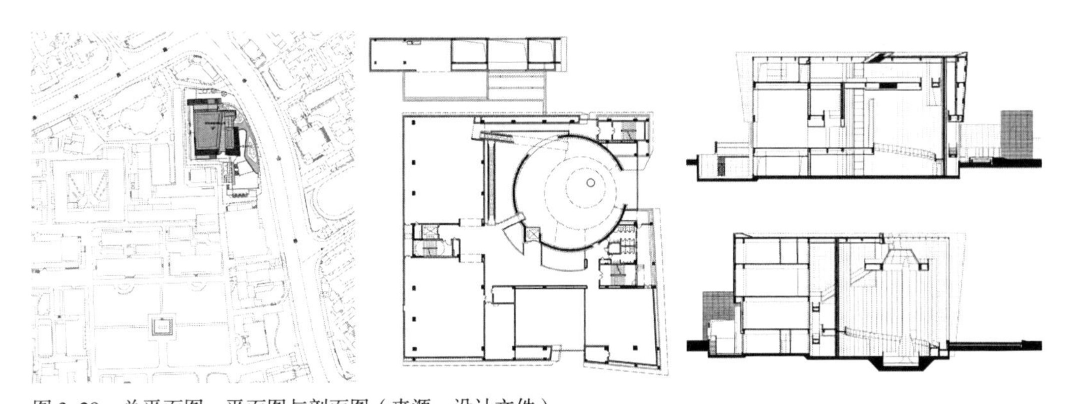

图 3–29　总平面图、平面图与剖面图（来源：设计文件）

在建筑形式基本确定之后，建筑师还要明确如何通过实际建造实现设计形式，并同时满足各种现实的制约条件。在建筑语言转为实际建造的过程中，设计思考需要更多关注技术与现实的可行性，为设计效果的真实表现打开一条通路。这与在图纸与电脑前的冥思苦想同样重要并且应该保持连续贯通。

钱学森图书馆项目的工期与造价都非常紧张。在初步设计阶段，建筑师就建议建设单位在施工时应尽早封闭外墙，提供外幕墙与内部装修同步施工的条件，并得到了建设单位认可。出于降低造价与加快工期的考虑，我们采取建筑形体外界面与使用空间内界面适当分离的策略，即“风蚀岩”的倾斜外墙由幕墙系统出造型，而外幕墙后面的建筑外墙则在每层垂直砌筑，不同层的砌筑外墙顺应外墙倾角，并在剖面上错开，这种脱离的第三层就发展为办公区的实际外墙与外幕墙之间的夹院。在保证“风蚀岩”体量完整的同时，也解决了办公区的通风采光问题，由此化解了“风蚀岩”的不规则形体可能带来的内部房间界面是否跟着倾斜的问题。观众感知中的内部界面就是向城市东面打开的圆厅弧形界面，至于倾斜的红色外墙界面与黄灰色内部界面间的处理，则根据功能需要开凿成一个个不同的方形房间以及方圆之间的公共交通空间。

建筑形体取意于风蚀岩，钱老肖像也需要在外墙显现，这使得外墙肌理的做法成为设计的重要议题。外墙设计主要围绕两条线索推进：一是肖像以何种方式显现；二是外墙材料及工艺的选择。

肖像的视觉呈现必须把握合适的度，传情达意之余不可过于具象和明确，否则就脱离了主题。基于以上的设计原则，在尝试请雕塑家做肖像之后，我们决定自己动手，采用与外墙肌理一体化处理的方式呈现肖像效果。经过反复探讨并通过 1：8 的大比例模型验证效果，最终决定采用像素化的成像手法：整体肖像仅用 5 种深浅不一的肌理单元像素成像，不同像素的材质与本色完全一致，其深浅程度通过不同肌理横向折面的数量、宽窄和倾斜度对天光产生不同折射效果来实现。组成肖像的 5 种像素在外立面的其余部分继续运用，形成整体外墙有机错落的纹理效果。远观建筑，钱老肖像能写意呈现；走近建筑，肖像逐渐消融到外墙的肌理与质感当中。像素化的处理产生具有同质基底的变化性与抽象度，使“雕塑”化入建筑外墙。

在外墙材料的选择上，曾设想采用石材，但在进行试验后发现，经过加工的石材纹理效果偏向干净整洁，刻画深度也不够，难以实现“风蚀岩”般的粗糙感与肌理感，最终选择了 GRC 人造石外墙挂板。从制作 1：8 的模型逐渐过渡到制作眼睛部位 1：1 的局部实样，经过十几轮的反复试版和修改，再制作出 15m 见方的 1：1 足尺肖像墙板模型。最后，设计师坐上吊臂车到空中观看整体效果，后又经过修改定版后才最终上墙。定版的外墙挂板基本板块单元尺寸为 1260mm × 3500mm，成像像素大小为 250mm 见方，纹理凹凸深度最大为 70mm（图 3-30）。

建筑、景观、室内与展陈一体化的设计工作延伸到了建造语言制定与建造控制上。尽管由于设计主体的切割造成的沟通障碍与意见分歧给建造过程留下了一些遗憾，但总体效果还是达到了参建各方期望的水平。例如，西面向工程馆打开的裂缝最终没能结合进展陈设计而被内部封闭了；前广场水面绿岛原来设想有枝干姿态的水杉或细叶榄仁被换成了低矮的冠状树种；室内设备末端控制得不够理想，影响了天花的整洁。

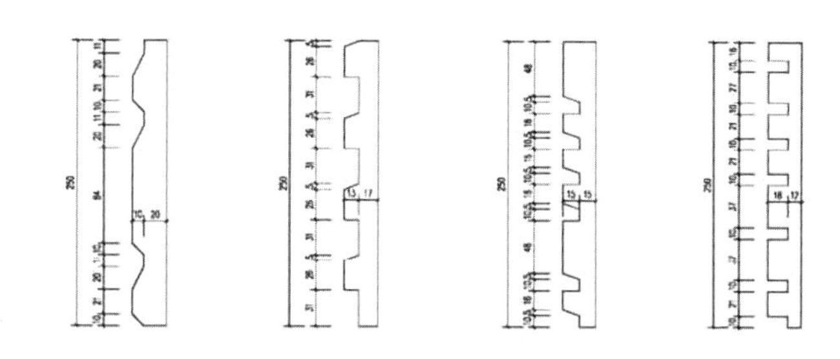

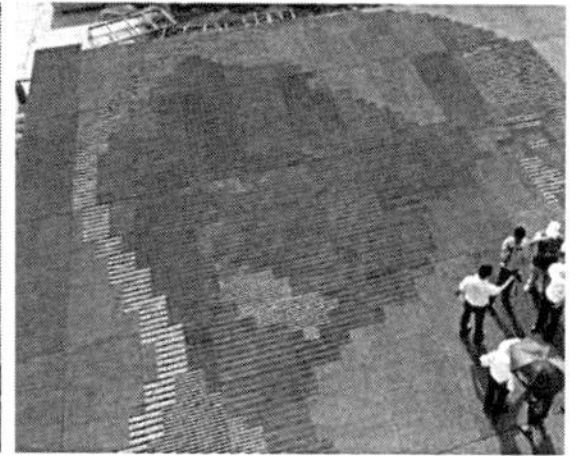

图 3-30　外幕墙大样与 GRC 人造石外墙试板照片
（来源：项目资料、作者自摄）

这是一个主题鲜明、场地局限、各种约束交织在一起的有难度的项目，建筑师通过大胆创想、准确定位、周密设计、严控建造，把各种因素连贯地组织在一起，建成了一个有机布局、构成精巧、形象鲜明、体验独特、能给观众留下深刻印象的文化建筑作品。

3.1.4　泰州民俗文化展示中心

泰州民俗文化中心是一个邀请委托的项目。建设单位从媒体了解到中国馆设计与建造过程之后慕名前来邀请设计，此时建设单位有建设优秀建筑作品的意图，但是还没有明确的任务书和清晰的推进思路。建设单位的信任是机遇也是挑战。

在跟建设单位接洽以及赴现场了解情况之后，我们决定承接这个复杂而具有挑战性的项目。同时，我们也认识到影响项目的历史与环境因素相当复杂，设计之前必须对项目背景与文脉具有充分而深入的认识。于是，我们首先展开对泰州城市发展脉络与基地周边历史文化街区的调研，请来建筑历史专业团队进行历史专题研究并对扩大范围的传统街区进行更新改造规划；建筑团队则关注调研与解读基地周边环境与建筑现状，在频繁的交流互动与汇报讨论中逐步理清项目的背景、资源、制约与关键问题。

项目基地位于长江流域与淮河流域的衔接地带，从东北面穿入基地范围的稻河头是两河水运“翻坝”的节点，承载着泰州城市的重要历史记忆（图 3-31）。基地北面紧邻泰州五巷传统街区，南面隔着城市道路与泰州现代商业中心坡子街相对，西面为一座名

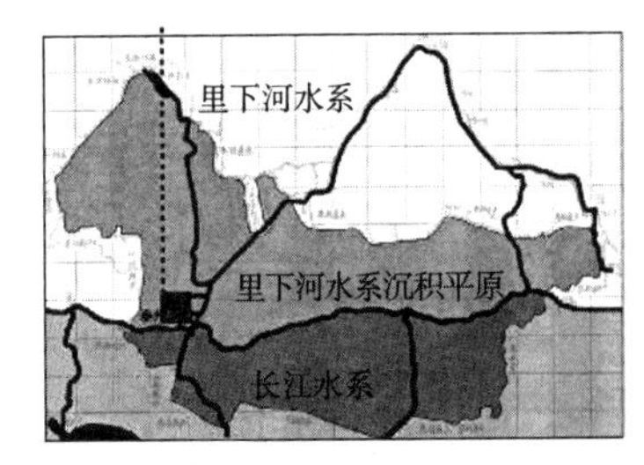

泰州

位处里下河水系沉积平原。
里下河水系与长江水系交汇处，
自古就有“水路要津，咽喉据郡”之称。

图 3-31　基地位于区域节点部位（来源：项目资料）

人旧居，旧居西南面有一栋高约 100m 的现状高层建筑。建设单位希望在突出名人旧居的同时，妥善处理五巷街区、高层建筑与新建展示馆等，整合资源，建造经典建筑、提升城市品牌。整个项目处于旧与新、小肌理与大尺度、传统历史街区与现代商业中心等众多因素的聚集地带，资源丰富而又矛盾交织，其中的关键难题在于百米高层建筑与单层名人旧居的间隔只有约 5m，如何通过新的总体布局与名人旧居以及小肌理传统街区取得协调的关系。

设计团队通过对历史脉络和场地结构的解读与分析，提出“和谐与发展”的总体定位并激发出对总体布局的关键构想：不再困扰于如何从南面到达名人旧居而避免高层建筑的不利影响，而是建立东西向轴带，引导观众从东面进入场地，沿轴线自东向西观看，便到达名人旧居，把高层建筑转化为整个项目的背景或屏风。这个想法一出现，设计思路马上开阔起来。经过多方案的探索与整合，场地的各种要素围绕东西向轴带被系统地组织起来，形成总体布局（图 3-32）。

总体布局分为 3 个部分，自东向西为：稻河头城市广场、新建展示馆主体建筑、名人

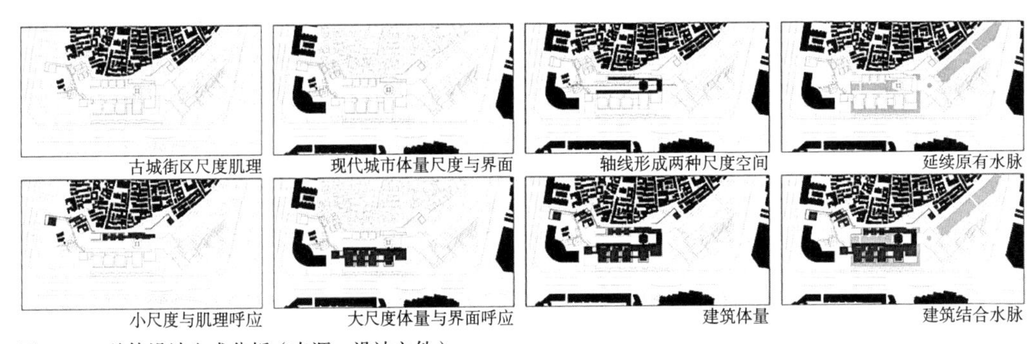

图 3-32　总体设计生成分析（来源：设计文件）

旧居展示区。

东面的稻河头广场打开一片供市民活动的开放场地，使原来处于消失状态的五巷街区和新建展示馆得以同时向城市显现，原来被商业建筑遮蔽的历史线索稻河头被重新发掘和强化，不仅被处理为城市广场的主要景观，并且延伸进入展示馆的中心水院，成为贯穿场地的水景线索和历史脉络。

中部的展示馆主体建筑吸取江南传统建筑特点，形成富有韵律感的宅院平面布局，配合五巷街区主巷道的走向调整节奏，实现疏密对位，使新建筑融入街区环境。中央水院把建筑分为南北两部分：北面为小体量建筑，它衔接传统街区；南面建筑体量较大，以应对现代城市的大尺度。展示馆建筑通过中轴统领的格局引导人们从东面序厅遥望名人旧居，突出重点，以点带面，形成完整的参观序列。

西面展示区紧密地围绕名人旧居进行设计，而西南面的现状高层建筑则进行立面改造以融入整体建筑群，并成为名人旧居的背景。旧居东北面根据历史地图复建一组传统泰州民居以作泰州民俗展厅，其参观流线自然接入五巷街区。景观设计采用草地和砂石路径相结合的手法，突出历史线索。

总体布局把基地的各项资源充分调动并有机整合，自东向西形成了节奏清晰的参观序列，并且从南到北缝合了原本断裂的城市肌理，建立了从现代城市到历史街区完整而开放的空间结构，并在尊重传统与现实的基础上为城市生活开辟新的空间环境，形成新的和谐关系。

设计团队非常注重空间序列环境的完整体验与营造，并通过实际的视线分析确定设计范围与设计内容。例如，中央水院两侧建筑界面的檐高要能够屏蔽外部建筑体量以确保内部环境品质，场地节点部位种植冠状树木以遮挡视线或提示流线，展示区周边突出可见的建筑通过功能和立面改造融入整体环境氛围等。设计的范围与内容是在深度调研的基础上依据建成效果的需要反推而来的，从而形成一个纵贯背景研究、城市规划与设计、建筑设计、展示区景观设计、传统街区保护更新、古建筑、现状高层建筑改造以及绿色建筑技术设计等各个层面的整体性设计实践，突出了“和谐与发展”的主题（图 3–33）。

在探索总体布局思路的同时，设计团队也运用多方案比较与选择的方法探索具体的建筑形式构成与品相气质，这是一个同步推进并互相印证的过程。通过第一轮 4 个方案、第二轮 2 个方案的比较与选择论证逐步明确了设计方向，即运用现代建筑语言转译泰州传统建筑平正敦厚、灰调朴实的品相气质，并在此品相的指导下从空间构成设计一直深

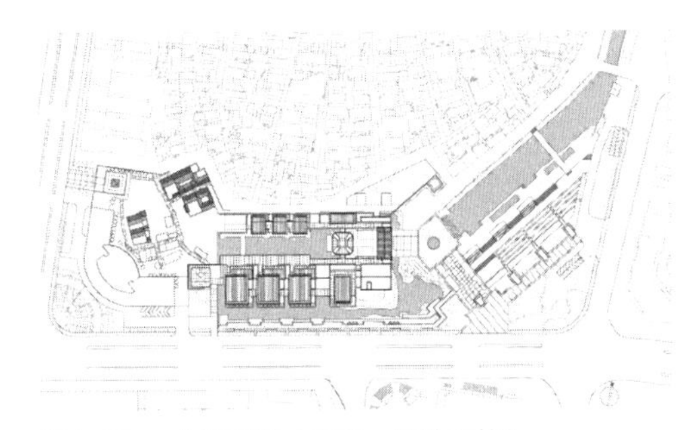

图 3-33a　总平面图（来源：设计文件）

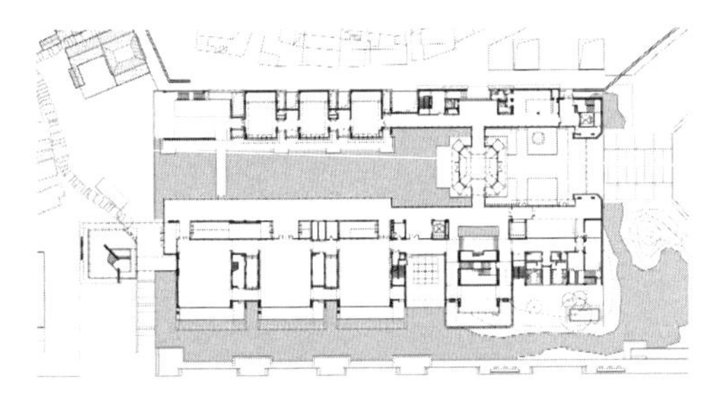

图 3-33b　首层平面图（来源：设计文件）

图 3-33c　缝合城市：鸟瞰中心水院（来源：姚力摄影）

图 3-33d　新旧融合：从五巷街区看新建筑（来源：姚力摄影）

入到界面划分与细部勾勒的深化设计，把问题继续推向如何运用现代建造技术转译泰州传统建筑气质。

泰州传统建筑一个显著的特征就是青砖的广泛使用，而传统上、下河流域的土质正好适合于生产青砖。我们在开始时也尝试过运用改良传统青砖及其砌法方式来建造，并在现场做了足尺试版。但是传统的材料和人工砌筑工艺的效果难以满足新建筑较大体量的完整性和外墙工艺的品质要求，反而是作为对比试验的石材百叶的效果较佳。实践的结果推动我们转向现代幕墙系统。

为了表达并转化传统建筑特有的尺度感，基面石材采用了锯齿状的表面处理，按 75mm 的模数，形成细密的石材肌理，通过光影变化塑造生动的建筑表情。大片的石材百叶根据内部功能嵌入外墙基面，悬挂的长条石材彼此相互脱开，显现出石材幕墙的建造方式，在获得连续界面的同时获得可“透气”的外墙界面。石材选择浅灰色，它在色调上与传统青砖呼应。石材百叶划分与基面石材肌理采用共通的模数、差异的尺度和对位的关系，这样可以形成既统一又丰富微妙的整体外墙效果，并传达了新泰州建筑的品相。

在建筑外墙及转角、屋脊和玻璃长廊等关键部位的设计中，我们采用图纸和现场足尺试版结合的方法探索运用现代建筑语言转译传统建筑特质的方式，并形成系列化的外墙工法。在石材墙面的转角处，结合幕墙龙骨系统，设置金属构架的“左右逢源”花格窗；在建筑屋面顶端，结合钢结构，构筑“亮脊”；在公共走道部分，设置玻璃长廊，并在长廊顶部设置细密的遮阳金属百叶。

本项目设计以理性清晰的现代建造技术体系转译泰州传统建筑特质，创造既有传统意蕴又焕发现代气息的新泰州建筑品相（图 3–34）。

人文品质无疑是本项目获得成功的决定性因素，而达到国家绿色三星建筑标准也是本项目的重要目标。在设计中，我们并没有把绿色技术作为可视化元素而加以凸显和表现，而是更关注绿色技术与文化品质及环境塑造如何有机结合。

绿色生态设计的覆盖面从建筑本体延伸到总体场地景观，比如场地渗透地面比例超过 40%，自然降水部分渗透补充地下水，部分沿地表径流汇集到城市水系和景观水池，处理后作景观灌溉和建筑中水回用。

总体绿色设计注重发掘和提升传统智慧，即把传统街巷院落体系的构成特征充分运用到新建筑设计中，形成梳状布局，建立风廊和庭院，并加以立体化处理，使之延伸至地下层，且在弱化地面体量的同时加强地下办公后勤空间的通风采光质量。

绿色建筑的实现必须通过若干绿色技术的集成，但对于这个项目，绿色技术不应刻意凸显自身存在，而应成为整体人文环境有机的一部分。因此，我们采取非可视、渗透性、消隐化的方式来处理：通过精心考虑、

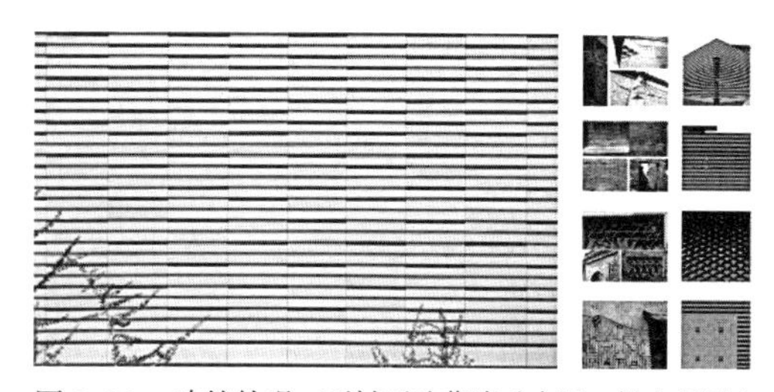

图 3–34a　建筑外观：石材百叶幕墙（来源：姚力摄影）

图 3–34b　建筑外观：转角花窗（来源：姚力摄影）

图 3–34c　建筑外观：入口门架（来源：姚力摄影）

图 3–34d　建筑夹院与外观局部（来源：姚力摄影）

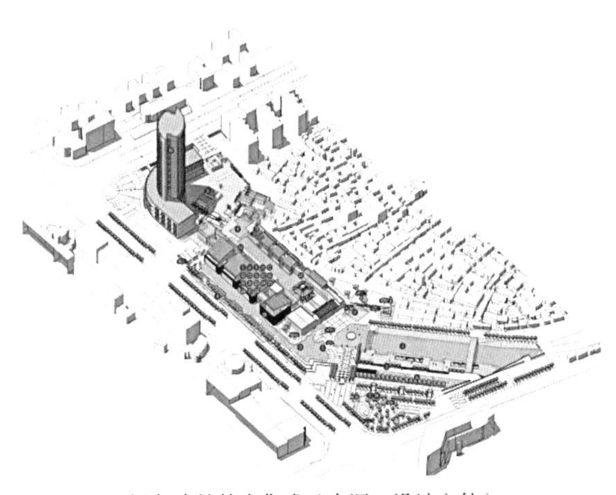
图 3-35a　绿色建筑技术集成（来源：设计文件）

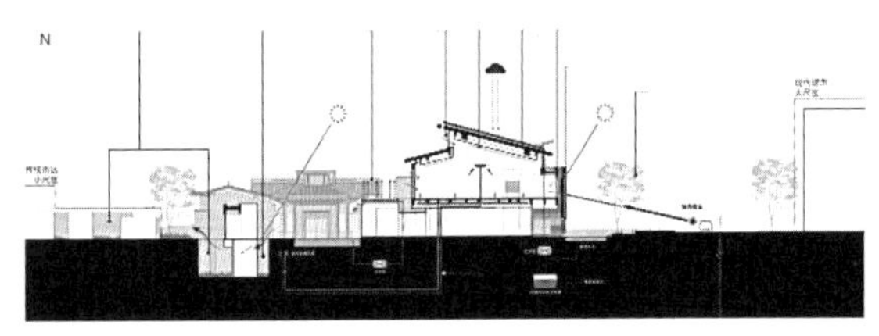
图 3-35b　绿色建筑技术融入建筑本体（来源：设计文件）

反复推敲，使建筑的坡顶、外墙、开窗等构成元素自然而然成为绿色技术的载体，而建筑构成方式与构造细部同时又十分注重人文表达所涉及的格局和品相，使绿色技术融入建筑的人文表达之中（图 3-35）。

建筑设计协调结构及各设备专业并加强绿色技术整合——太阳能光伏板、地源热泵和能源信息采集管理系统等技术在本项目中得以综合运用。其中，空调暖通专业获得了中国建筑学会暖通空调工程优秀设计一等奖。经过设计团队的共同努力，实现了本项目达到国家绿色三星建筑的目标（图 3-36）。

本项目强调城市、建筑、景观、保护、改造等各层面的连贯性与整体性，设计团队以“传承创新、和谐发展、科技人文、绿色三星”的设计主轴整合丰富资源并应对复杂制约，最终向信任我们的业主与满怀期待的公众提交了一份令人满意的答卷。

图 3-36a　从城市看建筑（来源：姚力摄影）

图 3-36b　从序厅到长廊（来源：姚力摄影）

图 3-36c　中心水院（来源：姚力摄影）

3.2　大师的启示

在亲历了建筑设计实践之外，笔者选择了两位气质迥异的国际建筑大师——贝聿铭和扎哈·哈迪德近年来在国外和中国建成的作品各一例做案例分析。这两位建筑大师中的一位是重视延续性和连贯性的现代主义大师，他注重把传统的精髓融入现代建筑语言来定制品位高雅的建筑空间；另一位是奉行参数化主义新颖风格的当代建筑大师，她强调全新的创造，运用流动的形式语言追求建筑设计的时代感与未来感的表达。同时，他（她）们又都有吸引社会大众关注的能量。这 4 个作品均是建筑师的代表作，笔者也都曾到现场实地参观过。把同时代完成的国内、国外建筑设计作品作对比，这将有利于了解设计思考的连贯性在中国语境下经受的特殊考验。

3.2.1 贝聿铭的德国历史博物馆新馆与苏州博物馆新馆

1. 德国历史博物馆新馆

德国历史博物馆新馆是贝聿铭继 20 世纪 70 年代美国国家美术馆东馆、20 世纪 80 年代法国卢浮宫扩建之后，又一座在 2000 年前后在重要国家中心地带设计并落成的地标性文化建筑。贝氏能够得到业主青睐并赢得建筑的设计权，这与他以往在重要文化建筑项目中的杰出表现密切相关。

该项目基地位于柏林老城中心，正好在德国重要建筑师辛克尔设计的两座建筑之间，其中的老军火库更是新建筑要与之连接的博物馆展馆。该项目基地离著名的博物馆岛不远，尽管面积不大且呈不规则形，但却处于文脉交集之地（图 3–37）。

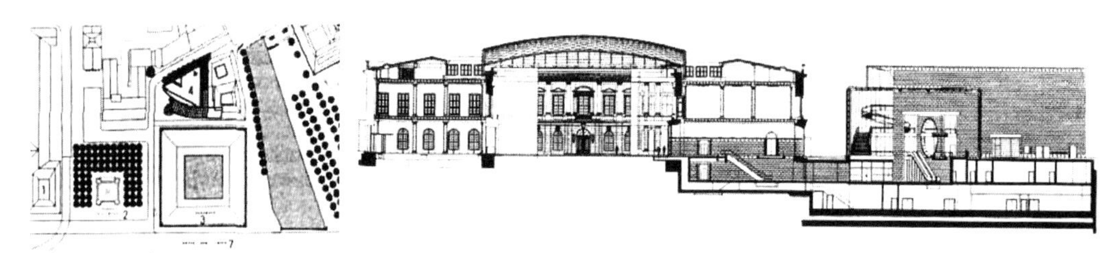

图 3–37a　总平面及剖面图
（来源：I.M.Pei. The Exhibitions Building of the German Historical Museum Berlin，Ulrike Kretzschmar，2003: 48, 11.）

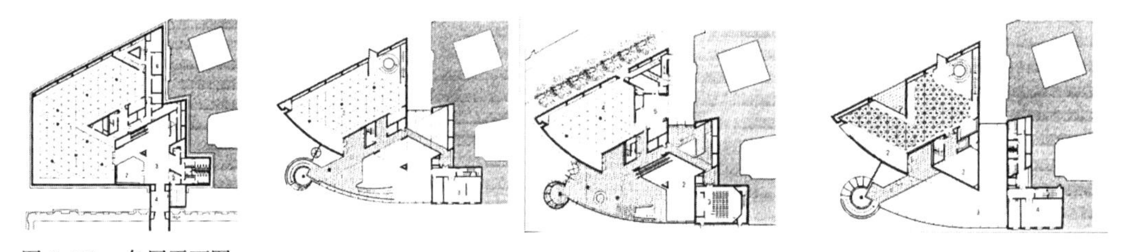

图 3–37b　各层平面图
（来源：I.M.Pei. The Exhibitions Building of the German Historical Museum Berlin，Ulrike Kretzschmar，2003: 42, 43.）

贝氏的设计概念延续其一贯的主张——寻找并表达其在时间、空间、事件中的连接点。新建筑顺接基地各项要素，以现代材料和透明界面与历史建筑的实体界面对话，并充分运用几何构成营造虚实结合的中庭空间，吸引人们的关注，同时把一个原本不起眼的转角改造为一个独具魅力的高雅场所。

在形式语言上，贝氏再一次运用三角形构图衔接转弯道路并适应基地的多面向，同时还加入了以往并不常用的弧线曲面系统。设计的核心仍然是营造一个虚实结合，且比以往作品更具有复杂性的中庭（图 3–38），并以通透的都市剧场式空间与历史建筑和环境对话。

图 3-38　建筑语言塑造中庭效果（来源：Archina, http://interior.archina.com）

在中庭，贝氏运用了两道弧线：一道是与军火库相对应的玻璃外墙；另一道是顶棚的实体与虚体之间的交界，解决三角形体系与入口弧线曲面体系的过渡。这里的弧线与贝氏在达拉斯音乐厅里所运用的有所不同，音乐厅的弧线是表达音乐的空间韵律，而柏林博物馆则是对周边历史建筑巴洛克风格的呼应、对基地多面向的适应以及激发指向未来的当代气息等。中庭设计则通过简单几何形体的多层次变化，形成一个复杂多变、光影映衬的都市剧场空间。贝氏常用的螺旋楼梯在这里也得到了跟以往完全不同的运用，它不再是以中庭为中心的雕塑体，而是位于中庭的一端。楼梯在室内是一个引人体验的空间通道，而其外表却成为一个旋转曲线的玻璃雕塑体，成为新馆入口的独特标记，并激发了入口周边富有特色的空间体验。可以解读出来，贝氏心中是把室内的都市剧场与室外的场地作为一个整体来考虑。螺旋楼梯及其精美的螺旋形玻璃幕墙是连接内外的节点，而且螺旋楼梯牵引出弧形的玻璃外墙与顶部边界给整个建筑带来一种当代和未来的气息。玻璃中庭所依附的三角形建筑实体依旧使用贝氏惯用的石材与混凝土材料，而玻璃幕墙则映照着辛克尔设计的军火库，新旧场所氛围跃然纸上。新旧建筑的参观人流通过地下通道相连，新建筑中庭与经过改造的老建筑中庭成为两个节点，以地下连通的方式保证了新老建筑地面街道的连通。

这个建筑的建造保持了贝氏作品一贯的高品质，其石材界面全部对缝，混凝土的浇注工艺也精准到位。值得注意的是玻璃幕墙和顶棚的做法：贝氏并没有像安藤忠雄那样采取极简或高度抽象的构造体系，而是把幕墙主次结构的组织展现出来，运用小桁架支撑连续跨度的幕墙，并在室内感觉整片幕墙具有构造层次和细部节点的建构体系。高品质的玻璃光洁剔透，金属构件的质感与色彩沉稳雅致，整个金属玻璃幕墙构造精美，并以一种高雅的当代工艺与老建筑的精致装饰产生呼应。螺旋楼梯及其外幕墙的几何控制精确到位，而且工艺精准，充分实现了其作为内可游、外可观的空间雕塑效果（图 3-39）。值得注意的是，对于军火库老建筑中庭新加建的玻璃顶盖，贝氏并没有简单地把新馆的玻璃幕墙顶棚构造沿用至此，而是运用轻盈均质的构造弱化新加顶面对历史建筑原有存在感的干扰，使

图 3-39　螺旋楼梯及其外幕墙成为激发内外空间场所的标志物（来源：作者自摄）

图 3-40　左：金属玻璃幕墙与老军火库对话　中：老军火库中庭加建的顶盖　右：新旧建筑之间的街道（来源：作者自摄）

其适应方形的庭院，可见其建造语言的运用具有明确的目的（图 3-40）。

2. 苏州博物馆新馆

苏州博物馆新馆是贝氏的回家之作。从一开始的立项和选址（忠王府边，苏州老城的核心）就引起社会各界的高度关注和争议，但到建成之后，便赢得了广泛认同，并被认为是贝氏在传统的传承与创新上的又一个经典之作。

贝氏并不是一位容易用标题性概念来概括其作品的建筑师，广为流传的“中而新，苏而新”可以理解为贝氏在项目前期对苏州博物馆新馆设计的定调，这个定调在当时应该是切中了苏州市政府请贝氏回家设计的核心愿望。对城市，贝氏强调在保存老城风貌和气韵的同时为老城发展注入新的活力；对建筑，贝氏给苏州博物馆新馆注入了“游赏”的观念——如同在大宅子里向来访的客人展示珍贵收藏的气氛。同时，苏州博物馆新馆也具备贝氏博物馆建筑作品一贯的完善功能，包括多功能展厅、多功能报告厅与醒目的纪念品销售点等。

在总体布局上，可以解读出 3 种明显的塑造力：一是苏州大宅和园林类型化布局的启发；二是融入城市肌理的设计对建筑体量的控制；三是运用严格而精巧的网格与模数系统，使设计在理性控制与秩序明晰的同时营造足够的有机性与差异性。建筑群按左中右、前中后的传统院宅方式布置，园林水景居于中部，并成为建筑群的核心，再通过“以壁为纸、以石为绘”

的手法呼应山水主题。建筑群沿道路建立围墙边界，外围的建筑控制为一层高以体现城市街道的连续性，相对较高的建筑点缀在建筑群中部。南面主入口及前庭与作为苏州城市水系的码头节点建立宜人的步行系统。在剖面设计上把多功能需要的大空间放入地下，后勤用房布置在地下或后部，办公与后勤入口从新建筑群与忠王府之间裂开的小巷进入，整体功能和场地布局分区明确、线路清晰（图 3–41）。

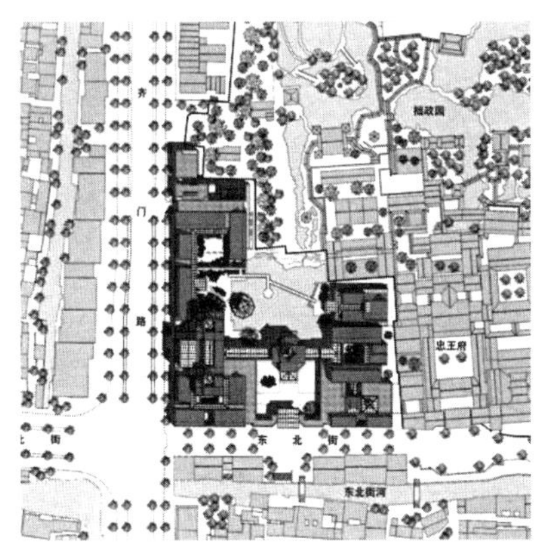

图 3–41a　总平面图
［来源：范雪. 苏州博物馆新馆［J］. 建筑学报，2007（2）.］

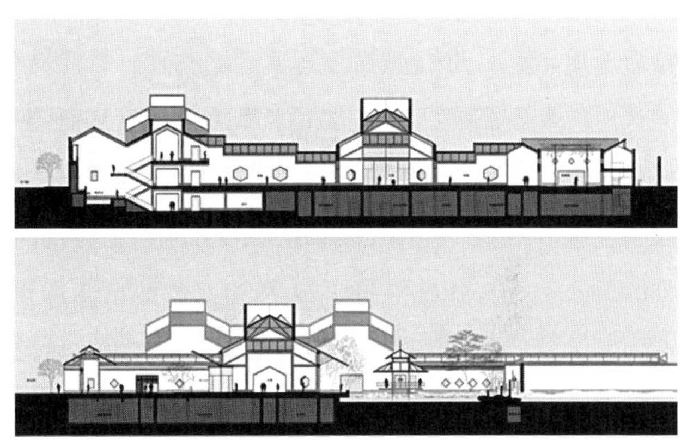

图 3–41b　剖面图（来源：abbs 网站，http://www.abbs.com.cn）

在形式构成上，建筑体量遵循“不高、不大、不突出”的原则。3 个重要且相对宽敞的体验空间节点采用“体量化解”的手法，运用几何块面的立体构成手法把坡顶意象和采光侧窗结合起来，创造新颖的造型表达和空间体验。展厅采取厅廊结合的方式，创造游赏体验。整体设计带出“中而新、苏而新”的精要在于网格化、模数化的整体秩序与传统大宅及园林的有机布局相适配，以及 3 个立体构成的空间重器带来的新颖体验，还有整体建筑对苏州传统建筑灰白品相的延续以及漏窗月亮门等点睛元素的局部运用（图 3–42）。

图 3–42　门厅与内院（来源：abbs 网站，http://www.abbs.com.cn）

苏州博物馆新馆是围绕体验的一体化设计，其室内空间、景观、陈展完全和建筑融为一体，并从苏州传统大宅和园林中提炼出黑灰白的品相。贝氏第一次到现场调研就提出要看苏州博物馆的镇馆之宝，其主入口门厅之外的两个空间重器就是为陈列镇馆之宝而定制的。可见，贝氏的设计思维就是终点思维，即先构想需要创造一个什么特征和氛围的场景，再去考虑形式语言与建造方式。

如何在中国建造和工艺水平的基准上高品质地实现形式语言与建筑品相是苏州博物馆新馆设计与建造的关键问题。笔者感到贝氏对此进行了深入的思考并做出了审慎的选择，他应该意识到了施工工序中土建与装修明显分离的特点，因而重点关注完成面的控制。贝氏给土建完成面留下了充足的构造空间，如墙体内部是250mm的钢筋混凝土剪力墙，完成面厚度达到450mm；墙体的外表面在混凝土结构面上加了钢龙骨，通过幕墙二次安装的方式精雕完成面，使白墙与黑色石材勾边能做到表面平齐（图3-43）。因此，与传统建筑品相对等的灰白色品相的外墙并不是以传统方式建造，而是通过精心定制的现代幕墙工法来建造。墙体的内表面也一样，平整素净的白灰墙是满搭细木龙骨后完成的装修面，龙骨与结构墙之间的空隙正好为照明等设备走线提供空间。灯具采用内置式，而空调采用地送风，风口多设在门框等部位，从而保证了室内界面的整洁。坡屋顶的灰瓦意象运用石材幕墙工艺来表达，并采用菱形划分、全部对缝、收边构造等方法把滴水等问题解决到位，其排水采用在疏缝石材面层下面设置防水层的做法（图3-44）。精心控制的建造工法和工艺使建筑界面在传达传统建筑品相的同时达到现代工艺笔直挺括、干净清晰的品质感。但在国内的环境中贝氏作品似乎也有妥协的部分，例如主入口门头的钢结构未能按方案阶段的均质化形态实现，而是增加了两处强化的节点，还有珍品展厅楼梯平台也增加了立柱，幸而这些局部对

图3-43　墙体内外界面的建造过程（来源：abbs网站，http://www.abbs.com.cn）

图 3-44 石质屋面的划分、层次与连接构造（来源：abbs 网站，http://www.abbs.com.cn）

整体效果影响并不算大。可见，建造语言、设计意图与形式语言的匹配对于建筑完成度来说非常重要。

贝氏的德国历史博物馆新馆与苏州博物馆新馆两个建筑的品质俱佳。在德国博物馆新馆中，德国的工艺水平固然为贝氏实现复杂的弧线曲面造型提供了有力的支持，而对比之下我们也看到贝氏在中国环境做出的有效应变。围绕希望最终实现的建筑品相，建筑师认真思考、谨慎选择与运用本地能获得的建造方式和工艺实现高水平的建成效果，显示出一种既坚持品质追求，同时又主动适应当地条件与现实可行性的思考方式，最终为苏州带来一座杰出的建筑作品。

3.2.2 扎哈·哈迪德的德国沃尔夫斯堡费诺科学中心与广州大剧院

1. 德国沃尔夫斯堡费诺科学中心

沃尔夫斯堡位于德国中北部，是仅次于美国底特律的全球第二大汽车生产基地。近年来，沃尔夫斯堡逐渐从一个以汽车制造为主导的工业城市转变为一个以研发汽车及其相关技术为主导的知识经济型城市。费诺科学中心（phaeno science centre）作为一个彰显未来感的标志性建筑，顺应着所在城市的当代转型。扎哈·哈迪德事务所通过 2000 年初的设计竞赛赢得了该项目的设计权。

项目基地处于沃尔夫斯堡南北两区交界的城市中心位置，坐落在威力布拉特广场之上、保时捷街北面的尽端，基地北面紧邻铁路。费诺科学中心不仅要成为保时捷街上的另一个节点，还要成为联系“里城区”和“大众汽车城”的重要一环（图 3-45a）。

扎哈·哈迪德提出了一个非常简单而巧妙的解决方案，“首先，她并不采用把建筑楼板一层层向上叠加这种常见的空间布置策略，而是把所有的展览空间都集中在一个单

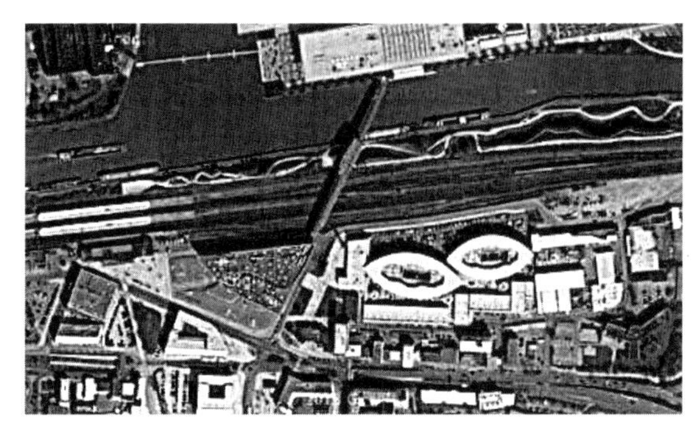
图 3-45a　总平面图（来源：谷歌地图）

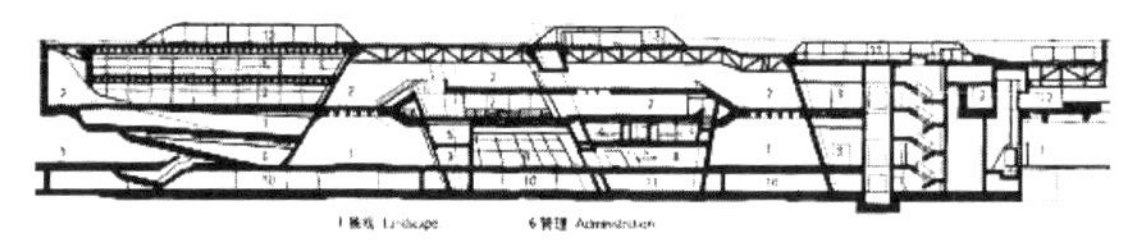
图 3-45b　剖面图
（来源：Zaha Hadid 事务所网站，http://www.zaha-hadid.com）

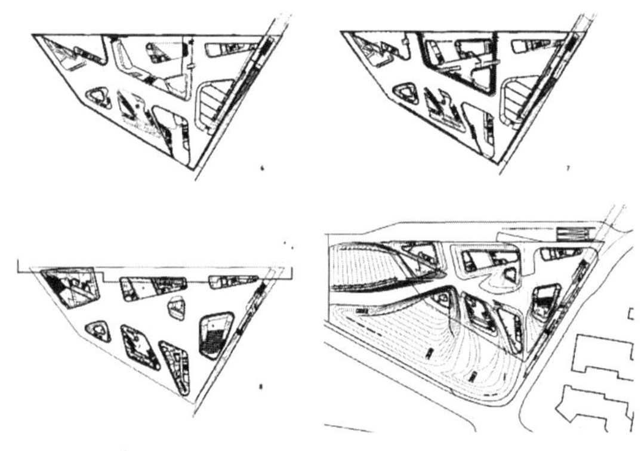
图 3-45c　各层平面图
（来源：Zaha Hadid 事务所网站，http://www.zaha-hadid.com）

层的、平面接近梯形的混凝土盒子内。其次，把这个混凝土盒子抬升至离地 8m 高，架设在 10 个作为结构支撑的混凝土倒锥体上”[①]（图 3-45b、图 3-45c）。

这种架空升起的总体布局策略，使建筑在人的视觉范围获得了较大的通透性。从保时捷街步行而来的参观者，其视线能够穿透建筑，并看到铁路对面的大众汽车城，这加强了城市南北两区在视觉和心理上的联系。

费诺科学中心架空的首层不是一片平淡无味的空白区域，而是被赋予了新的含义而富有活力的建筑构成。“架空层的地面在设计过程中被设想成液体般流动性的表面，它虽被动线牵动、挤压、切割，但它捕捉和记录着动线的方向和力量，并在混凝土倒锥体周边凝固，形成平缓或急促的火山口般的人工地景。在几个‘火山口’间的凹陷形成的‘峡谷’中布置人行走道，引领观者从露天广场进入架空首层。火山口间较平缓的‘平原’地带作为一个有顶盖的半户外广场，可作为室外展览空间”[②]（图 3-46）。

大小不一的 10 个倒锥体是建筑中另一个引人注目的元素。由于每个倒锥体的内部都是空的，因此，它们不仅承担建筑的支撑结构，同时也包含了建筑需要的各种交通设施和功能用房。

“人工地景的概念从地面一直延伸到二层展厅，1.2 万 m^2 的巨大水平空间形成几个展

① 费诺科学中心．灵感日报网站，http://www.ideamsg.com/2013/09/phaeno-science-centre/.
② 同上。

图 3-46a 建筑外观（来源：筑龙网站，www.zhulong.com）

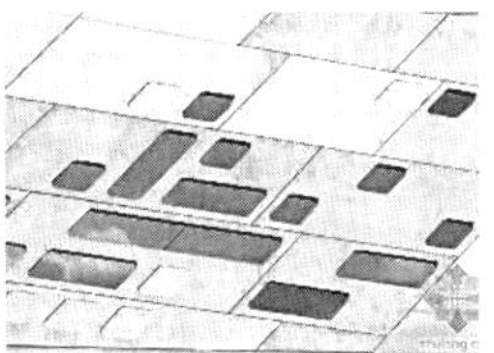

图 3-46b 架空层与建筑外墙及顶棚的一体化效果（来源：筑龙网站，www.zhulong.com）

区并通过起伏变化的地面高差进行划分”[①]。在倒锥体量的引动下一部分展厅的地面向上隆起形成俯瞰展厅全貌的“高地平台”，一部分地面则凹下形成“盆地”空间。整个展厅没有明确或限定的参观路线，开放的展览空间鼓励参观者自行决定行走路线，自由地游历在这片人工地景中。探险式的参观旅程可以从任何一点开始，展厅也没有任何阻挡视线的分隔墙或柱子。在展厅内可以时刻观察到别处的状况，并可任凭好奇心的驱使探索和操作散布在展厅内的 250 个被称为“实验站”的互动教育展览装置。

和扎哈·哈迪德以往的许多作品一样，费诺科学中心在设计过程中被视为一片连续不断的面，通过对面的平展、拉伸、折叠、扭曲、切割等操作手段生成建筑的内部空间，这种手法消除了平面、立面和结构间的界限，创造出令人叹为观止的空间感受。同时，这种苛刻的设计条件也给实际施工的工程师带来了相当大的挑战。

连续面形成的大面积复杂几何形体变化，使得绝大部分墙体不是竖直而是倾斜或弯曲的。“其中有些墙体的倾斜角度甚至达到 39°。一些构件不仅有 8m 之高，而且在最薄处还要求只能有 0.2m”[②]。

对费诺科学中心提出的特殊建造要求，使得一般广泛使用的材料和技术难以满足其要求。所以，应用新型的现浇自密实混凝土和复杂的特制混凝土模板系统成为解决难题的关键。工程运用了自密实混凝土（Self Compacting Concrete 或 Self-Consolidating Concrete，简称 SCC），即在自身重力作用下能够流动、密实，即使存在致密钢筋也能完全填充模板，

① 费诺科学中心．灵感日报网站，http://www.ideamsg.com/2013/09/phaeno-science-centre/.
② 同上。

并获得很好的均质性，并且不需要附加振动的混凝土。费诺科学中心是德国首次大规模应用自密实混凝土的案例。“工程总共耗费了 2.7 万 m^3 的自密实混凝土，为塑造混凝土所用的混凝土模板约有 6.7 万 m^2，足以覆盖 9 个足球场大小。大部分模板是标准化可重复利用的，但由于建筑形体的复杂性，约有 $9000m^2$ 的模板是为该工程专门制造的，而每块模板只用到了一次。整个屋顶是一个连续的开放式钢结构网架屋盖，网架的高度容纳了大部分设备管道”①（图 3-47）。

特殊结构形制和施工技术是这个形态特异、体验精彩的项目在真实世界实现其设计构思与预期效果的重要条件。

图 3-47　建筑内部空间（来源：作者自摄）

2. 广州大剧院

广州大剧院（原名广州歌剧院）是扎哈·哈迪德在中国的第一个中标并建成的作品，它位于广州珠江新城花城广场，是广州新中轴线上的标志性建筑之一。2002 年的国际设计竞赛令扎哈·哈迪德成为该项目的设计者。笔者作为评委助手参加了整个竞赛评选的过程。

竞标的 8 个方案中，扎哈·哈迪德方案以“珠江边的两块石头”作为主题吸引了评

① 费诺科学中心．灵感日报网站，http://www.ideamsg.com/2013/09/phaeno-science-centre/.

委的注意。当时，该方案的表达显得非常概念化，两个石头般大小的深灰色建筑模型坐落在起伏延伸的白色地景上，其建筑采光开口是一种半透明退晕的写意表达，特别是效果图上两个凝练的实体体量在高楼林立的珠江新城天际线背景下显得非常突出，具有非同一般的地标性。“江畔双石”的立意也与珠江边的基地环境产生强烈的共鸣。这个方案被评为第一名，最终也被定为实施方案（图3–48）。

图 3–48　投标方案
（来源：abbs 网站，http://www.abbs.com.cn）

在实施过程中，为了满足剧场和公共空间的功能需求，方案的形体虽然做了多轮调整，但其设计团队还是努力维持“江畔双石”的概念。从概念创意转化为实际方案，具体的形态需根据实际需要来调整，这里会有一个弹性的调整范围，一定程度上合乎其原来制定的形式策略，即形式调整不至于动摇原来的核心概念。原来自然形态的圆润形体，在设计深化过程中也转化成一系列三角形构架的组合，以实现结构体系的模块化和可控性（图 3–49、图 3–50）。

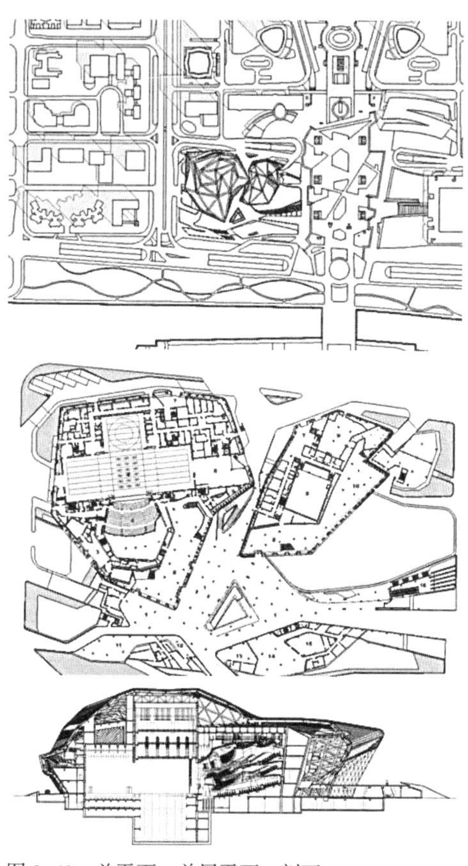

图 3–49　总平面、首层平面、剖面
（来源：Zaha Hadid 事务所网站，http://www.zaha-hadid.com）

广州大剧院建成以后成为广州珠江新城一个富有特色的地标性公共建筑。由于笔者有机会时常到广州大剧院观看表演或参观建筑，因此在体验中也发现一些可以改善的问题。

首先，地块南面平台下面架空层的周边原设计安排了一系列的服务功能，包括售票、餐饮、音乐用品销售以及音乐培训等，但从目前来看全部都关门停业了，显得一片萧条。其中，除了售票功能可能是出于运营方希望把跟

图 3-50　三角形结构体系实现复杂形体
（来源：Zaha Hadid 事务所网站，http://www.zaha-hadid.com）

图 3-51　地面架空层
（来源：筑龙网站，www.zhulong.com）

演出相关的内容全部移入主体建筑的意图而移入建筑首层之外，其他文化商业服务功能的关门停业一方面跟经营有关；此外，也跟功能布局没有充分整合城市人流的来向、可达性和心理需求有关。南面架空层靠近珠江边的车行路以及车行隧道出入口，既处在花城广场的尽端而缺乏步行人流，也没有公交站点引导公共人流从南面进入地下架空层。而且这个地下商业空间也完全没有利用近在咫尺的珠江景观。如果设计在功能布局上能全面地考虑城市关系和珠江景观，例如在剖面上把咖啡厅和餐饮区放在可看到珠江的观景面上，或者在平面上把商业服务区放到跟北部和东部珠江新城花城广场交接的位置，则能满足人们的观景体验需求，也能激发城市人流与建筑互动，更有利于商业服务功能的整体运营（图 3-51）。

其次，外墙的选材与划分与建筑造型特征略显不够匹配。据说决策者根据“圆润双砾”的立意，决定建筑外墙材料必须使用天然石材，但是天然石材要加工成转角处曲率较大的面板则非常困难。尽管施工设计通过三角形的划分尽量减少单块石材的曲度，但最终在建筑体量块面的局部仍然出现交接不顺的情况（图 3-52）。后来扎哈·哈迪德设计的南京青奥会国际青年交流中心的外墙材料采用更容易控制曲面造型的 GRC 人造石挂板，尽管也有一些瑕疵，但建筑形体还是显得相对轻松。

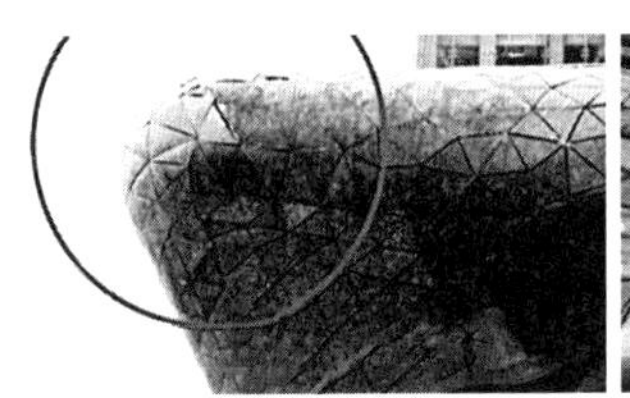

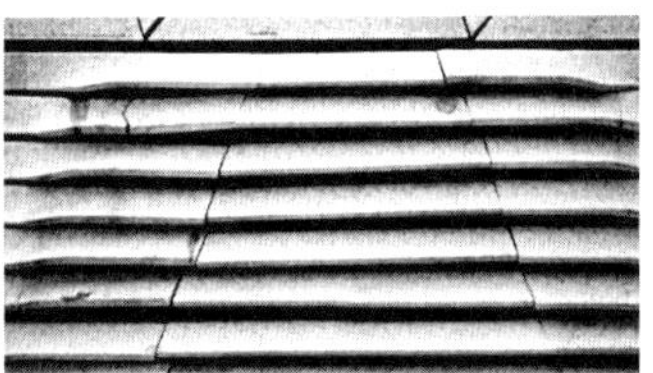

图 3-52　外墙局部交接不顺与裂缝
（来源：南方都市报官网）

图 3–53　室内空间的排水管
（来源：筑龙网站，www.zhulong.com）

最后，室内可能由于屋面雨水管等设备管线没能隐入完成面之内，导致需要另外使用 GRG 材料在室内三角形结构框架之上再做管道外包，在连续而富有特色的室内界面稍显累赘（图 3–53）。

扎哈·哈迪德的建筑形式非常流畅且具有未来感，她的参数化主义提倡没有任何生硬的停顿和转折，全部形式语言都是曲线的延伸与过渡。这样激进前卫的形式语言固然充满魅力，但同时也需要更加精准的建造语言和施工控制才能充分实现。对比沃尔夫斯堡的费诺科技中心，广州大剧院在从概念到建成的连贯性和完成度上的确存在一定的差距，人们在现场对建筑与空间的完整而连续的精彩体验可能会受到影响。无论是当地的施工管理还是工艺水平的限制，实际的结果还是可能给扎哈·哈迪德建筑作品的连贯性带来减损，尽管广州大剧院仍然不失为一个给人留下深刻印象的地标性建筑。因此，适应项目所在的实际环境，是每一位建筑师所必须面对的事实（图 3–54）。

对比被人为划定的不同设计阶段以及不断修编的建筑法规，建筑师的设计主心骨应该聚焦关注那些更核心的层面和问题焦点、那些持久存在的需要相互平衡的议题以及如

图 3–54　沿珠江全景
（来源：筑龙网站，www.zhulong.com）

何把项目的复杂性处理成概念上可简明把握、形式上满足需求与激发体验、建造上具有可操作性的整体系统。从上面的一系列案例分析中我们可以看到，一个成功的作品在概念创意、形式语言与建造控制三方面都是缺一不可的。建筑师不仅要在每个方面做出精彩解答，而且要在三者之间形成互相支撑的连贯理路，成功作品就像复杂而彼此关联的电路系统被全盘接通了一样。因此，强调设计思考的连贯性对切实提高建筑创作水平有着特别重要的意义。

3.3 设计范型与思考要素

3.3.1 项目、建筑学与建筑师

建筑学是一门集客观性、历史性和实践性于一体的学科，它包括陈述性知识（描述事实的客观知识）和规范性知识（跟伦理、美学和价值观有关的带有主观意识的知识），也包括过程性知识（跟实践相关的经验性知识）。建筑设计常用的方法是启发式搜索，即利用特定领域（建筑学）的知识或经验去解决问题的“强方法”[①]。建筑设计实践既需要建筑学学科知识体系的支持，其设计成果也可能会改写或丰富建筑学学科的知识体系。

在建筑学中，建筑理论的缘起来自于对建造实践的反思。因此，在知识与实践互动反哺的过程中，具体的项目担任了重要的角色：**项目是建筑学在自然和社会环境中实践的主要载体，同时也是建筑学拓展自身领域和边界的重要推进器。**

建筑师在专业领域都怀有把设计变为现实的强烈愿望，对他们而言，项目具有重要意义：**项目是建筑师把想法转化为现实的主要载体，也是建筑师积累专业实践经验、构建个人知识体系的重要载体，更是建筑师表达自我态度和价值观，发挥对专业及社会影响力的重要媒介。**

随着项目的推进直到结束，一座包含人类目标和愿望的建筑物在真实世界中建成，同时，一个围绕而且只适用于本项目的独特知识体系也被提炼出来。**这个项目知识体系由支持建造实施、支持建筑物满足需要以及支持对项目设计提供令人满意的解释所需要的全部知识构成。项目设计主体在构建针对特定任务的解决方案时，也在搜索、构造和完善项目**

① 柳冠中. 设计方法论［M］. 北京：高等教育出版社，2011：249.

的知识体系，并在两者之间不断衔接。

3.3.2　项目情境中的设计范式

面向建筑创作，本书第二章所总结的由人类目标与愿望、内部系统和外部环境构成的广义设计范式可以进一步转化为项目情境中的建筑设计范式：建筑师围绕价值重心，从外部环境中搜索与获得资源，构建既满足项目功能和体验需求又适应项目环境制约的建筑本体系统（图 3–55）。

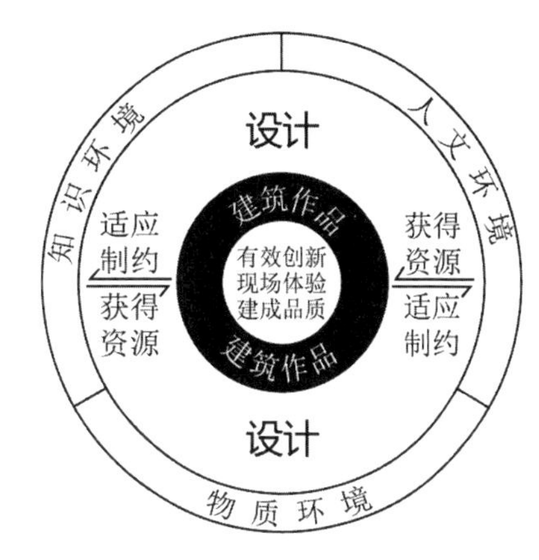

图 3–55　围绕项目的建筑设计范式
（来源：作者自绘）

项目创作是为了实现一定的目标，这应该至少包括 3 个方面：项目本身特定需求的满足；项目建成后使用者普遍需求的满足；建筑师专业追求的出现。与目标同时出现的还有愿望水平，即对满意程度的定位。

建筑创作可以解释为"愿望水平高的建筑设计"。要实现持续创作的高水准，就需要有稳定而清晰的价值重心贯穿不同的项目实践。这个价值重心应该既跟人（满足需求并激发体验）有关，也跟物（建筑成品的造物品质）有关；应该既具有创造性（恰到好处地解决问题，或具独创性，或引发变革，三者至少有其一），又能落实为真实建成环境中的可体验性。笔者将其提炼为"有效创新、现场体验、建成品质"。

项目立足于环境当中，环境是设计约束的重要因素，而设计主体也需要从环境中寻找资源，以应对约束、解决问题、建构形式并建成成品。建筑不仅是物质的建造，而且是文化的载体。因此，项目环境不仅指自然环境，也包括社会、文化、历史以及相关知识体系等内容。笔者把项目环境归结为"物质环境、人文环境、知识环境"三个组成部分。

在此设计范式中，项目需求这一重要议题应该分别从价值重心和项目环境等不同视角来考虑，即一方面具体项目的特定需求要跟被持久秉承的价值重心关联起来，另一方面项目需求是从大环境中生成出来的，要放在环境脉络之中来认知。项目造价和工期等议题也是如此。

建筑师作为设计主体，根据项目的特定目标和情况，对项目环境进行探索和调研，逐步理清约束框架、发掘相关资源，同步构建和发展适用于本项目的问题导向，并落

实为图纸或模型的设计成果，再经过可控的施工建成真实的建筑，以便塑造良好的现场体验，并对设计提供令人满意的解释。与此同时，也提炼出一套适用于本项目的知识体系。

项目的推进必定跟社会分工及组织方式、操作程序等外部条件有关，但建筑师的设计思考是其穿针引线的灵魂。

3.3.3 项目创作中的思考要素

按照项目情境中的建筑设计范式，创作思考要素可分解为价值重心、核心思考层面、项目环境等，而对核心思考层面的建构探索又将通过内部着力点与外部塑造力等要点逐步推进（图 3–56）。

内部着力点
外部塑造力
价值重心：有效创新 建成品质 现场体验
核心思考层面：概念 形式 建造
项目环境：物质环境 人文环境 知识环境

图3–56 项目创作实践的设计思维要素（来源：作者自绘）

1. 价值重心

有效创新、现场体验、建成品质是项目创作应该始终贯彻的价值重心。

有效创新的概念源自商业实践领域的设计思维研究，其原意指“能够满足和激发需求，具有现实可行性，能够产生商业盈利的创新”，如转用到建筑创作领域则是指**“恰到好处地应对外部环境、完成项目任务、具有经济和技术可行性、这不仅具有现实作用，而且还具有创造性的设计思考与实践成果”**。

有效创新可以引导建筑师创造性地解决问题、塑造体验、应对环境，从而有别于纯粹的胡思乱想和标奇立异。

现场体验与建成品质是建筑本体价值的最终体现，也是建筑学价值的现实指向。

现场体验指“人在建成的建筑与环境现场的真实身心体验”，关注“人”，即对人的真实需求的满足和体验的激发。

建成品质指“建筑物建成之后以及使用期内的产品质量与工艺品质”，关注“物”，即建筑物本体的建造品质与完成度。

2. 项目环境

建筑项目环境包括物质环境、人文环境与知识环境等。

物质环境主要指自然、城市和乡村等实在的物理环境。物质环境与建筑项目相关的因素包括场地、气候、阳光、雨水等自然环境因素以及市政设施、交通、周边建筑物遮挡与退让等城乡环境因素。

人文环境主要指社会、文化、历史等人类文明积淀构成的非物质环境。人文环境为项目设计提供了广阔的天地，如历史脉络、文化价值、社会偏好或禁忌、运行模式等。对人的体验与感受的理解不仅仅是物质世界的经验，还包括意义的诠释、伦理的判断等人文环境因素。

知识环境主要指建筑学的知识积淀以及跟建筑项目密切相关的其他相关知识。知识环境为项目设计提供了解决问题的历史经验和案例，以及项目推进过程中的创意构思、处理形式和实施建造等知识，并告知建筑师什么不可为。

3. 核心思考层面

从本章前文的项目案例分析中可以总结出设计思考在主线推进中所共同关注的几个关键层面。

概念——经常与构思、创意等词语连用。例如，中国馆的“中国元素、时代精神”，泰州项目的“和谐与发展”，苏州博物馆新馆的“中而新、苏而新”等相关设计策略。

形式——通过图纸或模型等非口语媒介表达的建筑形式组织。例如，苏州博物馆新馆借助苏州传统大宅和园林类型发展起来的模数化网格平面控制体系，费诺科学中心架空升起的平层大空间组织模式，以及解放中路旧城改造项目与老城肌理相融的梳状布局等。

建造——站在指导施工的角度阐明如何建造设计形式。例如，中国馆红色构架的选材、板材大小划分、材质确定、完成面与结构面的连接构造，费诺科技中心为了实现独特的空间形式而采用与之相配合的自密实混凝土现浇施工工艺等。建造还包括施工控制。建筑师在施工过程进行有效沟通、协调、指导，并到现场解决问题，通过足尺样板确定最终施工方案。

借鉴商业实践设计提出的“洞察、构思与实施”理念，以及项目设计的现实属性，本书将项目设计的主心骨归结为 3 个相互联系的核心层面——概念创意探索、建筑语言生成、建造品质控制。

（1）概念创意探索：指建筑师展开全面背景调研，充分理解项目需求，领会核心约束和主要资源，提出指导设计推进方向的总体设想；而明确清晰的概念是让一个建筑项目在参与者众多、流程繁复的情况下仍能保持连贯性的前提基础。概念具有创意性或创新性，这是知识经济时代建筑创作的重要条件。鲜明有力的概念也是媒体社会的需要，重要项目作为公众事件将被媒体广为传播，建筑师需要有力的概念帮助方案取得竞赛评委的认可，也需要通过适于媒体传播的概念及表达在公众层面取得关注和支持。建筑概念的选定、表达以及可能引起的反应等，建筑师都应当深思熟虑，并做到胸有成竹。

（2）**建筑语言生成**：概念是一种思想理念，可以通过任何有效的方式表达。例如，文字、诗歌、影像、图示等也可以采用文学、社会或政治等非建筑语言，关键是高度概括地指明大方向。但是，建筑设计必须在总体概念基础上发展为建筑学特有的表达方式——建筑语言。在项目设计中，建筑语言是指在总平面图、平立剖面图、效果图或模型等非口语建模媒介上呈现的二维或三维的点线面体的形式组合，包含建筑的空间构成、功能组织、结构支撑、围护体系等信息，以满足项目的各种需求和应对各种约束。这个思维空间是建筑学以往的知识积淀对项目设计思考产生密集支持的层面，该知识包括空间、形体、形式规律、功能关系、案例典范、设计理论等。

（3）**建造品质控制**：这个层面分成两个部分：一个是**建造语言确立**，即建筑语言转译成建造语言；另一个是**施工过程控制**。建筑学起源于人类的建造。经过千百年的文明历程，建筑学凭借不同层次的知识积淀已经开拓了可以抽象地讨论空间组织、视觉形式规律等议题的思考空间，建筑语言可以在很大程度上呈现出抽象性、非物质性和非建造性，它已脱离建造并具备了自身的规律。但是设计变成现实，就必须回到建造，而建筑语言就需要转译成为建造语言。建造语言包含两层含义：一层指按照施工的规律重新分解和描述抽象的建筑形式语言；另一层则指从建造角度出发审视形式和进行设计，并有意识地表达建造体系和构造节点的文化潜力，于是建造本身就成为建筑语言生成的一种有力的方式。建筑师应该主动介入施工管理过程，这也是社会分工和项目连贯性之间的分裂所要求的。建筑师和工匠的一体关系被社会分工所分割，建筑师的设计要通过施工单位来落实，建筑师对项目的思考与控制需要跟进到项目完成之后，这样才能保证连贯性。

4. 内部着力点

项目设计思考的主轴由建筑师在 3 个相互交叠、彼此关联的核心层面之间来回往复地探索与构成，其探索的过程会有一些要点是每个项目都需要解决的，或者有一些议题是解决方案逐渐结构化过程中显著的关键节点。这些要点或议题可以引导建筑师结合项目接受的约束和可供发挥的资源围绕某一重要专题进行反复推敲，从而有效推进设计思考。在项目设计思考中，这些节点或议题被称为设计思考的内部着力点。

每一个核心思考层面都有若干着力点：探索概念创意应该在放开视野解读任务与广泛调研分析资料的基础上关注和探讨项目的诊断、定位、策略以及意象与品相等主题；生成建筑语言可以集中精力研究建筑本体的功能、布局、构成以及情境与氛围；建筑语言转译为建造语言的思考可以沿着骨架与围护、材料与工艺、划分与连接、闭合与疏导、过渡与衔接等主题展开；施工控制则应该关注参建各方共识的建立、控制程序的预设以及施工现场的指导与应变等方面。

在聚焦思考和解决每一个着力点的同时，建筑师应该关联其他节点和层面来评价总体状况，瞻前顾后、相互联系、整体推进。当每一个着力点都得到妥善解决，每一个核心层面都具备通达的解释，并且 3 个层面都彼此呼应，所有节点之间都相互衔接，如同一组复杂电路接驳完成，通上电后全盘通亮的时候，高水平建筑作品诞生的可能性就得到了提高。

5. 外部塑造力

每一个项目都有自身立足的外部环境，可分为物质环境、人文环境和知识环境。建筑设计就是要推理、组合或创造出一套适应外部环境的建筑系统，这种适应包括能够提供这个设计何以适合特定环境的令人满意的解释。

建筑师应该认识到环境构成了项目约束框架的重要部分，同时环境也供给建筑师众多可以借助的资源。例如，物质环境可以提供相同地区本土建筑的实物原型；人文环境可以帮助建筑师对项目进行恰当的定位；知识环境可以提供解决类型建筑布置的基本原理等。借助主动探索，这些资源可以转化为塑造力，推动解决方案的成型，使设计成果在适应特定环境的同时也获得自身的独特存在方式，这种深度互动也有助于发掘设计适应环境的深层次解释。

在项目设计思考中，建筑师应该关注外部环境的约束与资源对核心思考层面及内部着力点之间产生影响的各种关键路径，这些关键路径可提炼为若干外部塑造力。

3.3.4　设计思维的连贯性

从认知心理学的微观视角，人类思维必然遵守由于生物学构成而产生的基本制约，从而限制了人们同时考虑问题的数量（思考对象的有限性）、人们的注意广度（注意力的选择性）以及知识和信息的获得速度和存量。从宏观视角，人类存身的世界或环境是连续而复杂的。因此，在面对设计这样的“狡猾”问题时，主体必须借助有限聚焦的思维，通过搜索和逐步结构化的机制，努力建立整体连续的认知和提出有效对位的解决方案。在设计思考过程中，保持或追求连贯性是建筑师必须面对的基本挑战。

通过本章前文对项目设计案例的分析与反思，项目建筑创作中的连贯性对于建成作品水平的重要性已经被呈现出来。例如，贝聿铭的国内外两个项目的最终效果都很成功，很大程度上归功于实现了始终如一的连贯性；而扎哈·哈迪德的广州大剧院则由于设计和实施过程存在一定的断裂，连贯性没有达到建造整合的层面，使其建成效果没有达到本可以实现的理想效果。

基于人类思维和能力的有限性，现代社会的发展促进了社会专业分工的细化，专业分工的本质是维持个人面对事务的简单性。我们固然可以按专业化的分工和法律上的流程划定各自的范围界限，然而，这并不是建筑创作本身的规律，一个建筑作品应该具有完整性，作品背后的意图、主旨、目标与实施应该是连贯的。**高水平建筑作品的造就需要连贯性，首先需要作为设计主体的建筑师围绕设计目标和价值重心（有效创新、建成品质与现场体验）保持连贯的认知、思考与行动。**在漫长的项目设计进程中建筑师需要加强不同专业的合作，在烦琐的程序中不断推进。同时，建筑师的创作思维不应该受限于现实流程与专业分工，而应该主动地抓住思维主轴，使所有的努力往同一个方向汇聚。**项目设计思考的连贯性包括两个基本方面——整合与连续。整合是指重整被专业分工所分解的各个专业和因规模而被分拆的各个子项，以实现整体项目的统合目标；连续是指在时间的不同进程、事务的不同阶段或者关注的不同层面能够贯彻前后一致的意图和原则。**

项目建筑创作过程的探索性和不确定性的本质，使得我们无法通过预设具体、细致而且固定的流程的方式实现内在思考的连贯性。但是，我们可以并且需要总结和明确一些包含知识、理论和经验的有效的起点、路标或指南，构建一种可供借鉴的、随着主体（设计人）和客体（设计对象）而异的弹性思考框架，为项目建筑创作的连贯思考提供指引和启发。

第四章　建筑设计思维的连贯性框架

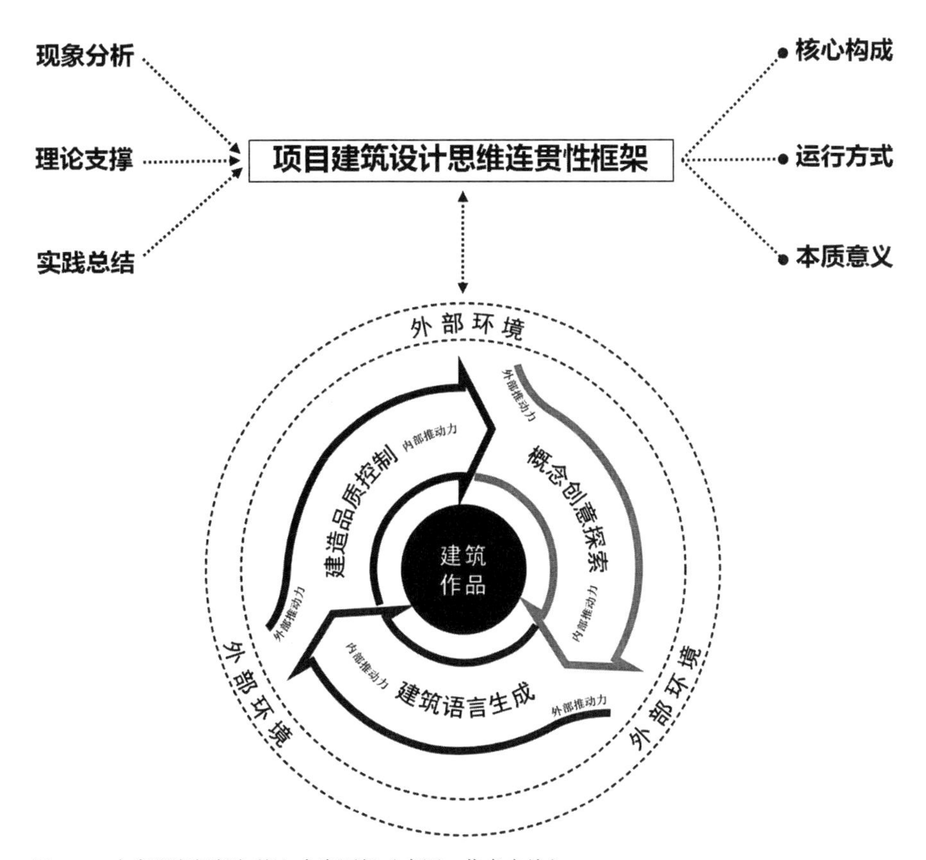

图 4-1　本章研究框架与核心内容图解（来源：作者自绘）

4.1 框架建构

本书的目标，是应对当代中国建筑实践所面临的复杂新环境与主体性挑战，从主体实践角度进行认知整合与思维优化，构建围绕项目情境的建筑设计思维连贯性框架，助力建筑师提升创作水平。连贯性对于当代建筑实践的重要性体现在3个层面：首先，人类思维具有认知与思维局限，保持连贯性是人类从事复杂活动必须面对的任务；其次，当代社会的建筑项目与环境复杂多变，对连贯性提出更为严峻的挑战；最后，实现创意度、完成度、体验性俱佳的优质作品的创作目标，需要高度的连贯性才有可能达成。因此，提出设计思维的连贯性问题抓住了提升当前建筑实践的源头和主线。

通过前3章对现状、理论、实践的考察与梳理，尤其是对项目情境中的设计范型与思考要素的提炼，构建连贯性框架的前期讨论已经基本完成。框架构建主要基于下文的3条线索。

4.1.1 对建筑创作现状的观察与分析

本书第一章绪论讨论了中国当代建筑师及建筑创作在面对历史赋予的大好机遇的同时，面临着双重挑战。

一方面挑战来自于当代社会的共性问题——人与社会的需求不断更新和提高，问题跨界综合，项目设计的复杂性和牵涉面不断增加，建筑师仅仅依赖传统设计思维与方法进行实践已显不足，而须以更富有创造性、整合力的创作思维解决问题、满足需求、提升价值、激发体验。与此同时，专业分工事务程序的不断细化、互联网和电子媒体的迅猛冲击、新型设计工具与建造方式的不断涌现，又严重干扰设计主体的完整性与设计过程的可控性。社会与行业的现实状况，要求建筑师的创造性、整合力、控制力同步增强。而人类主体的所有改变，都将从认知与思维开始，并在实践中展开。

另一方面挑战来自当代中国的特殊语境——快速城镇化带来大量实践机会，但中国建筑实践水平的提升也需要解决和跨越若干问题与障碍。例如，建立自主创新机制与学习西方文化之间的关系、复兴本土文化的愿景与知识储备纵深不足的现实之间的落差、快速设计建造的现实需要与社会基础条件的参差不齐之间的矛盾等。中国本土建筑实践需要应对其特殊的复杂性和困难。

除了时代的挑战，还有改善真实人居环境的需求。

对比欧美、日本等先发展地区，我们从城市环境到单体建筑的实际现场体验，整体上仍存在差距。在快速城镇化过程中，我们生活、工作的真实处境还需要持续而切实的提升优化。建筑实践须满足量大且达到质优，这方面中国还有很长的路要走。作为中国建筑师，这个使命责无旁贷。

面对上述境况，从主体实践的视角切入设计研究就显得十分重要，同时，具体项目作为设计改善现实、实践反馈知识的媒介和转化器的意义也被凸显。一个接一个的实际项目在有效创新、建成品质、真实体验上持续提升，是建筑行业与建筑学应对复杂环境和改善人居环境，在探索中前行发展的必由之路。项目实践对于建筑学科发展、建筑师的成长以及人居环境的改善来说，都是重要的推动器。面对具体情况千差万别的实际项目，使设计主体和实践成果有效连接的根本是兼具稳定科学内核与弹性开放边界的认知框架与思维模式，而连贯性则是设计思维在项目全程中把控全局和穿针引线的灵魂。

4.1.2　对理论的梳理与整合

构建兼具科学稳定内核与弹性开放边界的设计思维框架的理路与砖石，一部分来自本书第一章和第二章对相关理论研究的梳理与整合。

1. 对现代设计发展历程的研究

在大机器生产与现代主义运动前期，提升效率是优先目标。而在竞争趋向国际化与体验化的当代全球化与后工业社会，竞争力更多体现在产品、服务的体验性、创新性、品质度与对位度。顺应环境变化，本书提出的连贯性思考框架更注重有效创新和品质优先而非简单的效率优先。明确以“有效创新、现场体验、建成品质”为价值重心，使连贯性思考框架切合设计行业与学科的当前需要与未来趋势，使设计保持与人和环境的紧密关联。

2. 人工科学理论

人工科学是设计发展为独立学科的理论平台，其关键作用是通过跨学科的视野，提出人工世界、人工物等概念，构建“人类目标、人工物内部系统、外部环境”的互动系统从而有效反映在复杂环境中的人类造物活动。借助人工科学，笔者对设计进行了清晰的描述与定义：**为了满足人类的目标和愿望，构想具有功能的物体或系统，并使之在适应所处环境的情况下完成功能，从而有效达成目标和愿望的思考与行动，**形成图解化的广义设计范式。立足于人工科学基本原理，使本书构建的设计范式具备稳定的科学性内核，能够有效描述人类主体进行设计实践所关心的基本要素与行动机制。同时，由于具体设计任务（项目）的需求、目标与环境各有差异，该认知模型实际上是随之弹性变形与边界开放的。基于兼具稳定科学内核和弹性开放边界的研究模型，连贯性思考框架既可以有效融入实践经验的提炼与升华，又避免陷入对个人经验与感悟的依赖，从而将实践性建立在科学性的坚实基础之上。

人工科学理论还对设计作为一种思维模式作出了进一步阐述：设计在于人类主体，必定遵守人类思维由于生物学构成而产生的基本限制，这是"有限理性"的本源。设计任务需要按一定结构分解，设计过程是一连串搜索与决策的小循环衔接而构成的思考行动链，整体上表现为思维主轴与外部储存结构的连续互动。基于此，本书的连贯性设计思考框架注重能够有效引导建筑师的设计思考在局部聚焦和全局图景的不同层次之间转换穿行，在思维主轴和外部资源之间建立关联。

3. 设计师式认知与设计思维研究

早期的设计方法研究难以在实践中发挥指导作用的一个重要原因是更基于人工智能逻辑而非人类智能规律。只有贴合人类认知与思维的基本规律，设计思维框架及方法才能在现实实践中对设计主体提供切实的助力。在这方面，本书借助了设计师式认知与设计思维的研究成果。该课题把设计视为人类客观行为来研究，对设计的人类智能规律做出了总结与呈现：设计能力是一种以解决明确定义的问题为目的的综合能力，具有采用聚焦于解决方案的认知策略、运用溯因推理的思维方式、使用绘图和建模等非口语媒介等特征；设计问题具有可以清晰表达的约束结构，但面对具体的项目，建筑师要主动构建针对本项目独特的设计问题架构与析出的知识体系；设计过程对于设计思考的本质在于解决方案空间与问题空间的协同进化；人类主体的创造性思维实质上是一种桥接（Briging）结构，即以一个清晰的设计中介概念对问题与解决方案两个局部模型进行桥接，使其衔接为整体，并赋予令人信服的解释，这与溯因推理的思考模式吻合。

因此，连贯性设计思考框架呈现出项目情境中设计主体接受约束与获取资源、围绕目标重心、构建建筑本体系统的总体图景，把设计思考所需要聚焦的节点和层面层次分明地加以体系化。而连贯性的实现，需要借助在尽可能多的节点和层面进行桥接的主动思考与探索。这也为设计主体评价设计成果或搜索下一步行动提供指引——应该关注在节点、层面、重心、环境之间建立桥接，相互桥接越充分，高水平设计诞生的概率就越高。

4. 商业领域的设计思维研究与实践

在商业领域跨界兴起的设计思维被发展成为应对新的系统性复杂问题和激烈的国际竞争环境的一种行之有效的思路与方法。商业领域对环境变化反应最为敏锐，建筑行业同样身处不断变化的当代环境，建筑师应该关注设计思维的跨界兴起。本书从此领域的梳理研究中提炼出 3 个重要议题。

第一是把有效创新作为建筑创作的核心目标之一，将当代环境急需的能够恰到好处解决问题、带来新体验、突破新观念的创造与胡思乱想及标新立异区分开来。

第二是明确围绕项目情境展开研究。在商业实践中，设计思维是在项目（也称为专案）的框架上发挥作用的。项目是将想法由概念变成现实的工具，每个项目都有目标愿望、时间限制和各种资源与约束，正是这些明确的制约条件使其牢牢扎根于现实世界。项目对建筑学、建筑师与改善人居环境的愿望来说，是通向真实世界和实践的重要媒介和载体。

第三是借鉴“洞察、构思、实施”三个相互交叠的探索空间的划分，结合建筑学的概念、形式、建造三个基本议题以及笔者自身的项目体认与思考，把围绕项目的建筑设计连贯性思考主轴归纳为“概念构思探索、建筑语言生成、建造品质控制”三个核心思考层面。

5. 对建筑设计方法研究的总体考察

传统的设计流程、解题程序等研究成果已被证明在具体指导项目实践时难以充分发挥作用，当前的研究更倾向探索随着不同主体（建筑师）和客体（建筑对象）而异的、多样的、弹性的方法框架，可以由设计人根据项目需要、项目环境与专业追求的不同，自由地选择并组装个人化的智识框架与实践指南。目前在这方面还缺乏成体系的研究成果，本书的研究尝试对此有所助益。

4.1.3　对项目设计实践的总结与反思

本书第三章对精选的建筑项目实践进行了总结与分析，在广义设计范式的基础上融入建筑设计的项目情境，进一步建立围绕项目的建筑设计范式提炼出一系列设计思维要素。

笔者从业以来主持或参加了约 30 项工程设计，其中包括 2010 年上海世博会中国馆、钱学森图书馆、泰州民俗文化展示中心、安徽省博物馆新馆、宁波帮博物馆、广州市越秀区解放中路旧城改造等重要性和难度都较高的建成项目。

在投入到项目设计实践的过程中，笔者充分认识到建筑设计的复杂性和综合度。面对复杂多变的需求、约束和资源，分工细致、人数众多的设计团队，烦琐的事务流程和漫长的设计建造过程，建筑师必须具有高超的能力和技巧，使项目设计围绕整体目标推进并不断做出应变，促使所有因素汇集成同一方向的合力，才有机会促成高水平建筑作品的诞生。

在项目情境中，对某种教科书式的既定建筑理论进行简单、机械地遵循往往会失效。建筑设计随着不同项目的需求和环境而灵活展开。真实的项目设计更多是以实践的需要为主轴，去选择、整合跨界的知识与资源，接受各种相关法规和条件的约束，汇聚到适应此时此地的建筑形式生成，并构建匹配建筑语言、满足项目需要和符合造价许可的建造体系。

具体项目的需求与环境各异，对时间和造价的限制也各有不同，设计要解决的问题有普遍性，也有特殊性，项目需求与环境的特殊性往往是创新的源泉，但需要建筑师基于对具体项目的有效认知才能识别出来。

另外一种危险是，面对项目的需求、环境、过程的千变万化，建筑师极有可能在灵活应对各种具体情况的过程中迷失，沉浸在不断解决事务性问题的满足感或是一两次漂亮的图面表达和口头说服之中，而忘记了更为重要的最终目标与专业追求。在这种大海中航行般的长期复杂的工作中，需要指南针般的价值指引。不管事务、程序多么繁复，局部的胜利多么令人感觉良好，建筑师都应该明确：所有努力都服务于核心追求“有效创新、现场体验、建成品质”。只有一个项目在建成之后具有良好的建造品质，给人们提供良好而新颖的现场真实体验（功能适用是广义体验的一部分），并且能够向相关者提供何以如此设计得令人满意的解释，这个项目才能真正获得成功。

当前的项目设计实践呼唤兼具科学内核与开放边界的、围绕项目情境的建筑设计实践指南。它不应受限于行业划定的设计程序或机构修编的建筑法规，也不应止步于局部的技巧或招数，而应呈现为强调连贯性的建筑设计思维的主轴与框架，引导建筑师在复杂局面中始终关注持久存在的、核心关键的思考层面，去协调需要相互平衡的专业议题，有效吸收各种资源与约束，把项目的复杂性处理成概念上可简明把握、形式上满足需求与激发体验、建造上能操作落实的整体连贯系统。

4.2 核心内容

4.2.1 对建筑的三种理解

有必要区分对建筑的 3 种不同的理解。第一，人使用建筑，人在建筑中生活。这是人与建筑最普遍、最广泛的联系，建筑设计与人的生活的几乎所有因素都可能发生关联。建筑师除了关注专业的知识和技能以外，还需要具备丰富的常识以及对人的需要的领悟能力，这对于有效创新来说与专业性同样重要；第二，对建筑的视觉鉴赏或体验领悟，这里关心的是诸如形式感、空间感与场所感等问题。技术性的理解对此影响不大。对视觉鉴赏或体验领悟起到重要作用的是那些视觉规律与形式原则，例如比例、尺度、均衡、韵律等，以及空间理论与场所理论等；第三，是匠人或手工艺者（craftsman）对建筑的技术性理解，其对象是诸如建造方法、材料特性、构造细部等知识。这些知识是不能仅凭对建筑的表面观看就能掌握的①。

在过去相当长一段时期内，第二种理解尤其是形式问题更被国内建筑师所关心，这跟国内早年的教学传统有关，也因为这是专业内外人士通过表面观看即可以获得并展开讨论的。第一种理解告诉我们，人的需要比起"好不好看"的审美趣味问题，是第一位的且具有决定性的，这也是有效创新的指向。第三种理解具有专业的本质性，跟建筑的唯一实现途径——建造相关，这是建筑师不容忽视的基本功。

建筑师的设计思考，如果从建筑与人及环境的依存关系来观照，就不能只盯着专业的单一层面，而需要跨越这 3 种理解，并在项目实践中加以整合。

4.2.2　概念、形式、建造的相互转化与支撑

基于上述 3 种不同的理解，在一个项目里，设计思考在构建建筑体系的主轴上需要对概念、形式与建造进行既分又合的聚焦。

概念思考是一个开放性的平台，能够接纳任何可能相关的因素和脉络，凝结核心想法，在复杂而漫长的设计过程中指引方向与汇聚能量。

形式操作是一个转化抽象性与具体性的体系，建筑师可以借助它在不同尺度层面转换，综合思考如何分配资源、解决问题、满足需求与营造体验，整合生成形体、空间与界面有机结合的形式构成。形式跟视觉鉴赏与体验领悟具有密切的关系，这不仅指形式语言所描述的建筑物的视觉与体验效果，也包括形式表达本身，如图示或模型的视觉欣赏与触感体验效果。

建造规律是建筑物在真实世界中建成实现的必由之路。形式构成必须使用特定的材料，运用某种行之有效的建造方式转化成为真实的建筑物。而建造规律本身也限制或激发形式的生成。鲜明的建造方式或材料工艺甚至会跃升成为概念的主体。

---

① 张振辉．一般技术背景下建筑设计与建造控制方法探索［D］．南京：东南大学，2004：73.

图 4-2a　砖宅平面图
[来源：张永和．平常建筑［J］．建筑师，1998（10）：27.]

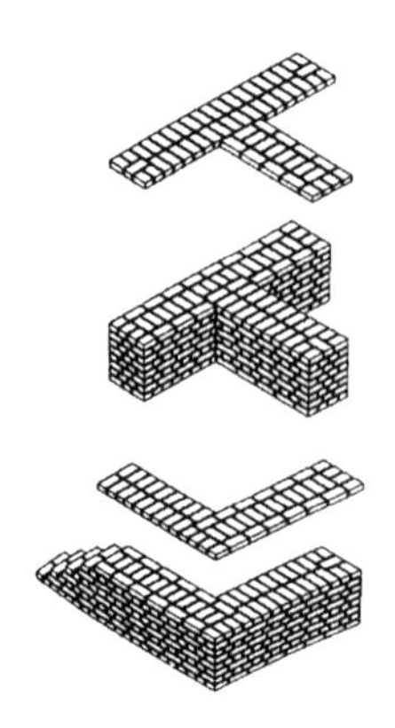

图 4-2b　砖宅砖砌筑大样
（来源：汤凤龙．"匀质"的秩序与"清晰的建造"——密斯·凡·德·罗［M］．北京：中国建筑工业出版社，2004：48.）

在一个具体的设计中，概念、形式与建造是可以并应该相互转化与支撑的。例如密斯·凡·德·罗的名作砖宅（图 4-2），其概念与从现代艺术中获得的灵感启示有关。其平面构成经过精心的推敲，一方面具有一种纵横交错、疏密有致、各向延伸的有机构图的形式美感；另一方面也嵌入了对一个住宅的各个生活空间与场所的合理划分与有效组织，而且还包含一种转化为三维构成之后使人不易关注形体，而是置身在一系列相互关联的不完全围合的空间中自由行进与体验的流动空间意识。其建造意识也非常清晰和精确，每一片纵横墙体的每一块砖的砌法，包括纵横墙体的交接与端头部位都已在图面中清楚表达。在这个设计中，密斯·凡·德·罗展示了如何把概念、形式与建造紧密结合为一体，并通过一张图完成了对概念、形式与建造思考的整体表达。

4.2.3　核心思考层面——概念创意探索、建筑语言生成、建造品质控制

密斯·凡·德·罗的砖宅是一个抽象提纯的研究型设计，从逻辑或学理上说明概念、形式、建造的有机统一。回归到当代复杂环境中的真实项目实践，需要考虑的因素要复杂得多，切入的角度也需要从基于教学原理的学术视角转换到基于真实环境的实践视角。概念、形式、建造的基本概念仍然有效，但需要进行必要的扩充。概念，表述为"概念创意探索"，开放接纳一切可能提供支持的资源推动有效创新。形式，拓展为"建筑语言生成"，建筑学知识体系中的形式规律、类型建筑、经典案例当然依旧是重要的支撑，但一个真实项目的建筑语言体系更需要体现出对一切新出现的实际需要的解决、对新环境的适

应、对新体验的创造以及能够把所有相关因素以特定逻辑整合为一个新的建筑体系，这是一个逐步桥接和生成的过程。建造，拓展为“建造品质控制”，对建造的控制指向品质，品质既包括造物品质也包括体验品质，在过程上既包括建造语言的制定也包括实施过程的控制。

与概念、形式、建造三者的相互转化与支撑的关系一致，概念创意探索、建筑语言生成、建造品质控制三个思考核心层面并不是泾渭分明的划分，而是相互转化、包含与支撑的关联整体。概念创意强调在文化和时代的脉络中对项目做出准确定位与发掘有效创新机会，同时，应该把各方制约与资源转化整合为可以建筑化的核心想法；建筑语言是能够充分体现概念同时整合了需求解决、功能流线组织、形体效果与空间体验塑造等内容的形式构成，并且应该包含建造意识；建造品质则是从建造规律与社会事务的角度审视设计、检验形式和转化设计成果，为参建各方提供清晰指引和有效配合，积极合作以实现良好的建造品质。

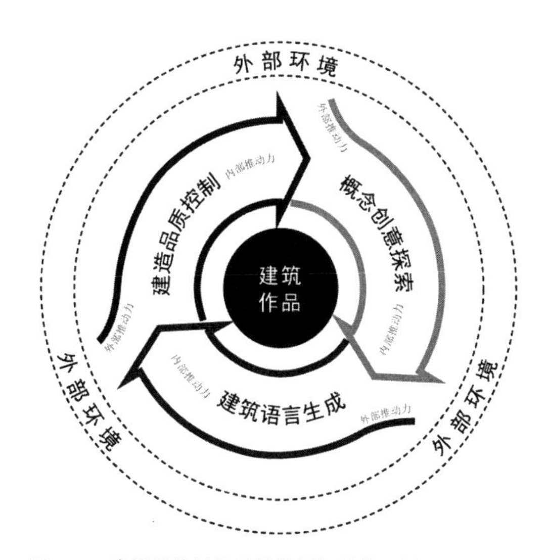

图 4–3　建筑设计思维连贯性框架的核心层面
（来源：作者自绘）

每一个核心思考层面，其内部都包含一系列着力点，引导设计思考指向更具体的议题。外部环境的约束和资源也都通过若干具体的通道影响和塑造建筑体系的生成。内部着力点和外部塑造力共同推动核心层面的设计思考，3 个核心思考层面有机互动，共同推动高水平建筑作品的诞生（图 4–3）。

概念创意探索、建筑语言生成、建造品质控制构成建筑设计思维连贯性框架的核心内容，三者交叠互动，共同推动建筑本体系统的生成。由“有效创新、现场体验、建成品质”三要素构成的价值重心，与可分解成“物质环境、人文环境、知识环境”三层面的项目环境，通过与核心思考层面的互动桥接来介入与推动设计思考的发展。

4.3　运行机制

设计思维连贯性框架通过 3 个核心层面的划分以及内部着力点与外部塑造力的细分，

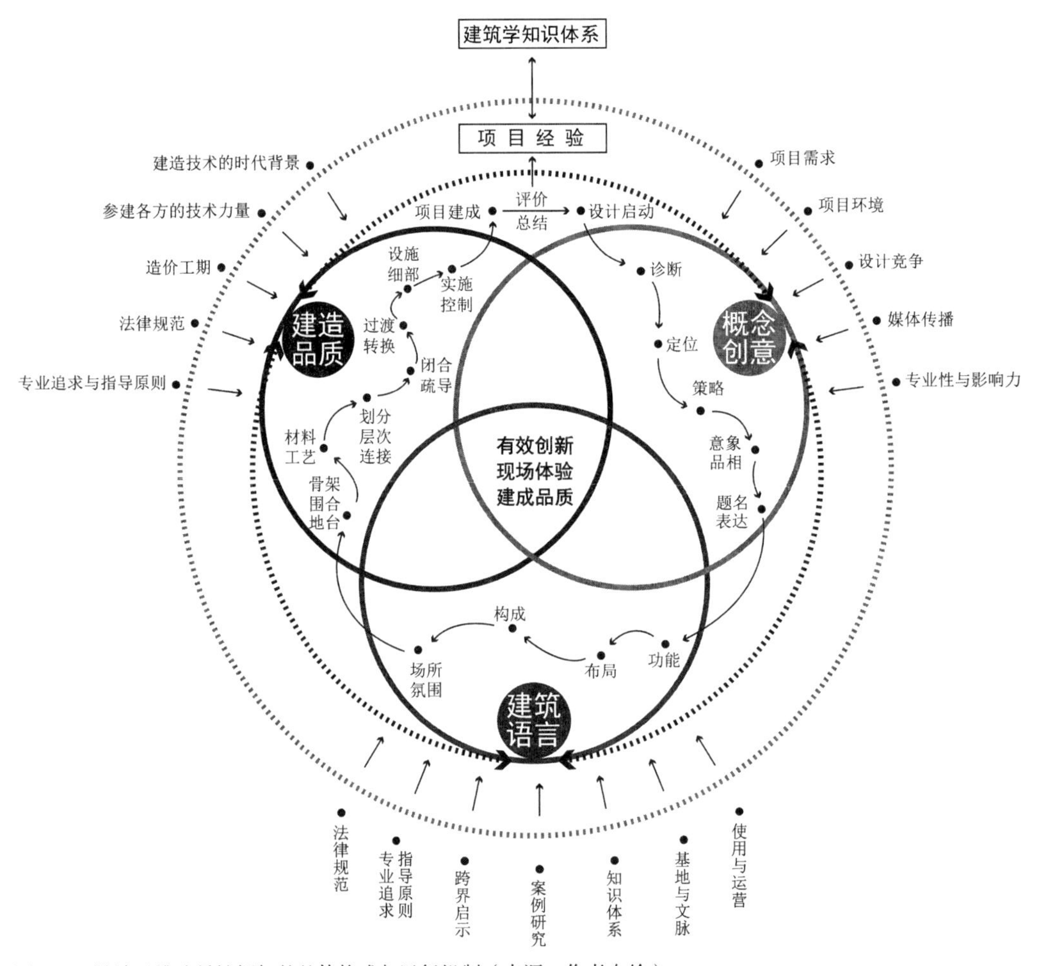

图 4-4　设计思维连贯性框架的整体构成与运行机制（来源：作者自绘）

提供了一个围绕项目创作目标的价值重心，形成了把内部系统与外部环境有机联系起来的层次分明的建筑创作思考框架（图 4-4）。其运行方式包括核心层面内部的连通、核心层面之间的衔接与创作价值重心的贯彻及项目环境的应对等 3 个层次。

4.3.1　核心层面内部的连通

概念创意探索、建筑语言生成、建造品质控制（建造语言制定与施工过程控制）等三个思考域，都是构建建筑本体系统不可缺少的、关键性的核心阶段或层面，需要建筑师集中思考和解答。每个核心层面都细分为若干内部着力点和外部塑造力等子项，从而为建筑师提供一个层次分明又交叠互动的，对特定项目进行解读约束条件、建构问题空间和探索设计解答的可供参考和借鉴的思考推进框架。每个层面的一系列内部着力点，围绕着本层面的主题，具有连续、并列或递进等关联性。

概念创意探索——“诊断”指在对项目进行解读和广泛资料收集与分析的基础上，像医生对待病人一样，寻找项目的症结所在，明确关键的约束、需要特别关注的焦点以及可能的资源；“定位”是指在“诊断”的基础上对项目的关键目标、要达到的满意程度等总体走向进行判断；“策略”是指把“诊断”和“定位”发展成为处理问题和资源分配的指导原则；“意象与品相”则要把“定位”与“策略”落实成为具备形式化潜力的图示或语言表达；“题名”要能鲜明地表达概念和创意，这将对整个项目的走向产生深远的影响。

建筑语言生成——“功能”不仅是经典现代建筑意义上的对应房间的功能，而是从满足项目需要、适合人群活动与激发个人体验三个层面探寻的项目广义空间需求；“布局”是指在了解和梳理项目空间需求“功能”的基础上，在基地范围内进行平面和立体的空间资源分配；“构成”是建筑语言层面的重点，指在既定的空间分配策略下探索恰到好处的空间、形体和界面的整体构成方式；“场所与氛围”是指构成的结果不应停留在抽象阶段，也不能收缩在建筑之内，而应该把建筑、景观、室内整合起来，创造能够与人们的身体、知觉和文化心理结构发生共鸣的整体环境氛围。

建造品质控制——建造语言确立的“骨架围合地台、材料工艺、划分层次连接、闭合与疏导、过渡与转换”是指出把带有抽象性的建筑形式语言转译为解释施工建造方式的建造语言过程中，应该关注到的设计思考主题；施工过程控制的“参建各方共识的建立、控制程序的预设、施工现场的指导与应变”是指在施工控制阶段，建筑师为控制建造品质应该关注的思考与事务。

设计主体根据项目特点，既可按序递进也可跳序启动，对每一个着力点进行聚焦探索，以便在思考的注意力能够汇聚的限度和范围内，有效地展开围绕特定项目的问题空间与解决方案空间的同步构建过程。对概念创意、建筑语言和建造控制等每一个阶段或层面的思考需要在一系列着力点之间不断追问、互为印证，直至达到各节点能够相互解释和支持的连通状态，从而实现对这个核心层面关键目标的连贯性思考与解答。对各个着力点或整个层面的聚焦思考，要不忘追问价值重心和引入外部塑造力。

4.3.2　核心层面之间的衔接

建筑设计思维连贯性框架对 3 个核心层面的划分是为了适应人类思维的有限聚焦的特

点，分解是为了有效地逐层探索和深入思考，最终应该衔接为连贯的整体思考。

概念创意层面的思考，重点在于从建筑学的专业局限中摆脱出来，以开放的心态直面项目的各种需求、约束和可能资源，聆听项目的各种要素发出的声音，发现众多声音可能形成的合奏，从而拓宽有效创新的可能性，探索本项目有效创新的突破方向，形成指引本项目设计前进方向的总体概念。

建筑语言层面的思考，重点在于回到建筑学领域，深入研究项目的任务需求和支持条件，通过探索和确定空间、形体、界面、光影、材料等建筑形式要素的组织，形成能够满足任务需求、支持各类活动和激发身心体验的建筑构成与整体环境，设定预期要实现的现场体验，从而生成本项目独特的建筑语言。

建造控制层面的思考，重点在于建筑师进一步考虑清楚如何运用真实的材料、可行的技术和适宜的工法实现建筑形式成果，通过剥洋葱式的翔实的图解与说明向参建各方解释清楚，并对施工过程进行有效的指导和控制，从而把控建造品质。建造控制是连贯设计不可缺少的组成部分，而非仅仅是后续，这在中国语境下尤其如此。

三个层面的成果具有相对的独立性，从概念创意到建筑语言再到建造控制之间存在一定的递进关系。因此，“建筑语言”对“概念语言”的翻译、“建筑语言”向“建造语言”的转译，这些衔接是需要着重处理的。

三个层面也是瞻前顾后、顾此及彼的联动关系。在概念创意探索的层面，过去的项目经验会作为参照而激发思考；在建筑语言生成的层面，需要不断评价目前的方案能否充分体现概念和创意。同时，也要预计建筑形式的建造可行性与工法选择；在建造语言制定的层面，除了不断放大图纸和模型比例推敲连接、支承、划分、收边和密闭等与产品品质密切相关的议题外，也要不断追问眼前的决策能否与前期的概念定位和预想体验效果相匹配。

尽管通常来说设计项目是按概念创意、建筑语言与建造控制的顺序推进工作，但是设计的启动与过程的往复并没有绝对的、固定的顺序。设计可以从任何一个层面的任何一个着力点开始，设计过程也会在各个层面的不同着力点之间来回跳跃桥接和联系印证。设计思考的启动和过程是随着项目情况而灵活多变的，3 个核心层面的思考与解答并非一定是逐次分别完成，而更可能是相互印证、同步建构的协同发展关系。重点是创作最终期望达到一种状态：设计思考在概念创意、建筑语言与建造控制三个层面都通达了，并且 3 个层面的成果之间衔接自如、互为解释，成为一个整体主题的不同层面的表述。

4.3.3　贯彻价值重心与应对项目环境

特定项目的建筑设计各有不同的具体目标。在建筑学专业价值、建筑本体价值、当代环境、中国语境的共同投射下，指向高愿望水平的建筑创作应该秉承共同的价值重心：有效创新、现场体验、建成品质。

创造性已经是建筑师在当代复杂新环境中吸纳最新知识、探索未知领域、直面国际竞争、推动行业前进所需的基本能力和意识。有效创新引导建筑师的创造性思考指向解决问题、塑造体验、应对环境，从而区别于纯粹的胡思乱想和标新立异。在项目实践中达成以下几点之一即指向有效创新：

1. 恰到好处地解决当前问题；
2. 为人提供良好的新鲜体验；
3. 对既定文脉产生令人信服的新解释；
4. 开创全新的有效模式。

现场体验与建成品质则是建筑本体价值的最终体现，也是建筑学价值的现实指向。“现场体验”更关注“人”，即真实需求的满足和身心体验的激发；“建成品质”更关注“物”，即建筑物本体的建造品质。建筑作品应是为人而作的品质精良的造物。

价值重心的 3 个分项各有侧重，共同表达设计思维连贯性框架所立足的“人、建筑、环境和谐共生”的设计价值观，以及所倡导的“在服务于人和适应环境的造物思考中寻求建筑持续创新发展”的创作方向。这是贯穿设计思考各个核心层面或阶段，将其层次分明但目标明确地连续、衔接和贯通起来的价值重心。

在构建建筑本体系统的过程中，设计思考在打通各个内部着力点与核心思考层面并充分建立桥接的同时，始终应该贯彻上述价值重心。判断节点与层面的解决、节点与层面之间的桥接是否到位，不应停留于满足事务性推进，而应该进一步推敲其相互的连接是否有助于导向“有效创新、现场体验、建成品质”的价值目标。如此，在漫长而复杂的设计航行中，设计主体心智就具备了穿越迷雾或风波，抵达目的地的指南针。

在真实世界的项目实践中，建筑本体系统得以成立的另一个不可或缺的立足点是能够适应所在的环境。在设计认知上，项目环境可分为物质环境、人文环境、知识环境三个部分。

物质环境——主要指自然、城市和乡村环境等实在的物理环境。物质环境跟项目相关的因素包括场地、气候、阳光、雨水、景观等自然因素以及市政设施、交通、噪声、灰尘等干扰源、周边建筑物遮挡与退让等城市环境因素。

人文环境——主要指社会、文化、历史、经济等广泛的人类文明积淀构成的非物质环境。人文环境为项目设计提供更广阔时空的上下文关系，如历史脉络、文化价值、社会偏好或禁忌、运行模式等。对人的体验与感受的理解不仅仅是物质世界的经验，还包括意义的诠释、伦理的判断等人文环境因素。

知识环境——主要指建筑学的知识积淀以及跟建筑项目密切相关的其他人类知识系统，例如工程技术、材料科学、声学及相关法规等。知识环境为项目设计提供解决问题的历史经验和案例，提供项目推进过程中创意构思、处理形式和实施建造等层面所需要的知识资源。而相关法规等知识则告知建筑师什么不可为。

在本书提出的设计思维连贯性框架中，总结了外部环境针对每一个核心思考层面的若干常见的塑造力通道（详见第五、六、七章），与前文涵盖的“物质、人文、知识”分类不同，这些常见塑造力通道的分类是交叉的、跨界的和示范性的，充分反映了项目环境认知的多样性、复杂性及跨界连接的特征。随着时代的发展、项目的不同，以及建筑师认知的差异或改变，可以派生出千变万化的塑造力通道。

项目环境千差万别，对设计构成约束，也为设计提供资源。其特殊之处经过设计思考的转换，往往可能成为创新的源泉。

在连贯性框架中，项目需求这一重要议题应该分别从价值重心和外部塑造力等不同视角引入设计思考，即一方面，具体项目的特定需求要跟被持久秉承的价值重心关联起来；另一方面，项目需求也是立足于大环境的，要放在环境脉络之中来认知。造价和工期等议题也是如此。

建筑师应该对项目环境展开主动的搜索和调研，根据项目的特定目标和情况，逐步理清约束框架、发掘相关资源、巧妙处理约束、充分发挥资源，助力构建和发展适应项目环境的建筑本体系统，经过可控的施工建成真实的建筑并对设计提出令人满意的解释。项目建成的同时也提炼出一套适用于本项目的知识体系，即反馈建筑学的知识积淀，实现项目经验与学科知识的循环互动。

本书第五、六、七章将分别以概念创意探索、建筑语言生成、建造品质控制这三个建筑本体层面为主线，详细阐述设计思考连贯性框架。同时，也将融入对贯彻价值重心和应对项目环境的进一步论述。

第五章　概念创意探索

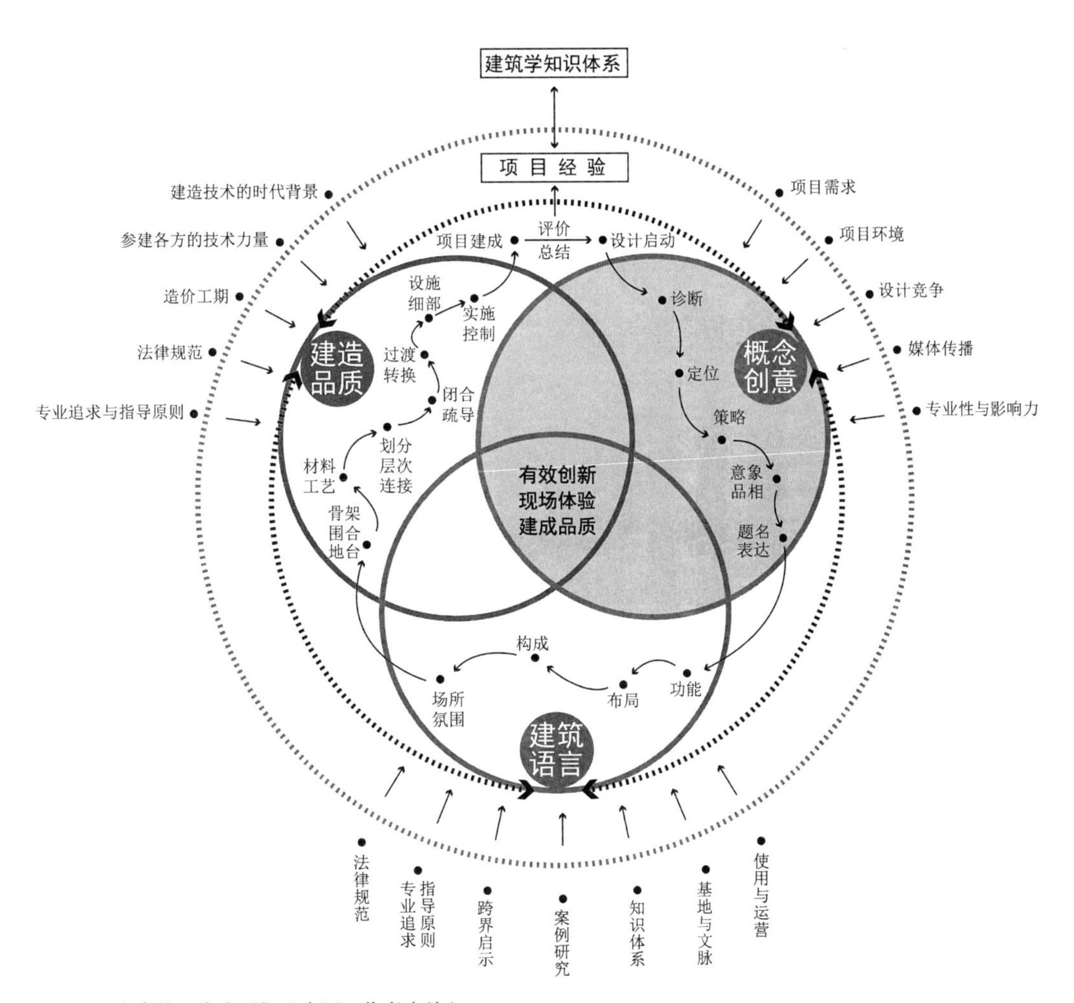

图 5-1　本章核心内容图解（来源：作者自绘）

图 5-2　本章研究框架图解（来源：作者自绘）

概念（Concept；Idea；Notion），是反映对象本质属性的思维形式。《术语工作词汇 第1部分：理论与应用》GB/T 15237.1-2000将“概念”一词定义为“对特征的独特组合而形成的知识单元”；德国工业标准2342将“概念”一词定义为“通过使用抽象化的方式从一群事物中提取出来的反映其共同特性的思维单位”。**建筑创作中的概念，是指能够高度概括地指明设计总体前进方向的主题及其表述，在实践中也常被称作立意、想法或原则等。**

创新是建筑师在知识经济的当代环境下介入现实世界与发挥专业价值所要面对的常态化挑战，而创新与概念思维是紧密相连的。在对现实条件与可能情况之间架设有效且巧妙的桥接时，需要概念思维展开一种能令各种因素以崭新方式连接的抽象化思考。

在项目建筑创作思考过程充分强调概念创意探索的阶段或层面，是推动项目创作实践实现有效创新，对设计团队、参建各方和各方资源产生强大凝聚力，在当今媒体社会获得传播力与公众支持，以及维持与提升建筑学专业价值和建筑创作社会影响力的需要。在概念创意探索层面，建筑师应该从建筑学的专业局限中抽身而出，以开阔的视野展开全面的项目背景调研，以开放的心态充分理解与领会项目需求、核心约束和可能资源，探索项目有效创新的突破方向，提出指引项目设计总体前进方向的核心概念。

概念创意探索层面的内部着力点包括诊断、定位、策略、意象与品相以及题名与表达等关键词；外部塑造力则应该来源于尽可能广泛的项目相关的内外环境。

5.1 设计的启动

面对一个新的项目，建筑师通常不会头脑里一片空白，仅仅是项目的名称，就足以引发思考的启动。建筑师头脑里的知识积累和经验沉淀会迅速反应，形成一些初步的预判、意象甚至可能是方案构想。在某些情况下，第一时间的反应，也许会成为设计的主导或关键因素。但这种情形多发生在任务单一、规模小、各种约束条件简明，建筑师对同类项目经验丰富，而且可能带有偶然性的少数情况下。在当代中国语境下，不仅项目规模跨度很大，建筑项目的需求、约束和环境大多越来越复杂多样，新的项目类型也不断出现，建筑师特别是有创作追求的建筑师往往避免过早地对设计的走向下结论。更常见的情况是：通过对项目进行开放而深入的解读和对背景进行兼具广度和深度的调研，建筑师才能在千头万绪之中抓准线头，从而有效地启动设计。

5.1.1 项目解读

一般情况下，建筑师通过设计竞赛或客户委托接到设计项目。设计之前项目已经有一些前期的工作，设计之后项目还要进入后续的实施和运营等阶段。设计是项目整体社会过程中的一个组成部分。当代社会，设计越来越成为项目获得成功的中轴力量，而非仅仅是其中一个环节[①]。建筑师解读项目的重点在于设法弄清楚项目的前因后果、来龙去脉、基本约束和可能资源，把设计思考的起点建立在对项目的实际情况比较准确对位的认知基础上。

如果是委托项目，建筑师应该尽量争取与客户当面沟通，用心倾听客户的表达，并通过回应和提问引导客户多角度、更深入地谈论项目。同时，也应该既关心表面上的信息，又关心话语背后可能连客户自身都未意识到的需求和可能性。在第一辆汽车发明之前，人们只会谈到他希望有一匹跑得更快的马[②]。

如果是竞赛项目，建筑师主要通过项目任务书解读项目。任务书一般都会反映项目的基本信息，如建筑类型、规模、面积与高度限制，基地的区位、形状、面积及其周边环境，建筑功能需求，工程造价限制等。同时，建筑师也可以从项目主题、客户对项目的定位描述、项目与城市发展的关系、资金来源等内容中发掘潜在信息，如客户和社会对本项目的满意度期望值、该项目可能具有的社会影响力等。例如，广州市越秀区解放中路旧城改造项目，虽然它是一个规模不大的破损房改造项目，但设计团队了解到政府把它作为广州旧城改造示范工程的意图，从开始就把它作为一个重要创作来对待。又如钱学森图书馆项目，也是开始于招标网站上的公开设计招标，但是科学家钱学森的主题和上海交通大学作为建设单位，让设计团队意识到这是一个国家级的项目，是一次重要的创作机会。

建筑师对项目任务书的解读，应该带有开放性。建筑师应该争取从专业知识、实践经验和对项目的专项研究中带给项目独特的思考和价值。如果设计思考和成果完全被任务书或客户的谈话覆盖，反倒可能意味着设计力量的缺失，特别是重要文化公共建筑的邀请竞赛，客户单位本来就抱有收获意外惊喜的期待。

项目任务书更像是提供一个设计开始的基础框架。蒂姆·布朗（Tim Brown）认为“设计简报”（类似于设计任务书，也可能是设计团队所制定）应该是“创意的起点”，“为项

① Roger Martin. The Design of Business: Why Design Thinking is the Next Competitive Advantage [M]. 3rd edition. Harvard Business Review Press, 2009: 5.

② （美）沃尔特·艾萨克森. 史蒂夫·乔布斯传 [M]. 管延，等译. 北京：中信出版社，2011：518.

目团队提供一个起步的框架、一套可以衡量进展的标尺以及一系列将要实现的目标”“并不是一系列指令，也不是试图解答尚未出现的问题”，应该“允许意外收获的出现、不可预测的发生以及过程的反复变化”[①]。客户应该重视任务书编制的清晰与宽松的结合，一份能够讲清楚任务核心，同时也为设计思考留出足够空间的任务书，更能释放设计的力量。反之，则可能造成不必要的限制。

对项目的开放性解读，本质上受到建筑师向社会展现专业价值和影响力的强烈意识的推动。极端的案例如安藤忠雄，他在没有接受委托的情况下主动向业主提交了京都 Time's 项目一侧地块的改造方案，表达自己对周边环境整合的设计思考，并在 7 年后获得了此项目的设计权[②]。笔者所在的设计院也有建筑师主动向城郊受灾乡村提交重建设计方案的事例。如果建筑师带着主动的思考对待项目设计，则带有自身立场的开放解读将成为一种必然。

项目解读启动于项目开始阶段，但并非仅仅停留在前期。项目解读既与背景调研同步进行、相互支持，也会由于设计阶段的各种探索和提案获得新的启发。设计思考的特征是采取聚焦解决方案的策略，设计过程的本质是问题空间与解决方案空间协同发展[③]，这些决定了项目解读的真正结束将与设计过程的完结同步。

5.1.2　背景调研

围绕特定项目的相关背景知识，并不是像一个业已建立起来的学科那样系统清晰和层次分明，而是跟随设计主体的思路沿着网络状结构[④]蔓延而逐步建立，节点之间的连接可能具有很大的跳跃性和随机性。

项目背景调研在理论上应该尽可能广泛地涵盖各个相关方面，以备设计过程取得充足的资源和做出尽可能准确的决策。但是，现实中不可能有足够的资源（时间、经费和人手）支持去找到实现所谓最优解所需的所有资料和条件[⑤]，项目设计也是有时间和经费限制的现实事务。因此，背景调研的重点在于与项目解读和设计进程紧密互动，尽量广泛而对位地展开搜索，为生成令人满意的解决方案提供足够充分的支撑条件。尽管背景调研的主

① Roger Martin. The Design of Business: Why Design Thinking is the Next Competitive Advantage [M]. 3rd edition. Harvard Business Review Press, 2009: 22-23.
② （日）安藤忠雄. 安藤忠雄论建筑 [M]. 白林，译. 北京：中国建筑工业出版社，2002：48.
③ 本书第二章 2.2.3。
④ （德）沃尔夫・劳埃德. 建筑设计方法论 [M]. 孙彤宇，译. 北京：中国建筑工业出版社，2012：16.
⑤ 本书第二章 2.1.3。

体工作会在项目前期进行，但是，如果在设计过程中建筑师认为目前提出的方案都还不够好，而现有的资料也再没什么新的发现，那通常意味着设计团队要重新回到调研搜索阶段。

项目背景调研跟项目解读密切相关，对项目的认知会调动建筑师的注意力，从而推动调研的方向。项目调研跟建筑师秉承的指导原则以及实践经验有关，我们可以想象如果贝聿铭和扎哈・哈迪德做同一个项目，对项目的认识和调研应该会大不一样。而新手跟专家面对同一个项目，调研的启动也会大不相同。无论是多么有经验的建筑师，他都应该始终保持对意外发现的期待和包容，项目背景调研是一个探索未知的过程，接受新事物的大门应保持常开。

笔者所负责的设计团队，在从事文化公共建筑创作的前期，一般会提出一个包括项目的物质环境（自然条件、城市环境、基地情况等）、人文环境（历史、文化、社会、经济、风土人情、名优特产等）与知识环境（相关建筑学理论或研究、相关项目案例、相关法律规范、可能有启发的相关学科和行业）的详细调研提纲，然后结合项目需求展开设计创意，并在设计过程中围绕不断出现的专题进行有针对性的补充调研。

项目背景调研同样渗透到整个设计思考进程，设计本身以及建立相应解释的过程都会推动调研的进行。调研结果最终将和设计成果一起构成一套围绕特定项目的、特有的知识体系。

5.1.3 经验积淀

一些设计研究学者指出，有些新手设计师在设计实习时把大量时间花在前期调研和分析上面，导致方案设计阶段仓促结束，类似的情况在新手建筑师的实际工作中也时有发生。这从一个侧面反映出实践经验对设计启动的影响。新手设计师可能希望从对前期资料的分析基础上直接推导出设计方案，或者不知道如何着手设计，所以长时间反复分析而不是推进设计。事实上，经验丰富的建筑师会在充分了解前期资料后就尝试构想方案，甚至一边看资料，一边尝试勾画各种可能。因为设计主要是一种聚焦于解决方案的思维过程，建筑师通过对提出来的假设性方案的分析评价，推翻、修正、替代或者改良设想从而发展设计。没有假设性的解决方案作为一个界面，设计难以得到实质性推进，对项目的认知以及对背景资料的搜索，也要配合设计的深入展开而逐渐到位。

设计过程中问题与解决方案是协同进化的，建筑师在设计过程中也在逐步构建设计问题框架，并往往运用在以往学习和实践中形成的指导原则帮助自己找到构建问题框架的出发点。例如，贝聿铭先生面对一个项目，会试图抓住“时间、空间和事件”框架中的连接点[①]，以及特别注意发掘历史、文化与艺术的“精髓”并把它表现出来[②]；何镜堂院士以“两观三性”建筑理论指导建筑创作实践[③]；而印度建筑师柯里亚则提出“形式追随气候”的设计准则[④]。

经验，既是建筑师的财富和武器，也可能成为某种情形下的认知盲点。建筑师应该珍视自身经过实践检验的经验积淀，同时保持开放的心态与辨识差异的敏锐。

5.2 概念创意探索的内部着力点

面对复杂多变、高度竞争的当代社会环境，概念在建筑创作中扮演着重要的角色。高质量的设计概念将发挥旗帜作用，在漫长的设计进程中为构成复杂的设计团队与参建各方提供中心思想，向着统一的方向持续整合资源。概念是建筑师在投入具体形式操作之前进行抽象化思考的工具，也是建筑师在遇到困难时维持专业热情和行动信念的支点。概念还是创新的必要条件，在对现实条件与可能情况之间架设有效且巧妙的桥接时，需要通过概念思维展开一种能令各种因素以前所未有的方式衔接的抽象化思考。

创新是建筑师在知识经济的当代环境下介入现实世界与发挥专业价值所要面对的常态化挑战，而创新与概念思维是紧密相连的。因此，概念和创意的探寻，是建筑师在建筑创作中首先要展开思考的核心层面。在这个层面，设计主体可以沿着诊断、定位、策略、意象与品相、题名与表达等内部着力点进行连贯的探索。

5.2.1 诊断——核心问题与主要矛盾

诊断，在医学上指根据病症、病史（包括家庭病史）、病历或医疗测试结果等资料对人体生理或精神疾病及其病理原因所作的判断[⑤]。诊断的概念，已经被推广用于生活与社会中各种问题及其原因的判断。

---

① （德）盖罗·冯·波姆．贝聿铭谈贝聿铭［M］．林兵，译．上海：文汇出版社，2004：108.

② （美）菲利普·朱迪狄欧，珍妮特·亚当斯·斯特朗．贝聿铭全集［M］．李佳洁，郑小兵，译．北京：电子工业出版社，2012：10-11.

③ 华南理工大学建筑设计研究院．何镜堂建筑创作［M］．广州：华南理工大学出版社，2010：20-26.

④ Charles Correa. Form Follow Climate［J］. Architecture Record, 1980（07）：89-99.

⑤ 维基百科。

在建筑创作中借用诊断的概念是指建筑师在项目解读和背景调研的基础上进行分析和思考，寻找项目的主要症结所在，即根据项目的需求、约束、资源和焦点等要素对项目设计的核心问题与主要矛盾做出判断。

项目需求是指客户、用户与公众所表达和潜在的需要和愿望，以及项目的功能和类型本身决定需要解决的议题。

约束是从“何事不可为”的角度审视内外环境的各种制约，可参照本书第二章提出的设计约束模型（参见图 2–8、表 2–3）。

资源是所有可以激发设计灵感、促进设计推进以及引导设计赋形的因素。资源可能来源于项目所在的物质环境、人文环境与知识环境，也可能来源于项目自身的需求限制或者建筑师本人的指导原则与经验积淀。

焦点是建筑师应该格外关注的、关系重大的、设计应该围绕其展开的关键点。焦点可能是需求，也可能是约束或资源。例如，一个项目的基地能看到一处著名的风景，该朝向及风景就成为设计的焦点及资源。

核心问题或主要矛盾往往与焦点的关系紧密。例如，泰州民俗文化展示中心项目，基地内的名人旧居是项目关键点，其与西北侧的高层建筑的关系成为设计必须解决的主要矛盾；解放中路旧城改造项目，基地范围内的民国时期的保留建筑群是一个焦点，新建部分如何融入和发展原来的肌理、如何令保留建筑改造后能被主要道路上的行人所感知成为一个核心问题；钱学森图书馆项目，作为展品的 24m 长的东风二甲导弹是一个焦点，如何在限高 24m 的建筑内放入这件主题展品成为一个核心问题。很多时候，复杂项目的核心问题并不只有一个，而是呈现一系列互相关联的核心问题集。

诊断的目的是要求建筑师深入分析和理解项目的实际情况，发现和提取基于项目自身需求和固有限制的独特问题。而提出独特而有意义的问题，往往是产生核心概念的源头。

5.2.2　定位——项目目标与愿望水平

定位是项目概念化思考的重要步骤，要在对项目的解读、调研和诊断的基础上，提出设计的总体目标与愿望水平。

实践中的“定位”与决策理论中的有限理性和满意准则相吻合。人类行为的依据是受人类认知和决策成本限制的有限度的理性，因此，人类选择机制不是完全理性的最优机制，而是有限理性的适应机制。决策者在决策之前没有齐备的相关信息和候选方案，而必须通过信息收集和方案搜索。因为做不到对效用函数求最大化，所以决策者依据一个可调节的愿望水平，而这个愿望水平又受决策者的经验和性格特征、搜索方案的资源成本等因素调节，以此决定搜索的结束和方案的选定。实际决策依据满意准则，即根据目标愿望及所处的境况调节愿望水平，确认什么是“好”或“令人满意”。搜索备选方案，直至找到一个“足够好”的方案为止[①]。

因此，**定位是在综合分析和把握项目需求、社会愿景与专业追求，以及项目的需求性、创新的可能性与现实的可行性等相互关系的基础上确定项目目标和愿望水平，从而指明从项目固有特征发展起来的有效创新方向。**

在笔者所在的设计团队，定位是一个重要而慎重的步骤。如果前两三次讨论还拿不准定位，则该思考会延续到方案的发散创意阶段，直至明确，这样设计才算走向稳定推进阶段。定位确实会从根本上影响一个项目设计的走向甚至成败。例如，钱学森图书馆的定位从竞赛时的“通过分散布局和内外交融的空间场所体现钱老不断攀登科学高峰的精神、谦逊的品格以及山水城市的主张”转化为定稿方案的“集中体量加强纪念性，突出钱老在两弹一星等国防事业上的历史性贡献与他的爱国情怀”，定位的不同会产生截然不同的设计结果。而在笔者早期参加的广东省社会科学中心和广东方志馆项目投标中，设计团队把其定位为一个对城市开放的文化建筑综合体，强调了近地和空中的公共空间系统以及面向城市的视窗形象，但最后的中标方案体现出客户及评委团更希望建一栋常规实用而只需稍有变化的办公楼（图5-3）。双方在项目定位上的错位导致我们团队难以赢得竞标。**设计定位的一个关键之处在于，避免建筑师进行创作的强烈愿望与项目的实际需求和固有限制脱节，只有从项目实际而非主观预设出发，建筑师才能发现和开启有效创新的路径。**

图5-3a　社会科学中心投标——笔者团队方案（来源：设计文件）

图5-3b　社会科学中心投标——中标方案（来源：项目资料）

① 本书第二章2.1.3。

5.2.3 策略——形式生成的指导性原则

“策略”与接下来的“意象与品相”都是概念创意层面内部开启形式化潜力的因子。“策略”重在创建理论；“意象与品相”则重在寻找感觉。

策略是概括性与理论化的，它不是形式本身，而是应对项目需求与项目环境的生成形式的原则与机制，是对具体设计起指导作用的关于特定项目情境的“临时理论”。策略引发的不是一成不变的设计手法，而是可以灵活多样地应对多种局部问题的设计规则。制定设计策略需要建筑师具备理论化的能力，即从特定项目需求及限制出发，形成一套适用于本项目设计的生成与评价的“理论”。当我们具备了对位而系统化的设计策略，设计的具体行动才能有效推进与评价。

设计策略是桥接需求与形式的重要中介。对设计策略的选择或生成包含对三个层面的权衡：第一，可行性与必要性的权衡。第二，业主利益、社会利益与建筑专业价值的权衡。业主的利益是指资本的增值、建筑使用的安全性和品质、业主的“面子”等；社会利益是指建筑使用的安全性和品质、对城市空间和景观的贡献、生态效应等；建筑专业价值是指对建筑学自身的空间、建造方式、形式与表现、使用方式以及结构、材料、构造等基本问题的研究和探索。这 3 个因素不是必然对立的关系，而是分属不同领域，需要通过策略建立结合、互动和共赢的关系。第三，付出代价与达成效果的投入产出比的权衡，因为资源和条件总是有限的。因此，对条件的运用和资源的投入必须考虑效率和综合效益[①]。

好的策略就是在特定前提下智慧地组织空间资源、解决建造问题，在业主利益、社会利益与建筑专业价值的结合点上开始工作。

例如，在解放中路旧城改造项目中，设计团队建立的规划层面的策略是“打通”开放空间系统、“激活”市民生活、布置适宜的居住密度以及融入岭南城市肌理；建筑层面的策略是用“新”对“旧”的嵌入进行系统补全与提升，以及借鉴岭南传统城市建筑上宅下铺的模式分层设置居住与商业功能。在泰州民俗文化展示中心项目中，总体策略是放大思考的时空范畴，顺应城市水脉自东往西建立东西向而非南北向的整体场地秩序，把高层建筑转化为名人旧居的背景，突出焦点、整体激活。

① 张振辉．一般技术背景下建筑设计与建造控制方法探索［D］．南京：东南大学，2004：77.

5.2.4　意象与品相——转化为形式的通感中介

“意象”与“品相”同是开启形式化潜力的因子，重在帮助建筑师寻找感觉。同时，也起到沟通中介的作用。

意象一词，最早可追溯到《周易·系辞》，其上有“观物取象”“立象以尽意”之说。意象是中国传统文论中的一个重要概念，其中“意”是内在的抽象的心意，“象”是外在的具体的物象，“意象”则是情景理物的交融。意象是 20 世纪初英美现代派诗歌创作方法的核心[①]，提倡用客观的准确意象提升主观的情感表达，强调思想与情感、主观激情与客观形象结成统一的复合体。

在认知心理学中，“意象是指认知主体在接触客观事物后，根据感觉来源传递的表象信息，在思维空间中形成的有关认知客体的加工形象，在头脑里留下的物理记忆痕迹和整体的结构关系”[②]。

意象在建筑创作中是指经过充分的诊断、定位以及对设计策略的探索，建筑师在思维空间里运用逻辑和形象思维整合实际需求、文化资源与创作构思等要素，把有效的设计指导原则转化为具有形式化潜力的意义、规则与形象的复合体，以稳定概念、激发想象与引导赋形。这时，意象与策略一起提供了概念创意层面的核心成果。

意象已经涉及形式的可能，是模糊的、意会的、概括的，但也应意蕴鲜明而且具有想象空间，常常以传统文化为土壤。意象帮助建筑师稳定概念思维的成果，为进一步探索具体的形式构成提供灵感和参照。例如，安徽省博物馆新馆的设计以“四水归堂”作为核心意象，尽管设计过程中中庭的空间构成几经变化，但是“四水归堂”的意象始终像磁铁般吸引着设计的落位（图 5–4）；钱学森图书馆定稿方案的意象定为“大地情怀、石破天惊”，把中国两弹合一试爆成功的重要意义、我国核试验在大西北戈壁滩进行的艰辛历程以及钱老的崇高品格与爱国情怀联系起来，不仅给设计团队以持续灵感与动力，而且也更容易取得参与各方以及社会各界的理解和共鸣。

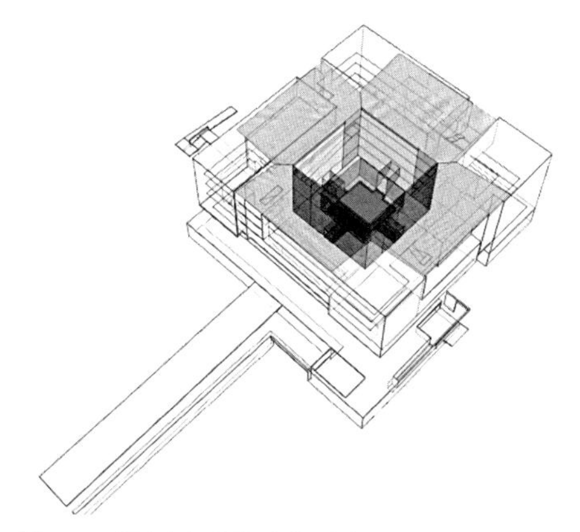

图 5–4　“四水归堂”意象（来源：设计文件）

① 毕小君. 英美诗歌概论［M］. 北京：知识产权出版社，2009.

② 丁锦红. 认知心理学［M］. 北京：中国人民大学出版社，2010：179.

意象不仅能够帮助建筑师寻找设计从理念转化为形式那一刹那的感觉，同时也是与参加各方、社会各界沟通设计的有效媒介。在中国的语境尤其如此，唐诗、宋词、元曲、山水画等中华传统文化精粹使意象式的思维和审美成为中国人深层次的集体文化心理积淀，不需要身为设计师，大多数中国人都能够很自然地借助“意象”获得“通感”。意象对中国建筑师和以传统文化作为主要资源的设计具有特别重要的意义。

同样，跟中国文化关系紧密的另一个概念工具是“品相”。品相一词来源于收藏界，原意是古董字画等收藏品完好的程度，引申为物品的整体观感与文化品位。**建筑创作中借用“品相”一词，是引导建筑师把建筑语言（形式构成、界面材质、色彩纹理、光影效果、景观配置等）最终要构成的建筑形象和情景体验的整体观感和品位作为一个思考的专题来研究，为设计定调。**品相跟对象在视觉上的调性或调子即色彩、材质、浓淡、冷暖、幽明、闭敞、繁简、轻重、拙巧、粗细、纹样、勾勒等因素有关，与文化传统之中同类事物或情境在人们心里长期以来形成的印象和默契有关，也包括人们对未来的想象与愿景。当我们把该雅的地方做俗了、南方的空间做成北方了、上海的地方做成北京了，或者表达过年的热烈却做成了孤寂清冷，往往就是品相的定调出了问题。有时候，客户觉得这个博物馆不像个博物馆、饭店不像个饭店，也往往是建筑与环境的品相跟人们心里的预期错了位。建筑师如果要挑战人们约定俗成的印象与默契，就应该提出非常充分的理由和解释。

品相一词根植于文化传统，能指示介乎于抽象和具体之间的观感与品位，是一个相当有效的概念工具和沟通媒介。注重品相定调是要引导建筑师关心和捕捉受众对建筑的整体观感，并且在整体文化语境中寻找其定调。对品相的思考、设计和表达有利于建立一个设计主体与建筑受众之间通感的中介。例如，在中国馆顶层贵宾厅艺术品展陈设计中，中国美术学院设计团队的汇报首先从对比上海与北京的文化品相入手，为设计定调。泰州项目在设计前期，设计团队广泛考察泰州传统建筑的材质工法，从而确定项目设计现代转译的灰调原则（图 5–5）。

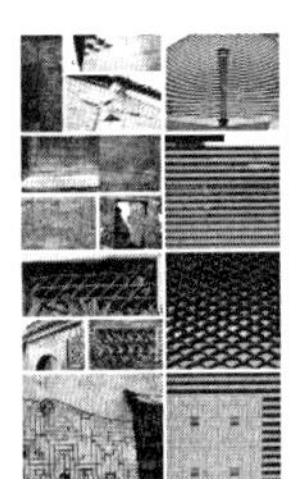

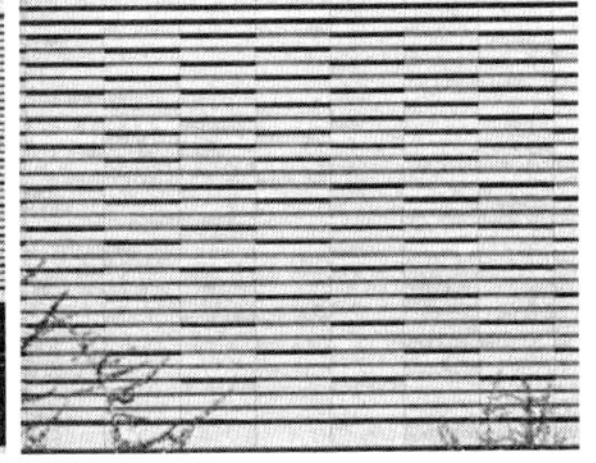

图 5–5　从泰州传统建筑特征提炼而出的灰调品相（来源：项目资料与姚力摄影）

5.2.5　题名与表达——为了凝聚、沟通与传播

题名是中国传统文化活动的经典环节。画龙点睛的题名，意味着被题名的诗词、园林或者风景名胜等意义升华，融入文脉，引人共鸣。题名也是命名，命名后事物的存在才真正获得文化上的意义。

建筑创作中建筑师要对设计概念进行题名，一个能够充分揭示设计特征同时朗朗上口的名称，不但能够凝聚设计团队，给建筑师以信心、灵感和精神动力，而且能够增进参与各方的理解和支持，更容易获得传播力与社会认同，也更容易实现项目的价值。越是影响力大的项目，题名越重要。例如，中国馆设计在投标阶段题名为“中国器”，在联合设计团队优化设计阶段，客户希望名称能更雅俗共赏、利于传播，为此专门召开了头脑风暴会，最终提出了后来广为人知的“东方之冠”。

题名的本质是把设计概念以易于传达的方式昭之于众。概念的表达未必只能通过文字，只要能把概念充分展现，图示等各种方式都行之有效。例如，在济宁文化中心项目设计竞赛中，我们团队的博物馆方案运用桥式建筑模式叙述运河城市故事，通过截取清明上河图中的虹桥场景并增加顶盖表达设计概念（图 5-6），取得良好效果。在设计竞赛中，生成动画也是表达概念的有效媒介。

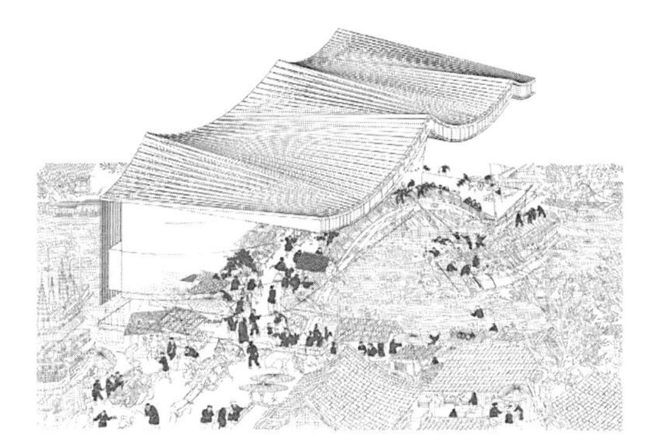

图 5-6　设计概念“桥”的图像表达（来源：设计文件）

5.3　概念创意探索的广泛塑造力

概念创意层面的思考是抽象、概括和方向性的。有效的概念创意思考，需要建筑师具有整合思维，既要能把握住项目的实际需求和固有约束，也要能放开眼界，敢于跨界，从更广阔的环境中寻找激发灵感与创意的资源，并把资源与约束巧妙地桥接起来。很多时候，塑造设计概念的资源与约束是难以明显区分的，本书统一称为对内部着力点的外部塑造力，主要包括项目需求、项目环境、设计竞争、媒体传播、专业性与影响力等方面。

5.3.1 项目需求

理解和领会项目需求是建筑师提出有效概念的基础。项目需求首先取决于项目本身的性质，不同类型的建筑有不同的需求，例如，博物馆建筑要着重考虑展览、藏品、研究与办公等功能流线的需要。项目需求同时也来源于特定项目的特定需求，例如，不同主题的博物馆对空间组织、场所氛围会有不同的要求。项目需求还跟项目的重要程度有关，越是重要的项目，其愿望水平越高。建筑师要判断概念创意的质量、强度与项目地位是否匹配，例如在香港 M+ 博物馆设计竞标中，赫尔佐格与德梅隆在明确了地面以上的“T”字形建筑造型模式以后，仍然不断搜寻加强设计与场地紧密关联的因素，直至发现通过基地范围的地下轨道交通并将建筑融合到地下空间以加强项目特色[①]（图 5-7）。

图 5-7　M+ 博物馆展览空间与基地轨道交通设施结合（来源：筑龙网 http://news.zhulong.com/read178630.htm）

项目需求要从不同人群的角度去考察，对项目有直接需求的人群主要包括客户和用户。

1. 客户

建筑师几乎是在接收到客户的委托或邀请招标后才开始工作的。一般来讲，设计任务最初都是由客户提出的，不管客户是政府还是商业公司，都会尽量把自身的需求通过设计任务书表达出来，但这种表达未必就是准确和充分的。**建筑师应该把客户看作共同探索设计的伙伴，努力建立良性互动，在积极沟通的过程中发掘客户的潜在意图，并以自身的专业思考将其转化为独特的建筑想法。**“在第一辆汽车发明之前，客户只会谈到他希望有一匹跑得更快的马”，建筑师应该争取从客户的“更快”的需求中，激发出“第一辆汽车”的构想。

---

① 赫尔佐格与德梅隆事务所官网，https://www.herzogdemeuron.com/index/projects/complete-works/401-425/415-m-plus.html.

在中国语境下政府是一类常见的客户，政府的需求还包括城市品牌推广、城市名片塑造等政治需要，这也是建筑师在建筑创作中应该考虑的因素。

2. 用户

用户是真正使用建筑的人，而大部分客户并不是建筑项目的最终用户。例如，房地产项目的客户是开发商，但是用户是买房或租房的住户。一个城市的博物馆项目，政府和代建单位往往是客户，但博物馆机构和广大市民才是最终用户。今天的社会体系在客观上形成了一种“人为屏障”[①]（图5-8），使建筑师很多时候接触不到项目的用户。然而，对用户需求的满足是决定建筑最终建成体验优劣的重要方面。因此，建筑师应该格外注意从用户需求角度切入设计。**建筑师在设计思考时引入用户需求的途径有以下几条：换位思考，即把自己代入用户的角度评价设计；借助人体工程学、建筑心理学、人类学等相关学科的研究成果并结合项目的实际情况；注重观察和积累、运用常识；争取跟典型和极端用户交流，理解其需求的核心和边界。**客户的利益跟用户需求的满足有某种连带关系但也并非完全一致，很多时候需要建筑师平衡和协调。

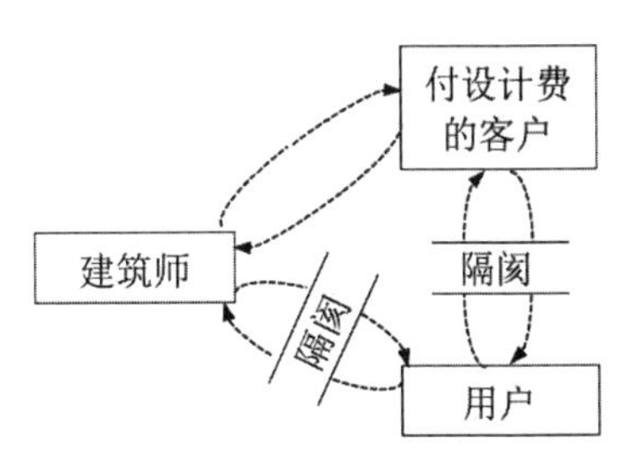

图5-8　用户与建筑师、客户之间的“人为屏障”
（来源：布莱恩·劳森. 设计师怎样思考：解密设计［M］. 杨小东，段炼，译. 北京：机械工业出版社，2008：83.）

有些用户群体非常明确的项目，用户需求便成为主要约束。例如，老年公寓如何能够适应老年人的身心需求，这自然成为项目的主要矛盾之一。

项目需求不仅要从项目建成效果的角度考虑，还要从建成后运营乃至全生命周期的角度全面理解。

建筑师应该有意识区分项目需求的刚性必须层面与弹性可塑层面。刚性层面要严格按照需求规律，而弹性层面则可以发挥无穷创意。

5.3.2　项目环境

概念思考既要以开阔的视野从项目相关的广泛环境中获取资源，也要接受环境的各种制约。在本书的项目设计认知模型中，将项目环境分成三个子项，即物质环境、人文环境、知识环境。

① （英）布莱恩·劳森. 设计师怎样思考：解密设计［M］. 杨小东，段炼，译. 北京：机械工业出版社，2008：83.

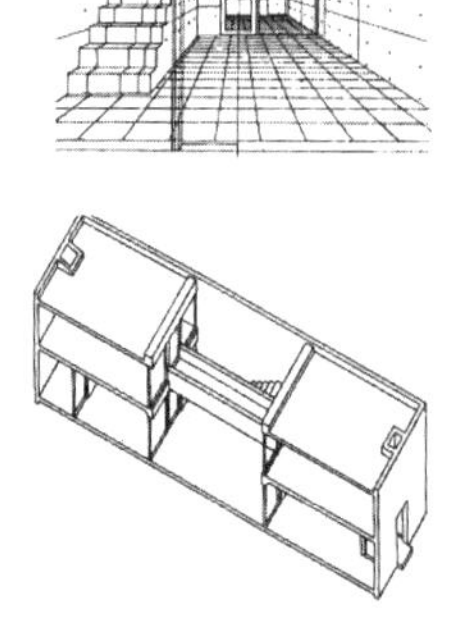

图 5-9　住吉的长屋
（来源：Philip Jodidio. Tadao Ando, Complete Works 1975-2012［M］. Taschen, 2012：40, 42，45.）

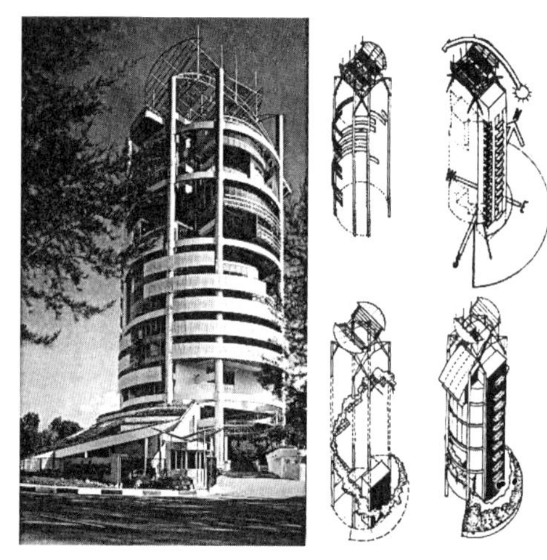

图 5-10　梅纳拉大厦
（来源：吴向阳. 杨经文［M］. 北京：中国建筑工业出版社，2007：26，33.）

1. 物质环境

指自然、城市和乡村环境等实在的物理环境。物质环境跟项目相关的因素包括场地、气候、阳光、雨水、景观等自然因素以及市政设施、交通、噪声、灰尘等干扰源、周边建筑物遮挡与退让等城市环境因素。物质环境对项目设计产生明显制约的同时，也激发创意的诞生。例如，安藤忠雄的成名作住吉的长屋，其独特的内向开敞的概念创意跟受到强烈限制的基地条件对建筑师的激发有关[①]（图 5-9）；杨经文的主要作品的概念大多来源于对东南亚气候的适应（图 5-10）。在济宁文化中心项目的设计竞赛中，我们团队方案的设计概念部分来源于基地从城市向自然过渡的区位特征（图 5-11）。

图 5-11　济宁文化中心设计概念"湖山荟萃"
（来源：设计文件）

2. 人文环境

指社会、文化、历史、经济等广泛的人类文明积淀构成的非物质环境。人文环境为项目设计提供更广阔时空的上下文关系，如历史的脉络、文化的价值、社会的偏好或禁

① 王建国，张彤. 安藤忠雄［M］. 北京：中国建筑工业出版社，1999：77-79.

忌、运营的模式等。人文环境对建筑的塑造力是隐性而强大的，从近几十年来中国城市先后兴起的“欧陆风情”与“奇特怪样”，到最近的“传统复兴”等，都可以看到人文环境对城市与建筑整体面貌的影响力。

在具体项目的建筑创作中，建筑师应该主动探索人文环境，从中获得灵感的激发。例如，钱学森图书馆项目的“石破天惊”的立意，受启发于对重要历史事件“两弹合一”试爆成功与大西北核试验基地的戈壁滩地景的意象联合，把当时的历史事件和环境气氛带到建筑体验中来。广州博物馆新馆竞赛方案的总体构想，则受启发于中国传统书画“长卷”与广州“南风窗”的意象整合，试图通过“长卷”式的布局对广州丰富多元的口岸都会文化特色进行建筑叙事（图 5-12）。

图 5-12　广州博物馆新馆设计概念“历史长卷”
（来源：设计文件）

对文化建筑项目，人文环境因素会成为项目需求的刚性部分。而对其他项目，人文环境的资源也往往能提升项目的价值。

3. 知识环境

指建筑学的知识积淀以及跟建筑项目密切相关的其他人类知识系统，例如工程技术、材料科学、声学及相关法规等。知识环境为项目设计提供历史经验、案例启示、理论引导、建造技术、设计技术以及法规限制。

知识环境是建筑师进行专业化思考的支撑以及重要的灵感来源。建筑学理论、知识和历史案例常常成为重要源泉，启发建筑师迈出设计思考的关键一步。例如，在南京大屠杀遇难同胞纪念馆项目中，何镜堂院士主持的扩建工程与齐康院士主持的一期工程的有机结合在于建筑场所理论的运用[①]（图 5-13）；史蒂芬·霍尔的设计概念

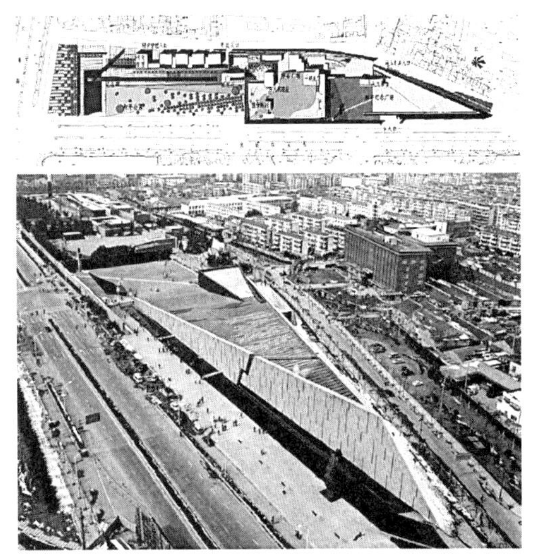

图 5-13　南京大屠杀纪念馆一期扩建工程
［来源：上：何镜堂，倪阳．侵华日军南京大屠杀遇难同胞纪念馆扩建工程创作构思［J］．建筑学报，2005（9）：29；下：何镜堂，倪阳，刘宇波．突出遗址主题营造纪念场所［J］．建筑学报，2008（3）：14.］

① 何镜堂，倪阳．侵华日军南京大屠杀遇难同胞纪念馆扩建工程创作构思［J］．建筑学报，2005（09）：27-30.

图 5-14 史蒂芬·霍尔的比亚里茨海洋与冲浪博物馆［来源：陆轶辰."天之下"与"海之下"——史蒂芬·霍尔的法国比亚里茨海洋与冲浪博物馆［J］.时代建筑，2012（1）：147-153.］

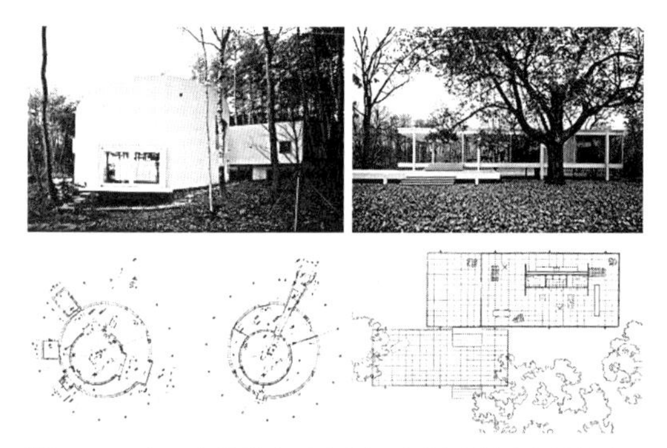

图 5-15 左：森林住宅（来源：大师系列丛书编辑部.妹岛和世+西泽立卫的作品与思想［M］.北京：中国电力出版社，2005：106.）；
右：范斯沃斯住宅［来源：汤凤龙，陈冰."半个盒子"——范斯沃斯住宅之"建造秩序"解读［J］.建筑师，2010（5）：50.］

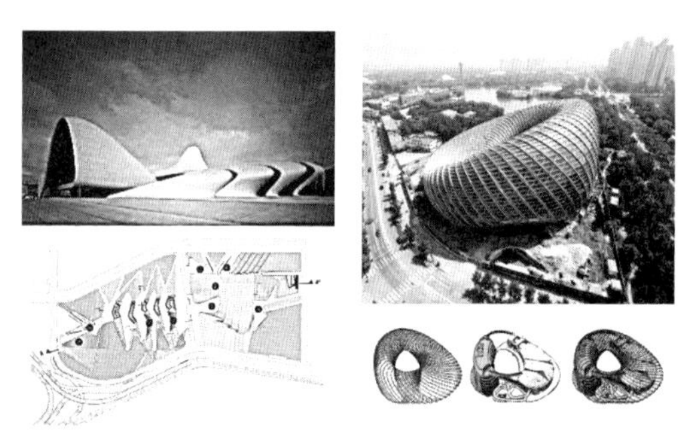

图 5-16 左上、下：扎哈·哈迪德的 Haydar Aliyev Cultural Center（来源：Philip Jodidio. Hadid, Complete Works 1979-2009［M］. Taschen, 2009: 342.）；
图 5-17 右上、下：北京凤凰传媒中心［来源：邵韦平.凤凰国际传媒中心建筑创作及技术美学表现［J］.世界建筑，2012（11）：84-87.］

常常与现象学有关[①]（图 5-14）；妹岛和世的早期作品森林住宅的概念可能来自对密斯·凡·德·罗经典范斯沃斯住宅的反转式解读[②]（图 5-15）。

知识环境也构成对项目设计的制约，最明显的是建造离不开工程技术的支持，而设计技术同样如此：剧场设计离不开建筑声学的考虑；扎哈·哈迪德的"参数化主义"主张不依赖非线性和参数化计算机设计工具就无法付诸实现（图 5-16）；由中国建筑师设计的北京凤凰传媒中心的莫比乌斯环概念同样依靠计算机设计工具才能成型（图 5-17）。

5.3.3 设计竞争

在市场经济的环境下，建筑师取得项目设计权要通过市场竞争，而设计竞争是建筑创作中概念创意思考必须具备的一个因素。

当前建筑师获得设计项目，主要通过设计竞标中标和客户直接委托两种方式。在设计竞标中，评委通常由专家、客户代表组成，而政府项目则通常把评委推选的入围方案交由领导决定。专家评委重视专业水准，客户代表注重自身利益，政府领导则看重政绩效果。设计概念的提出、题名和表达应该充分考虑专家、客户和领导的立场，努力体现符合各方价值取向的共

① 沈克宁.建筑现象学［M］.北京：中国建筑工业出版社，2008：3-5.
② 董豫赣.空旷的运动——妹岛和世作品随想［J］.建筑师，1998（10）：57-64.

同愿景。在委托项目中，同样存在取得客户认同，顺利推进设计的需要，建筑师也应该把客户的立场和愿景纳入概念创意的塑造因素之中。例如，在泰州民俗文化展示中心项目的前期汇报时，设计团队经过分析提出“和谐与发展”的总体定位，得到政府领导和业主的认同，使项目得以顺利快速推进。

建筑不仅是建筑师的专业展现，而且是一项社会事务，需要参与各方的共同努力才能实现，应对设计竞争的一个有效方式是共赢思维。此外，在当代知识经济的环境下，创新已经成为一种生存策略，建筑师还应该把有效创新的意识和能力视为一项职业核心素质以及建立长期设计竞争力的必备条件。

5.3.4　媒体传播

建筑项目特别是大型公共建筑项目大多投资巨大，建设需要经年累月，并且建成后将存在很长时间，不可避免会成为社会关注的焦点。如果设计被公众误解或者反对，建筑师将遇到麻烦。从最近扎哈·哈迪德在日本设计的奥运场馆受到日本民众和建筑师的反对和争议就可以表明这一点。**明智的建筑师应该从项目前期就关注到设计立意及其表达在媒体和网络中传播的效果，并以一种非常重视争取公众接受和支持的态度思考与表达。**在2010年上海世博会的中国馆项目中，设计团队为奠基仪式专门制作了对公众和媒体发布的动画视频、效果图和文字宣传稿等资料，后来这些信息在媒体和网络上广为传播，中国馆在人们心目中留下印记，而“东方之冠”一词也成为一个热点词汇。

笔者负责的设计团队在进行公共建筑项目的设计概念探索时，除了特别注意从项目所在地的文化资源里寻找启发，在题名和表达等环节也会针对项目地的人文环境提出相应的对策，力求以鲜明有力、尊重人们感受的方式表达设计概念。

5.3.5　专业性与影响力

建筑师怀有将设计转化为现实的强烈愿望，在此过程中建筑师的专业性将得到体现，同时也对社会产生影响力。注重通过专业性去影响社会，这是建筑师的社会角色所决定的。

建筑师的专业性是其社会地位和职业尊严的基础，而激发广泛的社会影响力则是其内心深层的愿望。建筑师应该注意到这两者之间存在的张力：争取影响力可以通过各种方式包括专业以外的途径（如炒作），但是如果专业性缺失，体现不出建筑和建筑师的本体价值，最终将减损建筑师和建筑学影响社会的能量；而专业性的彰显，又必须结合对现实需求的满足并在一定程度上作出超越，并且受到关注和传播才能够激发影响力。

建筑师对专业性和影响力的协调将落实到每一个项目的设计中，特别是在项目前期建筑师应该对本项目的专业机会做出判断，既不要忽视在合适的项目探索相关建筑学基本课题的机会，也不应罔顾项目实际需求而一味关注建筑师自身感兴趣的预设议题。只有根据项目的具体需求与固有制约，调整自身的注意力并选准切入点，把专业热情和素养运用到对位之处，建筑师才有机会使专业性和影响力获得双赢。这实际上对建筑师的专业性在运用自如方面提出了更高的要求。

笔者主张在当代中国语境下从事建筑创作，特别是在以整个公众群体为用户的大型公共建筑项目上，更应追求雅俗共赏，注重从立意上发掘相关各方与社会各界的共同愿景，注重提出鲜明有力、意蕴深远、朗朗上口的总体概念，注重文化意象和品相的对位与接受度。而把专业性作为一个坚实的支撑面，在扎实运用职业技能解决实际问题的同时，从建筑学专业高度运用基本原理并坚持探索新的可能性，努力在总体概念的指导下达成优良的使用功效、建造品质与体验效果。

在面对客户和用户是比较确定的人群甚至是个人的情况时，建筑师则更有可能获得机会以更为个性化或者更为激进的方式探索建筑专业性，条件是要取得与客户及用户的共识。

坚持不懈地寻找机会，不断展现专业价值和社会影响力，是建筑师保持设计竞争力的根本方式。

5.4 概念创意——设计思考的灯塔

概念创意探索层面的思考目标是为特定项目的建筑创作确定有效创新的方向，为接下来的设计探索与设计深化阶段提供鲜明有力的核心概念。

学者布莱恩·劳森认为："这个核心概念对设计师非常重要，有时甚至就像设计师心目中的'圣杯'。'核心概念'产生之后，设计师会对它忠心耿耿，围绕它开始所有的工作。"①

建筑师伊恩·里奇认为："除非这个核心概念具有足够的力量和能量，否则，你最后可能得不到一个很好的结果，因为在3年或更持久的努力工作中，除了相关人员的踏实认

① （英）布莱恩·劳森. 设计师怎样思考：解密设计［M］. 杨小东，段炼，译. 北京：机械工业出版社，2008：182.

真之外，仅有的保障就是这个概念的质量，它就是一切的源泉。正是这个概念让你满怀希望，滋养你、支持你。你知道，每当你觉得无聊、厌烦或者不顺心的时候，你都可以从它那里得到刺激。这个概念的力量是所有工作的基础，它必须具有无穷的力量。”[①]

强大的概念能够给予建筑师有力的支持。因此，寻找概念应该成为首要任务，尽管这个任务并不容易。

概念思考通常会随着设计启动同步展开，但其与建筑语言和建造控制是相互重叠的思考空间而非泾渭分明的前后阶段。概念创意的探索过程也可能会渗透到设计的后续阶段，与建筑语言甚至是建造语言的探索过程相互印证，并逐步加以明确和优化。但在项目设计完成之前，建筑师应该把这个层面的思考整理清楚，最终形成 3 个核心思维层面。

本层面的思考探索，起始于项目解读与背景调研，可以按照诊断、定位、策略、意象与品相以及题名与表达的顺序逐次展开，但实际思考过程时没有可能也并不需要严格限制其思路的走向。该着力点起到的是路标和启发的作用，建筑师完全可能在调研后先产生对设计题名的灵感，接着从题名出发探索有效的设计策略，然后再评估这样的说法和设计策略能否达到该项目的愿望水平（定位）。设计思考是在思维节点之间来回往复的复杂过程，最后的目标是在着力点之间达成互相解释、互相支撑的局面。

概念创意是设计思考的灯塔，为漫长而未知的设计历程提供方向指引和信念源泉。

① （英）布莱恩·劳森. 设计师怎样思考：解密设计［M］. 杨小东，段炼，译. 北京：机械工业出版社，2008：182.

第六章　建筑语言生成

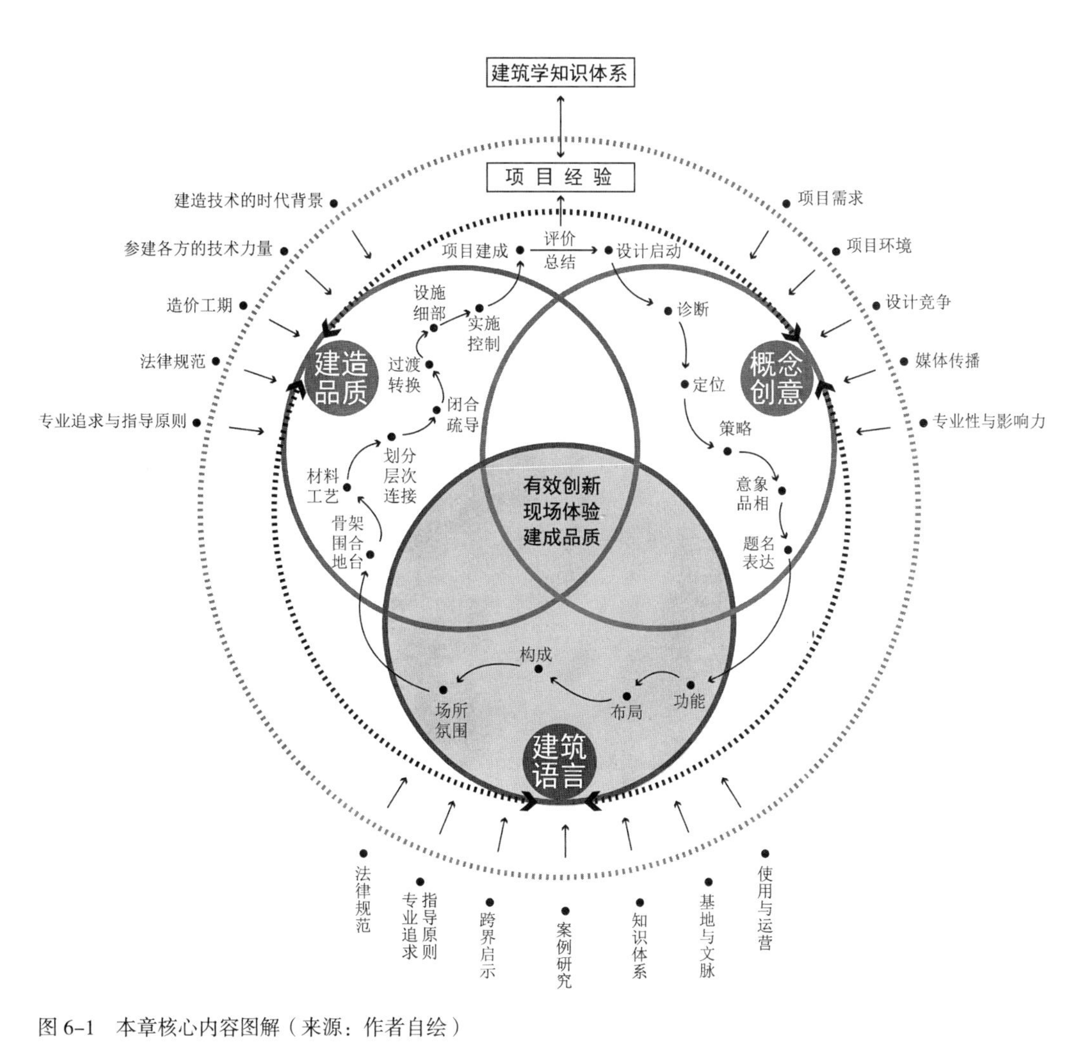

图 6-1　本章核心内容图解（来源：作者自绘）

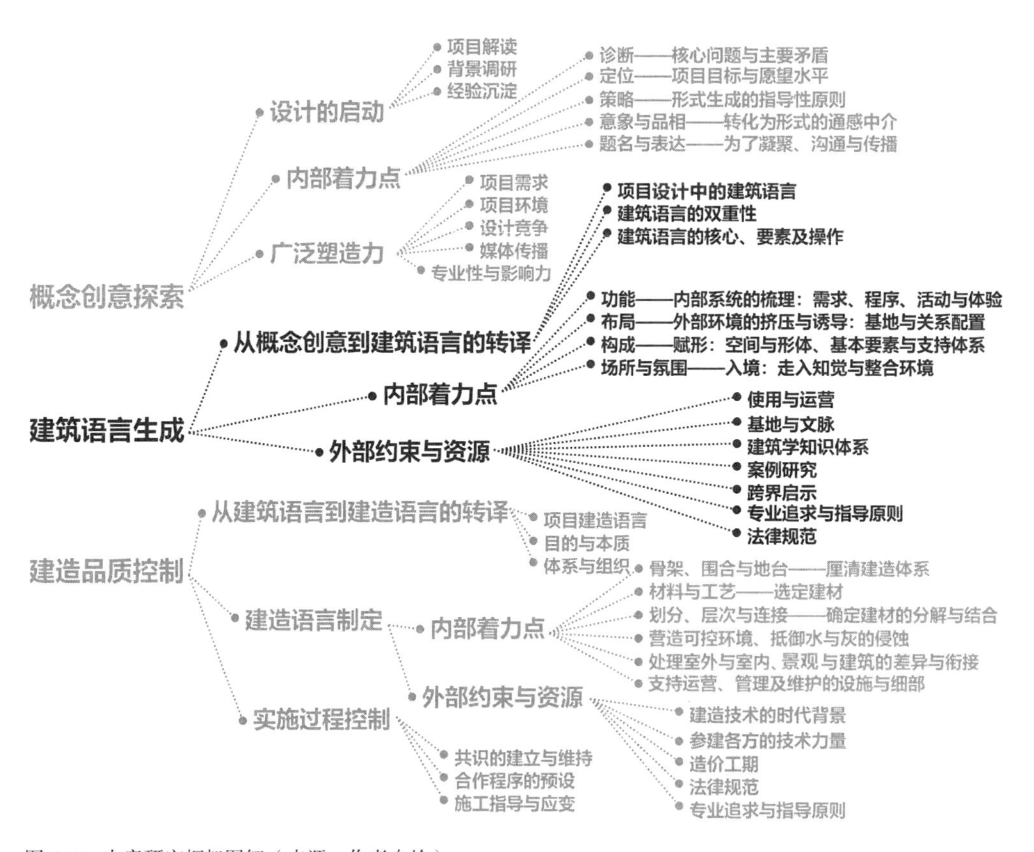

图 6–2　本章研究框架图解（来源：作者自绘）

概念创意尽管具有形式化的潜力，但仍是一种概括性的想法。建筑设计必须在概念创意基础上发展为建筑学特有的表达方式——建筑语言。在项目设计中，建筑语言指通过总平面图、平立剖面图、效果图或模型等建筑学特有的非口语建模媒介表达的由点、线、面、体等元素组合而成的建筑形式构成，包含满足项目需求和应对内外约束的各种设计信息。

在这个层面，建筑师需要周密地思虑与构建系统的、整体的建筑语言，综合解决问题，并塑造环境和激发体验，这就要求建筑师深入理解项目任务的需求和制约，充分调动包括建筑学知识在内的各方资源，并结合项目实际情况反复地探索、推敲与整合，最终落实为设计成果的表达。

建筑语言生成层面的内部着力点包括功能、布局、构成以及场所与氛围等议题。这个层面是建筑师通过把项目客观存在的约束框架转化为主动构建的问题空间而对设计进行赋形的关键阶段，也是建筑学关于空间构成、形式美的规律、功能关系、案例典范、设计理论等的知识积淀，以及建筑师对项目设计所作的缜密思考。

6.1　从概念创意向建筑语言的转译

随着项目设计的推进和深化，建筑师将在设计概念的指导下或在互动探索中对另一个层面集中思考，即建筑语言的探索与生成。概念创意通过关键词、短语、图示或者影像等方式表达，是概括性、方向性的想法；建筑语言则需要落实到建筑学特有的图形或建模媒介，例如图纸、模型等，通过点、线、面、体的形式组合表达建筑的空间构成、功能组织、结构支撑、设备腔体、围护体系等信息，满足项目的各种需求和应对各种约束。

从概念创意到建筑语言需要经过转译。转译除了是从表达概念的各种可能媒介到表达设计的图形及建模媒介的转换过程，也是从概括到具体、从模糊到精确、从可能性到确定性的深入探索。

6.1.1　项目设计中的建筑语言

建筑学视野中的建筑语言形式多样、内容丰富：它与历史阶段、风格流派有关，例如哥特式建筑语言、“白色派”建筑语言；它与设计原则、方法、模式有关，例如布鲁诺・赛维的《现代建筑语言》、C. 亚历山大的《建筑模式语言》；它与特定建筑师的赋形手法与表现特征有关，例如贝聿铭或安藤忠雄的建筑语言；它还与把城市与建筑跟语言类比的建筑理论有关，例如在城市类型学与建筑符号学中，建筑被视为城市结构中的语素或者一种表意的语言符号体系等。

迪朗与加代在现代建筑运动脉络下对布隆代尔的巴黎美术学院教案的改造（图 6-3），勒柯布西耶的多米诺体系、新建筑五要素、构图四则（图 6-4），还有凡・杜斯堡的空间构成（图 6-5），包豪斯的功能泡泡图（图 6-6），德州骑警“九宫格”与库伯联盟的“方盒子”模式（图 6-7），以及彼得・埃森曼的转为关注句法的形式操作等一系列研究（图 6-8），体现了现代主义建筑语言研究的发展脉络。

在现代主义之后的当代形式探索中，雷姆・库哈斯从社会、商业与政治体制的批判性研究入手的关系形式创新（图 6-9），扎哈・哈迪德的“参数化主义”，伊东丰雄、妹岛和世与西泽立卫（SANNA）以及藤本壮介等日本建筑师提出的轻盈性、弱形式与未来聚落（图 6-10）等，展现了当代建筑师对建筑语言可能性的新近探索。

本书集中讨论的建筑语言，是指针对具体项目的建筑设计成果及其表达，**运用建筑学常用的图形或建模媒介（如平立剖面图、轴测图、透视图、模型、视频、分析图等）表达**

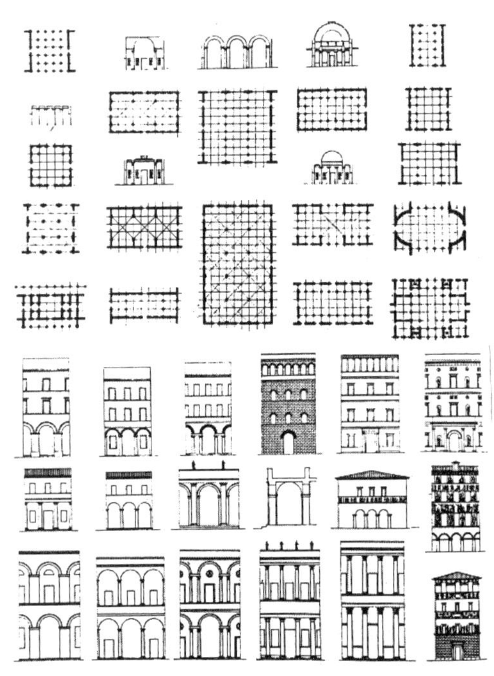

图 6-3　迪朗的“普通构成”
（来源：Jean-Nicolas-Louis Durand. Precis of the Lectures on Architecture［M］. Los Angeles: the Getty Research Institute, 2000.）

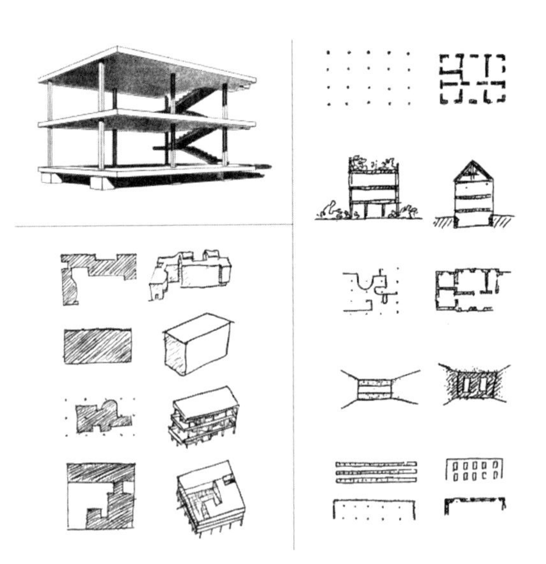

图 6-4　多米诺体系（左上）（来源：Alexander Caragonne. The Texas Rangers: Notes form an Architectural Underground［M］. Cambridge: The MIT Press, 1994.）
新建筑五要素（右）（来源：William J. Mitchell. The Logic of Architecture: Design, Computation, and Cognition［M］. Cambridge: The MIT Press, 1990.）
构图四则（左下）（来源：Francis D.K. Ching. Architecture: Form, Space & Order［M］. New York: Van Nostrand Reinhold, 1979.）

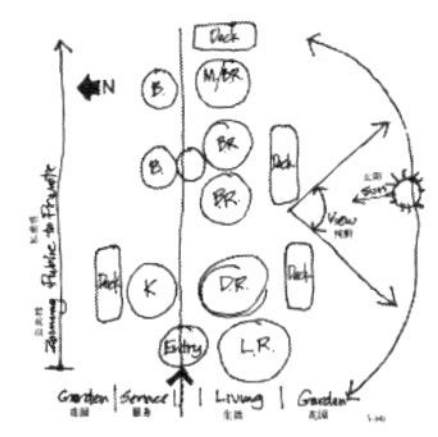

图 6-5 （左）凡・杜斯堡的空间构成
（来源：Alexander Caragonne. The Texas Rangers: Notes form an Architectural Underground［M］. Cambridge: The MIT Press, 1994.）
图 6-6 （右）功能泡泡图
（来源：保罗・拉索．图解思考［M］．北京：中国建筑工业出版社，1998：72.）

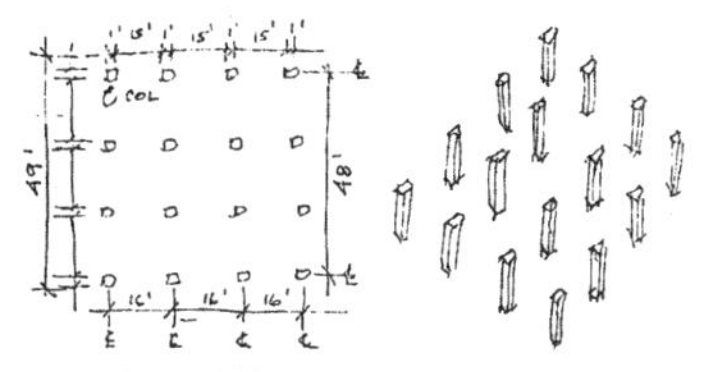

图 6-7a　德州骑警"九宫格"
（来源：John Hejduk. Mask of Medusa［M］. New York: Rizzoli International Publications, Inc., 1985.）

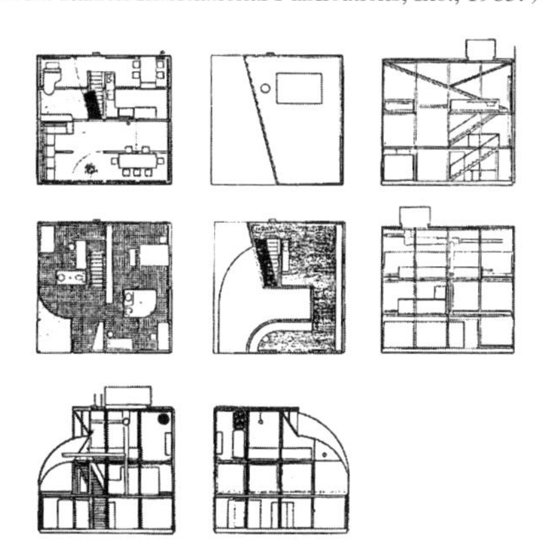

图 6-7b　库伯联盟的"方盒子"模式
（来源：Rafael Moneo. The Work of John Heduck or the Passion to Teach［J］. Lotus International 27, 1980/II: 65-68.）

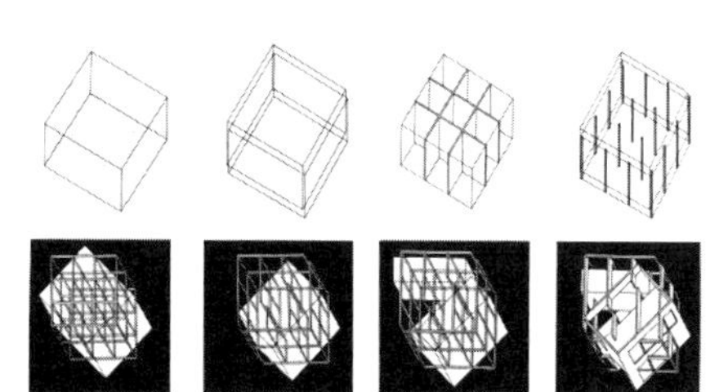

图 6-8　彼得・埃森曼的关注句法的形式操作
（来源：彼得・埃森曼．彼得・埃森曼：图解日志［M］．陈欣欣，何捷，译．北京：建筑工业出版社，2004：48.）

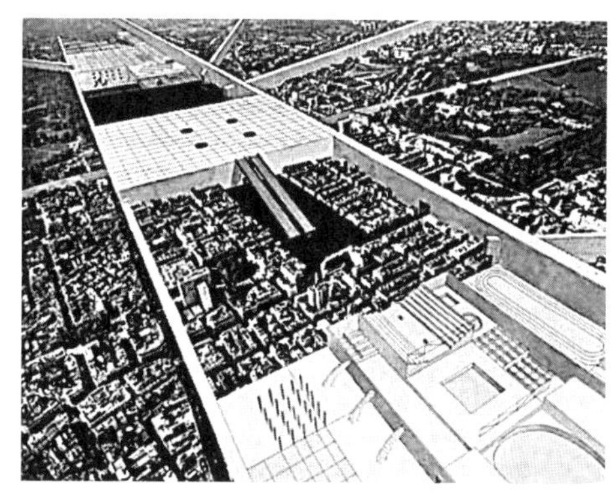

图 6-9　雷姆・库哈斯的"纽约之墙"方案
［来源：朱亦民．1960 年代与 1970 年代的库哈斯［J］．世界建筑，2005（7）：36.］

图 6-10a　伊东丰雄的仙台媒体中心
（来源：Ideamsg, http://www.ideamsg.com）

图 6-10b　妹岛和世的托莱多美术馆玻璃展厅
（来源：femando Marquez Cecilla y Richard Lecene: SANAA［Z］．EL cropuis 139. 2008: 91.）

图 6-10c　藤本壮介的蛇形画廊
（来源：Ideamsg, http://www.ideamsg.com）

的由点、线、面、体等要素组合而成的建筑形式构成，包含建筑的空间构成、功能组织、场地处理、结构支撑、设备腔体、围护体系、材料选用等设计信息，并满足项目的各种需求和应对内外的各种约束。

作为以建筑学为媒介表达的设计成果的建筑语言具有两方面的含义：一方面是设计形式组合的结果；另一方面是设计成果的表达，如图纸、模型等。建筑设计过程推进和成果表达都必须通过非口语的图形或建模媒介。因此，设计的成果及其表达两者密不可分。

建筑师应该结合建筑学的广阔视野看待作为项目设计成果及其表达的建筑语言，这也意味着项目建筑创作过程包含了以下意图：从各个角度引入建筑学知识体系的建筑语言研究成果，以推动特定项目的设计进展与成果表达。

6.1.2 建筑语言的双重性

建筑起源于人类运用材料建造遮蔽体的劳动实践，建筑的物质性、建造性和适用性作为本体属性随之存在。随着人类文明的发展，建筑学逐渐发展成为一门学科，并逐步建立了自身的概念与理论体系，从而具备了在抽象层面进行交流对话和研究思辨的基础，建筑学的抽象性作为思考的中介由此浮现。

对应于建筑学与建筑本体的关系，建筑语言呈现抽象性与具体性（物质性、建造性与适用性）兼具的双重性。一方面，建筑语言指抽象的形式操作，与思想理念、类型总结、艺术观念以及形式逻辑等有关；另一方面，建筑语言又有一种落向具体性的趋势，即与具体的场地、材料、建造技术以及人的感知相结合，引导一种在真实世界中的新的存在物的转化与出现。建筑语言的双重性也体现在同时具有建筑学视野下其含义的广泛可能性以及落实于具体项目的设计成果上其内容的确定性。

建筑语言的双重性在建筑学知识积淀与具体建筑实践之间发挥着促进转化的中介作用。建筑学的知识积淀往往以抽象的知识规律或设计原理等方式作用于具体建筑实践；而建筑创作实践不断遇到具体的项目需求与特定的项目环境，不仅要求建筑师能够灵活运用、重新组合过往的建筑经验，而且推动建筑师接触、发现、发明与运用实践中出现的新材料、新技术、新方法或者对以往经验的新组合，从而促成新知识的产生或者发掘旧知识的新可能。

在建筑实践中，建筑师应该认识到建筑语言重要的中介作用，即把抽象性与具体性、

可能性与确定性衔接起来，并能够促进学科与实践的转化；建筑师应该主动借助建筑语言的双重性，推动设计探索过程达到一种灵活转换、左右逢源的状态，也可以借此追求在实践与研究之间实现自如转换。

6.1.3　建筑语言的核心、要素与操作

按照现代主义运动逐步凸显、明确与发展起来的现代空间观念，建筑形式的核心是空间；建筑语言作为建筑形式构成的结果及其表达，建筑空间同样是其核心议题和目标。

尽管在当代的建筑学探索中，现代主义空间概念的过于抽象和“干净”的倾向正在经受挑战，空间概念转向更能够容纳多元化和差异性含义的场所、情境或氛围等概念，但是，场所、情境或氛围等词语依然可以理解为空间概念引入与真实世界的更丰富具体联系之后的广延，这种广延能够帮助我们拓展对空间的理解。因此，本书仍然把拓展外延后的“空间”作为建筑语言的核心。

构成（围合、限定或激发等）空间需要建筑要素的参与，根据建筑学的不同语境，要素有不同的含义。例如，在凡·杜斯堡的空间构成图解中，限定空间的漂浮的板片是抽象的形式要素，跟材料或重力无关，其限定的空间也是抽象的流动空间，其出发点来自与现代艺术相关联的空间观念发展；勒柯布西耶的多米诺体系则由明显带有结构意味的柱、板，以及带有建筑功能意味的楼梯等要素组成，图面上也带有光影，指向具有重力、阳光的真实世界以及框架结构的特定方式，其出发点主要在于新型建造方式引发的空间观念革新。而如果是非线性形式体系下的空间构成，要素就是自由弯曲并且可能是连续不断的面，这时在要素之外，形式生成的操作机制对空间构成的决定性就被彰显。

建筑语言的操作跟要素相联系，在建筑学的不同论域，如古典主义、经典现代主义、高级现代主义、建构理论视野和参数化设计等论域各有不同的体系和侧重。随着社会、科学、技术、艺术等各方面的发展，今后还可能出现新的建筑要素与操作机制。

6.1.4　建筑创作从概念创意向建筑语言的转译

建筑创作从概念创意向建筑语言的转译，是从概括性、方向性的大想法经过探索与深化，发展成为具体的满足项目需求和适应环境制约的建筑形式构成。这个过程要转换媒介，从表达概念的各种可能的媒介转换到表达设计的非口语建模媒介，如图纸或模型等，

这也是从概括到具体、从模糊到精确、从可能性到确定性的深入探索。

概念创意作为一种总体意图，引导建筑师运用逻辑思维与形象思维、专业经验以及对具体设计问题的解决思路进行建筑语言的建构，即对要素进行形式生成的操作。这个转译的结果通常不是唯一的，建筑师可以有许多条道路供选择。例如，我们以“四水归堂”为意象设计博物馆，可以运用中国传统建筑语言，也可以运用现代建筑语言，而且现代建筑语言也可以有不同的发展方向，只要最后的设计结果能够引起人们对“四水归堂”意象的共鸣，转译就可以说是成立的。**这是从概念创意向建筑语言转译的准则之一：反向对照，即从建筑语言生成的结果反向对照概念创意，以评判其延续性与连贯性，探索和生成过程是灵活弹性的。**这样就给建筑语言层面的设计思考留出充分的探索和操作空间。

同时，概念创意层面的思考并非仅仅是一个词语，而是一个构建起来的语境。如本书第五章所论述，概念创意层面的思考是一个建立在项目解读、背景调研和建筑师实践经验的基础上，对项目的具体需求、固有约束、核心问题与关注焦点进行诊断，对项目设计的总体目标与愿望水平进行定位，通过设计策略和设计意象铺垫下一步概念形式化的可能方向的综合思考过程。**这个思考层面事实上建立了一个引导建筑语言探索与生成的项目设计文脉与语境，并且已经包含了一些方向性的判断。这是转译的准则之二：语境推动，概念并非一个孤立的词语。**

此外，**建筑设计思考连贯性机制的价值重心——有效创新、现场体验和建成品质，本身就提供了各个核心思考层面之间保持连贯性的核心线索。**例如“有效创新”包含了对时代性的思考，倡导建筑师从满足项目实际需求和应对固有约束出发，发挥创造性思维，在适应环境的前提下为人们创造新鲜体验，即**结合了从项目特定情况出发、重视现实可行性以及建筑学视野的专业判断。这是转译的准则之三：围绕重心。**

6.2 建筑语言生成的内部着力点

6.2.1 功能——内部系统的梳理：需求、程序、活动与体验

功能是现代主义建筑的一个基本概念，用以突破古典主义对形式预设的固定组合，结合社会与人的实际需要创造新的形式，包豪斯式的功能泡泡图也成为一种新的形式生成工具。但是，后来把功能固化为“名称对应房间”的趋势将这一具有形式生成张力的概念演变为一种套路。

要重新获得“功能”对形式的塑造力，就要回到对“功能”的原本理解，使功能的概念跟社会与人不断变化的需求紧密联系起来。同时，看待形式对功能的适用性应该打破特定房间对应特定功能名称的套路，认识到形式本身具有自己的规律，形式与功能的配合具有相互适应的灵活性，大多数时候具有功能意义的形式并不是从功能关系简单直接推导出来的，而是形式操作与功能组织相互调整适应的结果。

深入分析功能跟社会与人的关系，可以通过以下 4 个关键词——需求、程序、活动、体验。

需求（Need）是指特定项目及其客户、用户的功能需求。很多时候，特定项目的需求已经在实践中形成了知识模块。例如实验室大楼，通常需要带有通风设备及管道的实验室，这是实验室建筑类型的特定需求；而老年人建筑对洗手间的空间、布局和设备都有特定需求。考虑功能首先应从具体真实的需要出发，这些需求落实为空间的量形质以及结构与服务设施，而非若干房间的名称。面对不同的需求甚至新出现的需求，建筑师也能通过灵活应对的形式操作以及运用已有或探索新的知识模块产生合用的空间。

程序（Program）是指功能组群或功能关系。某一功能需求不能单一地去看待，人对建筑的使用是有组合关系的，建筑师应该关注一连串相关功能的连接和组合，才能使空间构成适应真实的使用。对使用流程的考虑跟功能流线的组织设计关系紧密。

活动（Activity）是指人特别是人群的行为习惯和方式。这主要引导建筑师考虑公共性和社会性的群体活动。例如，博物馆等公共建筑应该考虑到中小学班集体的参观活动，从青少年的群体活动特征考虑门厅或侧厅的设计，功能就不再是一个抽象的名词。

体验（Experience）是指人特别是个人在建筑空间中的感受，跟人的感官和心理对建筑营造的情境的感知与体验有关。主要引导建筑师从人的身心体验的角度考虑功能空间应有的场所感与氛围，使功能构想跟个人的身心体验连接起来。

在长期执业实践中，建筑师个人、组织或行业积累了大量功能布置的常识和套路，比如动静、洁污、外内分区等。建筑师应该吃透这些常识、套路背后的原理，以基本原理灵活应对不断变化的建筑需求，而不被某种具体的组合限定思路。

建筑师对项目功能的分析应图示化，为接下来的形式操作提供基础、引导、限制或灵感。经过现代主义和现代之后的研究与实践探索，功能分析图示化呈现多种多样的方式，例如现代主义建筑经典的功能泡泡图（Bubble）以及当代建筑实践中提出的图解（Diagram）等。有时候功能分析图解甚至被建筑师作为生成建筑形式的直接推动力，比如荷兰建筑事务所 MVRDV、OMA 以及丹麦事务所 BIG 的作品（图 6-11）。

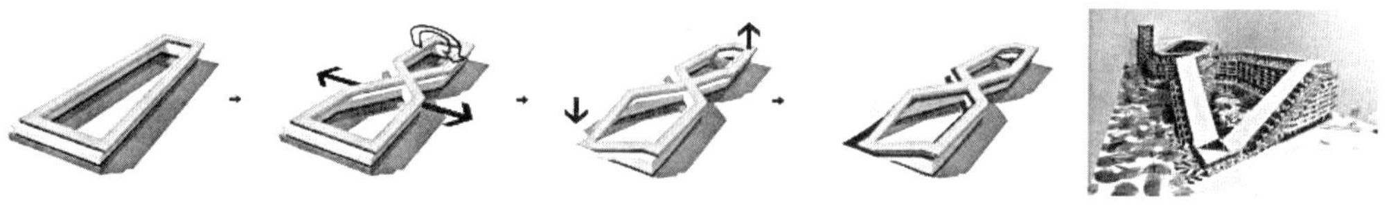

图 6-11a　BIG 的 House 8（来源：Ideamsg,http://www.ideamsg.com）

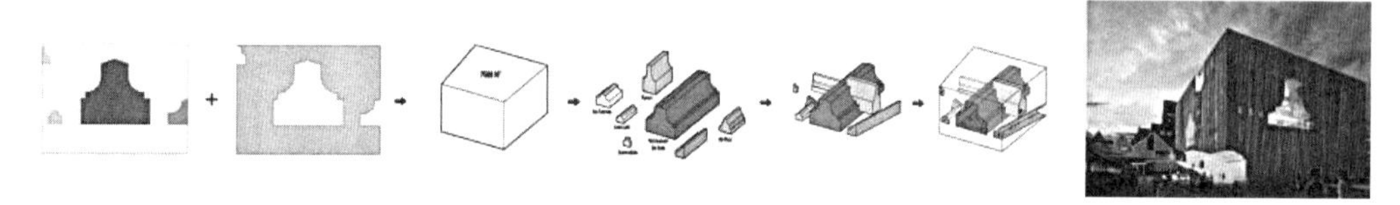

图 6-11b　MVRDV 的 Cultural Cluster Zaanstad（来源：MVRDV 官方网站，https://www.mvrdv.nl/en/projects/）

图 6-11c　OMA 的新加坡翠城新景（来源：Arch Daily, http://www.archdaily.cn）

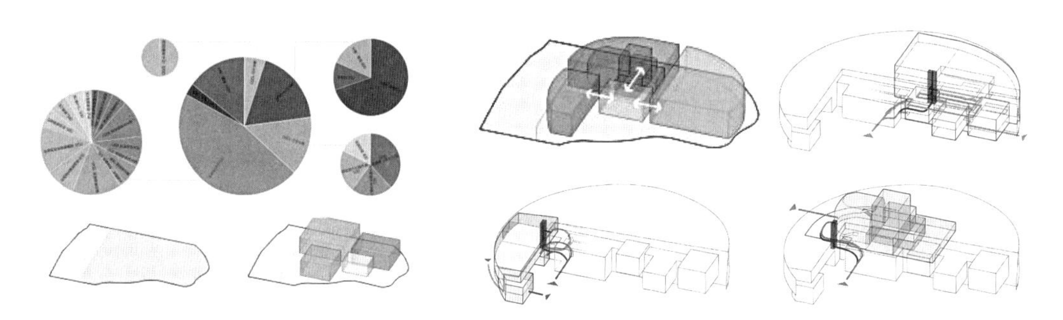

图 6-12　功能规模图解

图 6-13　功能流线分析（来源：广州儿童活动中心设计文件）

笔者的团队通常会对功能流线做图示化分析。首先是功能规模图示分析，即设计任务书中各个主要功能组群按照常规使用的层高形成的体量（图 6-12），功能体量分析主要用于预测建筑量，便于把握总体布局情况；然后随着设计深入，会根据初步选定的方案体量进行各功能流线的图示分析（图 6-13），检验方案可行性或对确定的方案进行调整优化。建筑形式探索的过程，在确定体量规模基本合理的前提下是比较自由的，有了假定性的方案，再与更具体的功能体量进行适应与调整。这正体现出设计思考的解决方案优先以及在问题空间与解决方案空间同步构建的特征。

功能分析的作用在根本上是帮助建筑师结合项目需求对建筑本体系统进行梳理，进而对组织布局的各种可能性展开探索。

6.2.2　布局——外部环境的挤压与诱导：基地与关系配置

在对项目的规模、功能组群以及其可能的体量大小与关系等项目内部系统因素有了初步了解的同时，建筑师可以开始集中思考布局。布局是在项目基地上对体量、空间、朝向、场地及入口等要素进行关系配置，其本质是针对基地的具体条件如约束与资源等对项目需求和设计概念在建筑语言上的落实及桥接进行探索尝试，达成内部系统对外部环境适应的初步解答。

思考布局应该有三维观念，即不仅从平面上考虑如何分布，还应从剖面上考虑要素的立体关系。当代建筑创作的建筑语言也往往呈现一种三维立体的构成（图 6–14）。

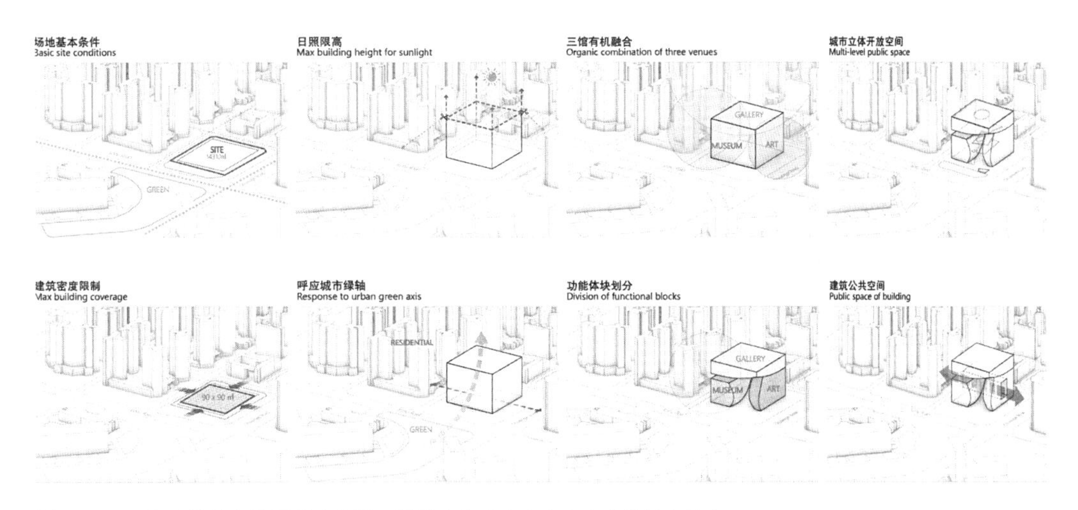

图 6–14　三维立体的布局思考（来源：深圳市宝安文化中心方案设计文件）

关系配置的目标在于综合分析，达到一种建筑内部系统适应约束、整合资源的特定的有效布局。约束是基地的大小、边界、周边城市道路、城市退线、规划限高等制约因素，这些限制其实也是从外向内“挤压”出项目设计的“合法”的可能形式的塑造力，帮助建筑师缩小设计选择范围。资源是指如基地内的名木古树，基地周边的风景、城市绿地，以及良好的朝向等可以通过设计与之建立积极关系以提升使用体验和空间品质的要素。资源有的是共性的，例如基地周边的风景等。但更多的是由项目性质决定的，例如基地一侧的繁华商业街，对于商业项目来说是资源，对需要安静的幼儿园来说，则是应该规避的不利条件。资源对布局起到引导的作用，促使相关的体量、空间或场地与之建立各种关系，激发建筑师的赋形灵感。

现场条件是影响布局的关键因素，具有一票否决的重要性，但却不是唯一的决定因素，项目环境（物质环境、人文环境与知识环境）的其他资源以及建筑师自身的指导原则和专业追求同样构成总体布局的重要塑造力。在满足现场实际和法律法规的约束之后，建筑师仍然具有广阔的空间去探索建筑语言的可能性。

尽管基地条件是既定的，项目需求具有核心内容同时也有赖于建筑师与参建各方的解读，但是由于内部系统对外部环境的适应机制可以多种多样，布局在大多数情况下不会是唯一的，应该结合概念创意层面与建筑语言操作的整体语境来进行优选。

当建筑师对本项目的可行或有效的布局方式心中有数时，就在形式的海洋中有了大致的航向，不容易迷航了。

6.2.3 构成——赋形：空间与形体、基本要素与支持体系、界面

构成是建筑师在设计中对想法和概念进行赋形的关键着力点，是建筑师的核心工作之一。对功能的梳理与对布局的考虑，也是为了获得有效的形式构成而做的准备。

构成是通过基本形式要素点、线、面、体进行形式组合操作，获得内部空间和外部形体。构成把概念层面的策略和意象转化为确定的形式，把功能关系、场地布局等阶段成果具体细化。这个着力点是建筑学的知识体系（设计理论、形式原则、类型建筑原理、相关案例经验等）以及建筑师的专业追求与职业经验对设计产生密集支撑和重大影响的环节，项目需求和外部环境的制约也在这里转化为确定的形式。因此，构成是建筑语言层面的核心内容。

对形式构成的探索（通过勾画草图或建模等非口语媒介）是贯穿整个设计过程的常规行为，建筑师通过对形式构成的不断试探、评价与优化，逐步加深对项目内部需求和外部制约的理解和把握，逐步生成一套特定的建筑形式构成，以满足项目需求和应对各种制约。

设计思考会有渐进优化的常态，也有机会经历豁然开朗的灵感时刻。在经历了长时间的反复思考、钻研与讨论之后，一个别开生面的想法忽然浮现了：这个想法可能是全新的，之前的想法成为其试错的排除项；也可能是之前出现的想法中的各种优点以一种有机的方式整合起来的。在此之前难以化解的诸多矛盾都看到了解决的前景，在此之后要展开的各条深化线路也呈现出前进的方向，众多因素凝结成某种恰到好处的结合度与难以替代的独特性。这种时刻往往就是问题和解决方案空间成功实现“桥接”的体现。在“构成”这一关键着力点上，建筑师应该努力调动各种资源，探寻和促成这种需求、制约与解答之

间的“桥接”。

构成的本质是赋形即形式操作。从设计教学的角度对形式操作进行研究是现代建筑运动的一条贯穿的线索，专业建筑师的技能与理论的基础也多来自建筑院校的教学。但是项目创作的真实环境不可能像教学设定那样高度提纯，必须考虑更为丰富多变的项目需求、纷繁复杂的外部环境以及现实可行性。因此，项目创作实践中的形式构成操作与设计教学既有共同的规律，也有实战与训练的明显不同。

1. 空间与形体——形式构成的目标

现代建筑运动以来，空间逐渐被确认为建筑学的核心问题，获得空间也在设计教学中被强调为形式操作的目标。但是，在实际的项目设计中建筑的外观往往跟使用功能等议题一起受到参与各方的高度关注。

实际上，在强调空间重要性的现代建筑史上也不乏因造型而举世瞩目的现代建筑典范，例如丹麦建筑师伍重的名作悉尼歌剧院（图 6–15）。尽管有一些评论说悉尼歌剧院在造型与使用的结合上未达完美，但现场参观的效果极佳：球体截面组合而成的造型有力地构建了远观尺度下建筑跟环境的关系，建筑的奇异体量坐落于伸出海湾的半岛基地上，独具情态；而走近建筑的场域，一系列平台就将人引入建筑体量之间和建筑内部的空间，内部公共空间水平延伸，把人吸引到靠近海湾的玻璃大厅，一览悉尼大桥装点的海城景观。伍重在把自成一体的造型跟功能使用及空间组织的紧密结合上，做了大量的思考、权衡与整合。

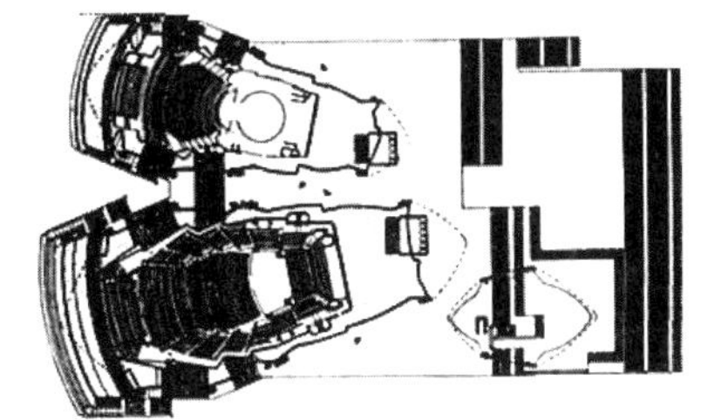

图 6–15　悉尼歌剧院
（来源：筑龙网站，http://t.zhulong.com/）

经典的现代建筑理论认为，建筑的造型应该是内部空间的忠实呈现。但在设计实践中，建筑师面对的实际需求，无法用既定的理论与看法来规定。经济发展与社会变迁促使建筑的功能、规模和意图也在不断发生变化。雷姆·库哈斯在《小、中、大、超大》中指出，当代城市中建筑的规模不断扩大、功能变化不断加快，内部空间组织对外部形象塑造的推动力极大地衰减了，反而建筑自身要向城市展现一个怎样的姿态、面相和观感成为一个需要得到充分思考的专门议题。应对外部的建筑界面成为一张可以游移和变幻的膜，获得了某种独立性，外部界面与内部系统成为一种互动但并不固执于一一对应的关系。在这种现实需要和理论语境下，包括外部界面在内的建筑形体已经成为建筑师应该聚焦关注的具有独立性的目标。关于经典理论中外部形体对内部空间的“忠实呈现”，笔者认为在当前的建筑创作中可以调适为在两者之间保持一种有机的关联性，并为建筑创作留出空间。

在实际项目的设计中，形体（在拥挤的都市中呈现为外部界面）跟空间一起成为形式构成的主要目标；**在把空间作为专业性追求的目标的同时，建筑师也应同等重要地关注形体塑造。对空间的思考主要从内部出发，向外延伸；而对形体的塑造则首先考虑项目的外部环境如物质环境（自然与城市）与人文环境（历史、文化、社会、法律）等的制约与激发，向内挤压。建筑师需要根据项目情况辨别主要矛盾所在，选择主攻方向或者分两条线路推进形式构成，同时不断地试探内部空间与外部形体“桥接”的可能，最终应把空间和形体整合成为一个内外支持、彼此加强、互相解释的有机构成。**

例如，在钱学森图书馆的设计中加强纪念性呈现的定位和留出城市广场的策略，促使建筑体量集中于场地北侧，风蚀岩的意象则转化为一个半悬空的不规则方形体量。同时，高达 24m 的导弹原物的展示需求也对空间构成产生强力推动，内部空间首先要解决导弹展示的问题，这个需求与 24m 的建筑限高结合起来，促使建筑师设置了一个围绕中心的导弹、底面为负一层的 4 层通高的圆形大厅作为建筑的主空间，位于方体的东北侧，展厅及其他功能结集成 L 形条带布置在方体的西侧和南侧，L 形条带与圆形大厅之间设置公共空间，解决上下及水平交通，扶梯、平台在圆厅内外穿行。以导弹为中心，内部圆形大厅与城市和校园发生联系，促使风蚀岩体量打开两道裂缝，较宽的裂缝面向东面城市，把圆厅和导弹向城市展示，较小的裂缝面向南面的校园道路，接入校园文脉。外部体量两道裂缝的形式处理，既突出了风蚀岩的外观意象，又使富有特色的内部空间与基地环境对话与衔接起来。形体与空间各得其所又紧密联系，形成一个方圆结合的有机构成。

2. 基本要素与支持体系——形式构成的操作及其对象

在概念思考的引导下，为了获得空间和塑造形体，建筑师运用点、线、面、体等形式要素进行形式操作，生成符合需要和意图的建筑形式构成，这在设计教学和项目创作中是相通的。作为训练的设计教学允许停留在某种程度的抽象性层面，而作为实战的项目创作由于要跟真实的材料、技术、建造和使用衔接，其形式构成需要彻底打通从抽象性通向具体性的路径，以获得现实可行性。**这其中的关键因素，在于要把真实建筑所必需的支持体系引入形式操作中，与围绕空间和形体意图的基本要素（点、线、面、体）的操作结合在一起，整合为同时满足空间形体意图和建筑支持体系的有机构成。**

建筑的支持体系分为结构体系与服务体系。结构体系是指支撑建筑克服重力、承受荷载的结构系统；服务体系是指支持建筑能够正常实现使用功能的交通和机电设备等服务设施所占据的空间腔体。服务体系的概念发自于路易·康的服务空间与被服务空间理论（图 6–16）。

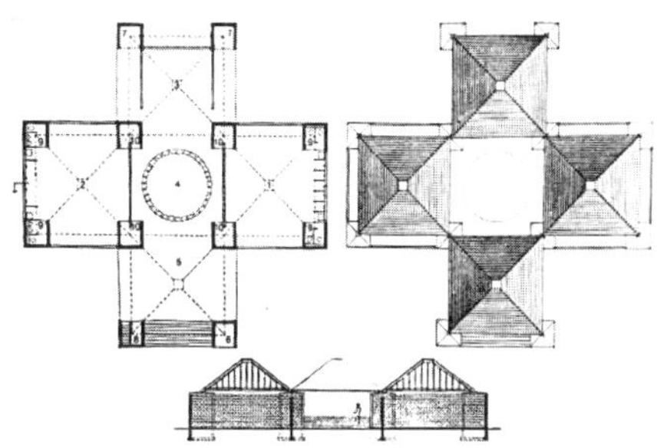

图 6–16　路易·康的服务空间与被服务空间
（来源：Ronner H, Jhaveri S, Kahn L I. Louis I. Kahn: complete work 1935–1974［M］. Birkhäuser Verlag, 1987: 83.）

现代建筑从现代艺术和自身的专业性上，获得了形式构成围绕空间与形体意图在抽象层面的可操作性。而真实建筑的建造与使用则无法离开实在的结构与服务体系。当我们把凡·杜斯堡的空间构成、勒柯布西耶的多米诺体系以及路易·康的服务空间与被服务空间理论放在一起，形式构成的基本要素、结构体系与服务体系三者的关系就得到了清晰的呈现。

围绕空间与形体意图的形式操作相对弹性，支持体系（结构与服务）则相对刚性，建筑师要对两者进行适配与整合：一种操作方式是把支持体系融入主要从空间与形体意图出发的形式操作之中。例如，伍重的悉尼歌剧院、勒柯布西耶的朗香教堂（图 6–17）、贝聿铭的美国国家美术馆东馆以及安藤忠雄的一系列清水混凝土建筑（图 6–18）等众多名作，钱学森图书馆也属于此类；另一种方式是在赋形之始就把支持体系作为核心要素参与到形式构成之中，例如路易·康的理查德实验楼（图 6–19）；第三种线路则是从结构或服务体系中获取形式操作的启动点或决定力，而空间和形体意图则嵌入或附着在由此启动的形式操作体系之中。例如，巴克明斯特·富勒的蒙特利尔世博会美国馆（图 6–20）、卡拉特拉瓦的一系列建筑作品（图 6–21）等，均以结构体系启动

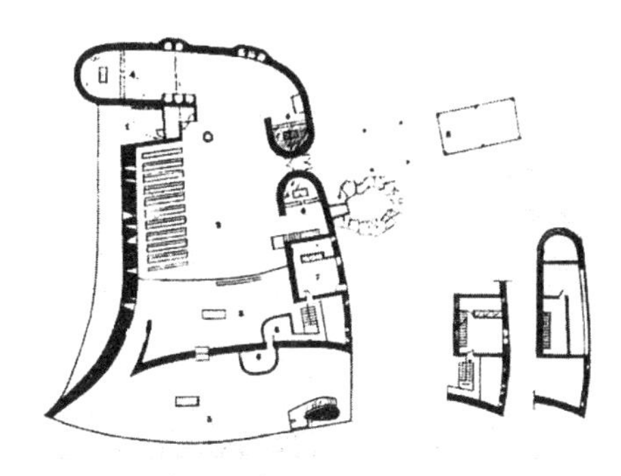

图 6–17a　朗香教堂平面
（来源：W·博奥席耶. 勒·柯布西耶全集［M］. 北京：中国建筑工业出版社，2005：73.）

图 6–17b　朗香教堂外观
（来源：筑龙网站，http://bbs.zhulong.com）

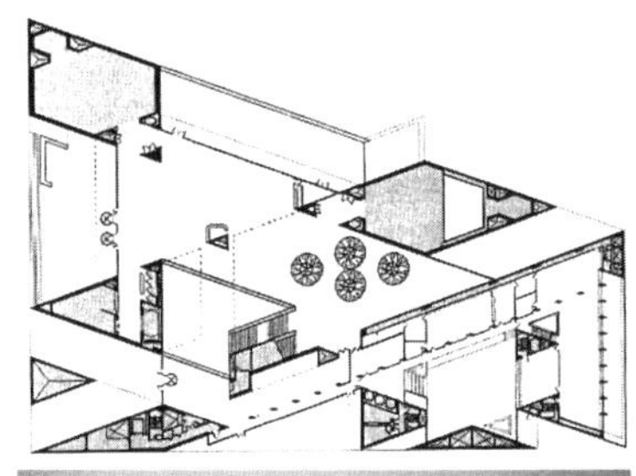

图 6-18a 贝聿铭的美国国家美术馆东馆［来源：（美）菲利普・朱迪狄欧，珍妮特・亚当斯・斯特朗. 贝聿铭全集［M］. 南京：电子工业出版社，2012: 137-144.］

图 6-18b 安藤忠雄的清水混凝土建筑（来源：Philip Jodidio: Ando Complete Works 1975-2012［M］. Taschen, 2012: 47-283.）

设计，而雷姆・库哈斯的巴黎图书馆方案（图 6-22）则以垂直电梯结合结构的竖筒矩阵作为设计的核心要素。不管建筑师采取哪种方式，最终应把形式操作整合为同时满足空间形体意图和建筑支持体系的有机构成。

形式构成的操作在建筑学的不同论域例如古典主义、经典现代主义、高级现代主义、建构视野和参数化设计等有不同的体系和侧重。顾大庆、柏庭卫在《空间、建构与设计》一书中列出了象征、抽象、材料、建造和结构等五种形式概念（图 6-23），总结了现代建筑运动发展出来的形式操作的一些基本线路[①]。在建筑实践中，建筑师的设计思考更多沿着项目的实际需求和自身的专业追求展开，并反映项目环境与时代精神的影响，从而使形式构成呈现综合运用和丰富多样的具体方式。

一方面，不同的建筑师发展差异化的学科理念、指导原则和构成手法。例如，罗伯特・文丘里的主要作品母亲住宅注重历史元素的援引，使用的却是抽象提炼的形式语言，以此批判现代主义在历史想象力上的贫乏（图 6-24）；杨经文立足于东南亚的湿热环境，主张"气候决定形式"，以一系列气候设计策略生成独特的建筑造型与空间构成；安藤忠雄前、中期的建筑多是抽象几何形（体）构成与清水混凝土材料表现的结合；阿尔瓦・西扎通过不定型的几何立体构成营造抽象空间的流动勾连、柔光弥漫的微妙体验（图 6-25）；赫尔佐格与德梅隆曾经对建筑表皮的材料及工艺表现的可能性进行过密集的探索（图 6-26）；扎哈・哈迪德主张"参数化主义"，其设计表现为非线性形式体系下的抽象形体塑造与空间构成；雷姆・库哈斯从社会、商业与政治体制的批判性研究入手进行

① 顾大庆，柏庭卫. 空间、建构与设计［M］. 北京：中国建筑工业出版社，2011：52-53.

形式的关系创新，倒逼形体、空间、结构和界面的革新；伊东丰雄、妹岛和世与西泽立卫（SANNA）以及藤本壮介等日本当代建筑师持续探索建筑构成的轻盈性、弱形式与未来聚落模式等。

另一方面，同一位建筑师在不同的职业时期或者面对不同的项目，会有不同的具体构形。例如，本书第三章讨论过的贝聿铭和扎哈·哈迪德在德国和中国的作品，由于项目和环境的不同，建筑师在自身一贯的设计理念之下做出不同的形式构成。

随着社会、科技、艺术、文化与商业等各方面的发展，将会不断出现新的能量，激发建筑师对形式构成可能性的思考。建筑师要在越来越激烈的设计竞争之中占据一席之地，需要具备扎实的基本功和开放的视野。基本功的扎实在于对形式的逻辑思维与形象思维的同步发达、活用形式构成以同时满足项目需求与专业追求的整合能力，以及在创意想法与现实可行性之间保持平衡的驾驭能力；视野的开放在于对项目环境（物质环境、人文环境与知识环境）和时代氛围的敏锐洞察以及从中发现潜在的有效创新机会的能力。建筑师的功夫既在形式之中，也在形式之外。

3. 界面——材质、色彩、透明度的整体调性与品相呈现

与构成设计同步或者在构成基本成型之后，界面处理成为形式操作从抽象走向具体的重要中间环节。界面处理包含两个方面：一方面是界面材料及其客观属性，如材质、色彩与

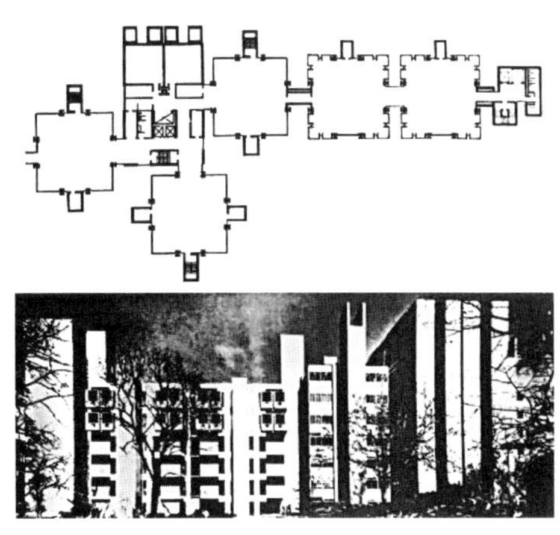

图 6-19　路易·康的理查德实验楼
（来源：Ronner H, Jhaveri S, Kahn L I. Louis I. Kahn : complete work 1935-1974［M］. Birkhäuser Verlag, 1987:108-109.）

图 6-20　富勒的蒙特利尔世博会美国馆
（来源：Archgo, http://www.archgo. com）

图 6-21　卡拉特拉瓦的建筑作品
（来源：作者自摄）

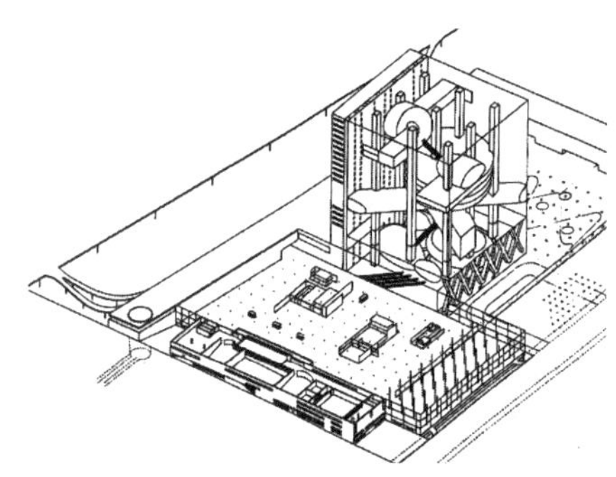

图 6-22 雷姆·库哈斯的巴黎图书馆方案
（来源：朱雷．空间操作［M］．南京：东南大学出版社，2010:95.）

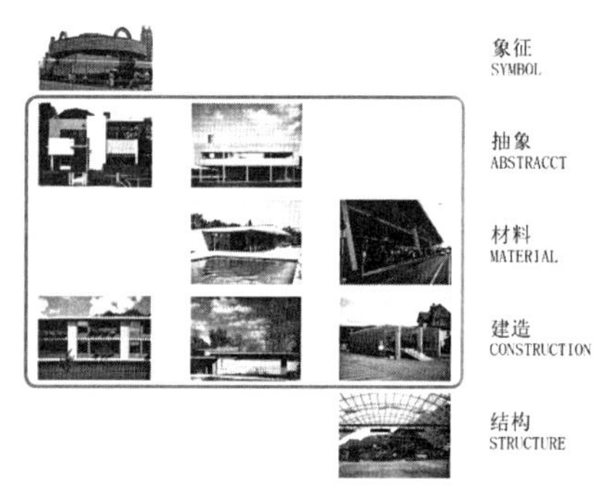

图 6-23 象征、抽象、材料、建造和结构五种形式概念
（来源：顾大庆，柏庭卫．空间、建构与设计［M］．北京：中国建筑工业出版社，2011：52.）

图 6-24 罗伯特·文丘里的母亲住宅
（来源：Ikuku,http://www.ikuku.cn/）

图 6-25 阿尔瓦罗·西扎的里斯本当代美术馆
（来源：作者自摄）

透明度；另一方面是人的主观感受。建筑师需要在两方面之间建立桥接。概念创意层面的品相定调可以作为一个中介，引导建筑师对界面的整体调性进行思考和设计。

品相一词来源于收藏界，原意是古董字画等收藏品完好的程度，引申为物品的整体观感与文化品位。品相与对象在视觉上的调性或调子即色彩、材质、浓淡、冷暖、幽明、闭敞、繁简、轻重、拙巧、粗细、纹样、勾勒等因素有关，与文化传统之中同类事物或情境在人们心里长期以来形成的印象和默契有关，也包括人们对当下的集体意识与对未来的共同愿景。

建筑创作中注重品相，是要引导建筑师关心和捕捉受众对建筑的整体观感，并在共同文化背景和语境中寻找其定调。对品相的呈现，需要贯穿概念创意、建筑语言和建造控制等各个层面的思考，界面处理是延续空间与形体构成的一个环节，比较直接地体现了品相定调的作用。

建筑师可能在设计的开始就决定了材料或带有材料选用的取向，也可能在抽象的形式构成基本成型之后再考虑界面的材料，无论如何，最终建筑师需要明确形式构成的各个界面的用材。建筑师的专业性在于能够把对材料的理解再分解到材料的形式属性中，包括材质、色彩（色相、饱和度与明暗）与透明度等。

“材质即不同材料的表面特性，如木、石、钢、纸、布等不同的材料具有不同的表面纹理，材质的最重要的感知特性是触觉。……色彩，包括明暗的差别，……材质和色彩改变可以调节我们对空间界面的解读，但是并不能改变空间本身。

材料的透明性，即材料的穿透、阻碍、反射光线和视线的特性则具有改变空间知觉的特点，因此，也具有特别重要的意义”①。

而职业的社会性又要求建筑师不能仅从自身的偏好出发，也要充分考虑到项目的性质与受众的感受。人们对界面材料处理的感受除了生理上的反应如色彩冷暖与材质触感之外，还跟文化心理积淀有密切的关系。品相正是在这个角度切入设计思考之中，通过引入与建筑受众的共同文化背景，协助建筑师探索和找准特定项目观感品位的整体调性。

图 6-26 赫尔佐格与德梅隆对建筑表皮的探索
[来源：Luis Fernandez-Galiano：Herzog & de Meuron [J]. AV, 2006（2）：48-109.]

例如钱学森图书馆项目，设计团队经过多轮比选，排除了天然石材，最终选用 GRC 人造石作为外墙材料，外墙的红灰色基调因深刻而错落的肌理而产生微妙的变化，在鲜明有力的形体表面引入自然斑驳的印象，较好地在建筑外观上呈现了“戈壁滩风蚀岩”的意象与品相，红灰色的调子也与上海交大校区建筑的红砖外墙的印象有所呼应。在建筑内部，主要采用白色的墙面，深灰色的地面与中灰色的扶梯，呈现出科技感；中心圆厅采用暖调子的砂岩作为墙面材料，突出空间的中心感，同时结合全景画，激发导弹发射的现场想象，从场所营造上再次呼应戈壁滩的意象（图 6-27）。

图 6-27a 钱学森图书馆外墙红灰色调与肌理

又例如泰州民俗文化中心项目，为了实现恰当的“新泰州建筑”品相，设计团队通过模型和效果图，对屋顶的深灰色的色调与质感、墙面的中灰色的色调与质感、外墙肌理的尺

图 6-27b 钱学森图书馆公共空间黑白调子

① 顾大庆，柏庭卫. 空间、建构与设计［M］. 北京：中国建筑工业出版社，2011：59.

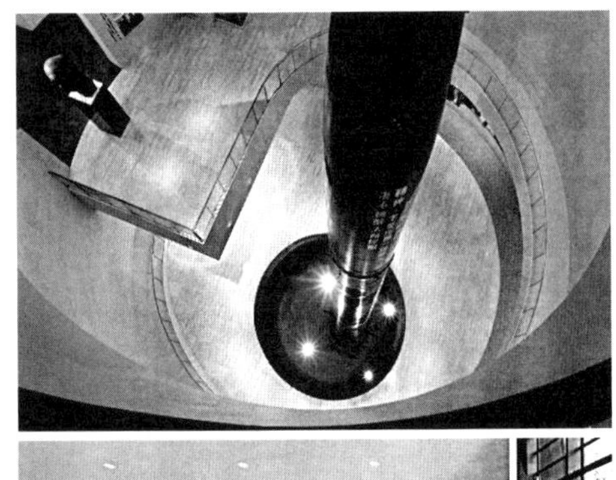

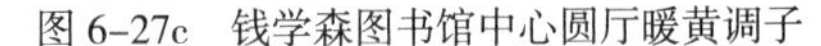

图 6-27c　钱学森图书馆中心圆厅暖黄调子

图6-28　泰州民俗文化展示中心灰调品相（来源：姚力摄影）

度与深度以及顶部压边的色调与造型等进行了反复的研究与探索，最终形成一系列材料色彩、肌理的搭配，呈现出将泰州地区传统建筑特征运用现代技术进行转译的灰调品相（图 6-28）。

界面处理是品相呈现的重要一环，同时也是空间和形体思考的延续。品相呈现在概念层面启动，贯彻到建筑语言的构成与整体环境营造等环节，并会落实到建造控制的材料与工艺、构造与节点等环节，是一个连贯的思考过程。

6.2.4　场所与氛围——入境：走入知觉与整合环境

空间和形体是形式构成的目的，在形式的背后，建筑还有更为重要的意义——建筑是赋予人一个“存在的立足点”①。建筑师在进行形式操作的同时，应该意识到自己正在构建一片生活的世界或情境，使抽象的形式回归生活和人性。在建筑学中，这个话题通常以场所与氛围作为关键词来讨论。

场所是人在大地之上、苍穹之下②定居的方式，是人所在的自然环境、人工因素、文化积淀与形式意义整合作用的结果。定居是人在以“物”定义的真实世界中存在的开始，它并不仅仅指居住，也包含了生产、庆典、旅行等人类行为的展开，不同的行为呼唤不同

① （挪）诺伯舒兹．场所精神：迈向建筑现象学［M］．施植明，译．武汉：华中科技大学出版社，2010：3.
② （德）马丁・海德格尔．演讲与论文集［M］．孙周兴，译．上海：生活・读书・新知三联书店，2005：157.

的场所氛围，同一场所又具有一定的包容力与延展性。场所为人们丰富多彩的生活提供识别性、方向感与认同感，因此，场所是差异性的，也是具体性的。特征鲜明、人们体验场所的感知方式跟完形心理学的格式塔原理有关。

氛围在场所语境中指场所特性的整体体现，是场所差异化的关键。

“相同的空间组织，经过空间界定元素（边界）具体的处理手法，可能会有非常不同的特性”①；“特性是比空间更普遍而具体的一种概念。特性一方面暗示着一般的综合性气氛（comprehensive atmosphere），另一方面是具体的造型及空间界定元素的本质。任何真实的存在与特性都有着密切的关联。”②

从空间构成走向场所，也是建筑语言从抽象走向具体的重要过程，前文讨论的品相可以理解为场所特性的组成部分。“品相”作为一个着力点，引导建筑师开启对空间或场所氛围的思考，并且提供一个易于接受的中介，建筑师可以围绕它与相关各方就“氛围”的议题展开沟通与建立共识。

关注场所与氛围的营造，就是让建筑师从操作程序和形式手法——在教学和工作所接受的训练中容易形成的习惯和定势——中抽身而出，重新回到人的真实需求、身体知觉、内心感受以及环境的整体结构，去思考一个鲜活的生活情境所需要的各种要素和条件，并整合相关因素，推动设计创作走向真实世界。

1. 走入知觉——真实视角与视觉之外

现代科学改变了人们的空间观念，展开了一个笛卡尔三维坐标体系下的均质的客观世界，艺术与建筑学也受到深刻影响，一种基于观念和意识的、抽象于具体“物”之外的形式构成被发展起来了。当代电脑建模技术的发展，使实体模型的物质性进一步被抽离出建筑师的形式操作，并且培养出一种在虚拟空间中通过以“上帝视角”鸟瞰全局的方式进行设计操作的习惯。

虚拟空间中的全局视野为建筑师的形式操作带来便利性与整体性，但同时也容易引导建筑师将注意力过多聚焦于作为客体的建筑物，反而忽略了作为主体的人的实际体验。场所的概念与人的知觉紧密关联，设计从抽象构成落向真实场所，首先需要建筑师从“鸟瞰”视角转向人的真实视角，从关注共时性的整体构成转向关注历时性的连续体验，重新思考人内外穿行于建筑之中，经历材料呈现、光影变化、日夜转换、季节更替、声音回响所获得的感受与体验，从而构想更贴合人的身心需求与体验的空间序列、光影变换、界面

① （挪）诺伯舒兹．场所精神：迈向建筑现象学［M］．施植明，译．武汉：华中科技大学出版社，2010：11.
② （挪）诺伯舒兹．场所精神：迈向建筑现象学［M］．施植明，译．武汉：华中科技大学出版社，2010：15.

效果与整体氛围，从而激活形式构成的丰富内涵。

围绕人的知觉经营真实体验，除了转向人的视角，还需要突破现代主义以来过分聚焦于视觉效果的片面性，给予视觉之外的感官以应有的关注，全面考虑包括视觉、听觉、触觉在内的整体身心体验。瑞士建筑师彼得·卒姆托（Peter Zumthor）在《思考建筑》一书的开篇谈到他童年形成的建筑印象：

“曾几何时，我可以无需思考就体验到建筑。有时候我几乎能感觉到在我手中有一个具体的门把手，它的金属片形状好像勺子背一样。当我步入姑姑家花园的时候，我就握着它。对我而言，那个门把手现在依然好像是一个特别的入口标牌，让我进入一个不同心境和气味的世界。我记得脚下砾石的声音，上了蜡的橡木楼梯上闪着微光，当我走过黑暗的走廊进入厨房——这座住宅里唯一真正明亮的房间时，我能听到厚重的前门在我背后关上的声音。”

建筑的体验抵达人的所有感官和身心深处，人对建筑的真实体验包括手中木门的厚重、脚下砾石的细碎感、材料与植物的气味、空气的湿度以及房间如同乐器腔体般产生的种种回响，而非仅仅是眼前的造型、材质与色彩；场所令人身处其中，而非仅仅是看见。

中国传统文化对“真实视角”与“视觉之外”绝不陌生。造园的过程就是一个在现场游赏中寻找及发现体验与建造可能性的过程，最终的结果更多是一系列体验片段的衔接，而不是鸟瞰视角下的总体控制。园子的主人会充分运用自然景物又不拘泥于此，从广泛文化传统之中寻找资源，在人工建造与自然景物、文化意境之间建立丰富的关联，因此，池畔的清风、荷花桂花的清香、远山寺庙的钟声与塔影，都成为造园的素材。

在实际项目中，设计以类似于造园的方式从对真实具体的体验的营造出发，这固然是值得鼓励和推崇的一种思路。从整体构成入手，在整体构成的雏形之中代入真实体验，在两者之间进行来回往复的互动、推敲与调整，直到达成两者的品质共同实现的“桥接”状态，这也是有效的设计推进方式。关键是应该保留对真实视角与全面感官的关注与思考，从真实体验的角度印证设计有效性与提升设计品质，以抵抗当前的设计习惯容易造成的体验缺失。

例如安徽省博物馆新馆和钱学森图书馆，一个位于新区文博园，一个位于城市中心，但都通过有机铺排、地形引导的周边前序景观场地设计经营人们远观、走近、走入建筑的体验序列，并形成扩散的场所领域，从而把建筑锚固在基地上（图 6-29）。

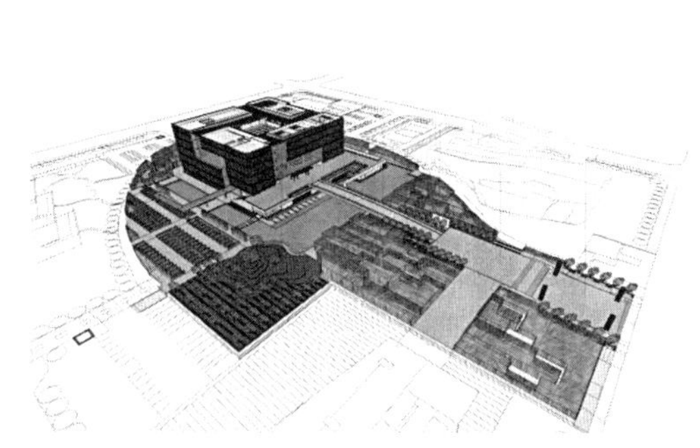

图 6-29　安徽省博物馆新馆的场地经营（来源：设计文件与张广源摄影）

2. 整合环境——连续表面与支持体系

场所感是一种综合体验，人能觉察到的所有环境信息都包含其中，对人的综合体验产生影响的是包裹人体的从天到地的连续表面的共同特性。

因此，被专业分工划分开来的不同设计专项，如建筑设计、室内装修、景观设计、灯光照明设计、标识系统设计等应该被建筑师有意识地重新整合为连续的环境，建筑师应该有一个连续的整体环境的观念，所有上述的专业都是为营造整体场所氛围而汇聚能量，而不应被人为划定的专业分工打断了设计思考的连贯性。在实际的项目设计中，建筑师应有意识地弥补由于专业分工造成的思维断裂，这里非常关键的一点是最初的设计概念是否足够清晰与强大，是否具有足够的感染力与凝聚力。在跟各专项设计首次接触时就应该把设计概念阐述清楚，通过围绕设计概念的充分沟通建立设计共识和评判标准，为后续的沟通交流和设计评价奠定基础。这也是建筑师围绕项目建立特定“临时理论”的能力体现。

与构成的形式要素与支持体系对应，整体环境的室内外天、地、墙面的连续表面也受到结构、水、电、空调、智能化等专业技术的支持才能构成真实而完善的场所。结构在现代建筑的传统观念上已经是建筑核心形式的构成本体，而从路易·康之后，日益显得必不可少的设备管道通过汇集成服务腔体，也具备了参与主要形式构成的主动性。在当前中国建筑创作从量变走向质变的提升阶段，设备支持体系应该引起我们格外的关注。

首先，设备体系的设计对环境品质的隐性影响是巨大的。例如室内照明的照度、角度与光色，以及空调调节的室内温度、湿度、风速体感与设备噪声等因素，都会深切地影响人在环境中的综合体验。我们在欧洲许多建筑的室内感到舒适、宁静与安详，跟精心设计的设备系统和建筑界面一起提供良好而恰切的光线、温度、湿度和声环境是有密切关系的。而我们在国内的公共建筑，比如机场甚至一些文化建筑中，有时会遇到空调出风直吹

图 6-30　泰州民俗文化展示中心室内（来源：姚力摄影）

图 6-31　宁波博物馆室内（来源：Ikuku, http://www.ikuku.cn/）

图 6-32　广州利通大厦室内（来源：JLA事务所网页，http://www.jla.com.hk）

图6-33　广州方所书店室内（来源：作者自摄）

图6-34　广州太古汇室内（来源：作者自摄）

头部的状况，灯光冷暖色温不恰当的情况比较常见，设备噪声漫出公共空间的情况也较普遍，这些都令人感到不舒适，减损了环境的体验品质。在设备支持环境品质的方面，我们从满足规范指标到满足人的身心舒适还有很长的路要走。

其次，设备末端出口必须附着在建筑界面上以发挥作用，处理不好则容易造成整体效果的“出戏”。这也是当前国内建筑创作容易忽略或者比较难处理好的一个问题，顶棚和墙面的设备末端布置凌乱、色彩不协调以及过于凸显是比较常见的现象。要处理好这个问题，同样需要避免各专项与专业设计被割裂。建筑师要对建筑设计、室内设计及设备专业等分项或分部提出整体的设计目标并进行充分的设计协调，把设备末端作为一个系统纳入连续界面的设计与控制当中。以顶棚的整体界面控制为例，考察近年来的建成案例，通常有四种有效的处理策略：一是整个顶面设置均匀的格栅吊顶，把设备末端隐入格栅层之内，避免矛盾的暴露，例如泰州民俗文化中心的室内（图 6-30）；二是在顶棚设计明显的造型、肌理或灯光效果，吸引注意力，淡化末端的视觉显性，例如宁波博物馆的室内（图 6-31）；三是设计网格化的吊顶，按预定的位置在顶棚单元放置灯具和其他设计末端，最终拼接规整的单元网格吊顶，这通常用于办公楼宇等通用空间（图 6-32）；四是将整个顶棚连同设备管线与末端涂成同一颜色而做开放式的顶棚处理，这常见于商业、轻餐饮或一些文化空间（图 6-33）。也有采用专门的设计策略来处理顶棚的整体性以及设备末端的随机性的矛盾的优秀案例，例如广州太古汇商业空间的吊顶（图 6-34）。

最后，设备管道本身就是一个由各个分系统构成的综合系统。尽管设备管道系统是一个较为隐形的物质层面，但也应该通过管道综合设计而层次分明地布局和安置，有机嵌入整体建筑的形式构成与界面处理之中。这种系统性的优劣与设备功效和设备末端效果有紧密关系。

场所与氛围的讨论，指向作为现代建筑核心议题的建筑空间论。现代建筑史学家普遍认为建筑的目的是围合空间，这个空间概念带有均质化、抽象化、科学化与非物质化的性质。对此，从现代建构理论的先驱戈特弗里德·森佩尔开始就产生了不同的观点。戈特弗里德·森佩尔从最初的手工技能、家庭组织对建筑动机的决定性出发，认为生活与场景是建筑的本来属性，无法离开围护界面的社会性与工艺性以及房屋的精神核心来讨论空间，从而拒绝接受抽象的空间概念①。在戈特弗里德·森佩尔的思路下，工艺、技能、材料、材料之间的交接以及生活场景是建筑设计应该关注与思考的根本对象。

场所与氛围，不仅在于日常生活，也与节日庆典紧密联系。生活是完整的，家常唠叨与庆典欢悦、平安喜乐与冒险探索的遥相呼应构成了生活的全景，日常性、仪式性和象征性都是人们内心的真实需要。当我们在赞颂老城街巷和乡村聚落的时候，天坛的礼天敬地与中山陵的警钟肃穆也同样静默而恒久地存在着。建筑从来就是为生活的不同方面提供感受各异的庇护体、舞台与情境。

6.3　建筑语言生成的外部约束与资源

在建筑语言层面，建筑师综合具体地解决问题，思虑周密地构建系统性的建筑语言，并融入对塑造环境与激发体验的整体思考。在这个从抽象性走向具体性、从可能性走向确定性的关键层面，建筑师需要充分调动自身的心智与技艺，发挥综合协调与处理复杂问题的能力。一方面，建筑师在概念创意的指引下围绕功能、布局、构成以及场所与氛围等着力点展开设计思考；另一方面，建筑师需要进一步深入理解项目的具体需求，主动搜索与引入包括建筑学知识体系在内的广泛外部环境资源与约束，对建筑语言进行反复试探、评价、推敲和整合，最终在需求、资源、约束、专业追求等方面的共同推动下生成特定的形式构成结果。

影响概念创意的广泛塑造力，尤其是项目需求与项目环境（物质环境、人文环境、知识环境）对建筑语言的思考继续发挥着作用。既有通过塑造概念间接影响建筑语言，也有

---

①（德）戈特弗里德·森佩尔．建筑四要素［M］．罗德胤，赵雯雯，包志禹，译．北京：中国建筑工业出版社，2009：69-116.

从不同的侧重点直接推动或制约建筑语言的生成。其中，比较主要的外部约束与资源有：使用与运营、基地与文脉、建筑学知识体系、案例研究、跨界启示、专业追求与指导原则以及法律规范等。

6.3.1 使用与运营

本书第五章讨论过项目需求作为概念创意的塑造力，项目需求是核心约束之一，对设计思考的各个层面都有不同侧重的制约与推动，从启动阶段开始就是项目解读的重要对象，并通过推动诊断、定位与策略等概念思考而对建筑语言产生深远的影响。其中，项目的使用需求比较直接地作用于建筑语言的生成。

使用需求是指人类组织、群体与个体在建筑中实现特定目标的行为与体验的需求，是推动建筑师对具有建筑学意义的“功能”进行思考的原初动因。本章前文通过“程序、活动与体验”等关键词拓展使用需求、功能布局与建筑语言的关联性思考。

使用需求与建筑语言是两个既具有分野又互相关联的体系。使用需求会对建筑语言构成一定的约束，要满足特定的使用需求，空间的量形质、布局组织、设施配置以及场所体验等均要符合一系列要求。但并非只有唯一解答，而是可以追随不同的设计导向及形式逻辑产生多种可行结果。同时，使用需求也是推进形式语言变化和进化的动力，随着社会的变迁、生产的发展以及人们生活方式的改变，不断变化的使用需求激发建筑师的灵感，呼唤新的形式或形式组合的产生，成为寻找有效创新机会的资源。

运营是指建筑的商业经营、社会化运作与日常维护管理，是使用需求的一个重要方面，但却往往被建筑师聚焦于形式的思维导向所忽视。在全球化、商业化与网络化的当代社会，人与人之间、人与物之间、人与信息之间的交流和互通日益频繁，竞争也随之日渐激烈，运营问题越来越成为决定建筑生死存亡或存在状态的重要因素，应该受到建筑师的高度重视，而运营也成为在使用需求与建筑语言之间建立桥接的设计思考的一个重要的切入视角。

运营视角促使建筑师从城市空间系统规划与节点营造、人流、车流、物流、商业动线组织等方面深入考虑建筑对城市与商业系统的衔接与适应，增强布局的开放性与公共性。运营视角也促使建筑师从设施齐备、功能复合、空间适用与流线畅通等方面思考建筑内部系统对商业经营与社会运作需求的满足，增强建筑的适用性与复合性。运营视角还促使建筑师思考如何使建筑在与城市和商业系统的其他节点的互动竞争中具备独特的优势，增强场所的差异性与独特性。

使用（尤其是运营）的现实性引导建筑师的思考贴近实际需求与生活情景，避免沉溺于纯粹的形式游戏，同时也可以成为建筑师根据实际需求打破常规俗套，探索形式的有效创新的现实推动力。

6.3.2 基地与文脉

本书第五章讨论过项目环境作为概念创意的塑造力，项目环境（物质环境、人文环境与知识环境）是影响设计的外部因素的总称，对设计思考的各个层面都产生不同侧重的制约与推动，不仅塑造概念创意并且直接影响建筑语言的生成。其中，基地是项目环境对建筑形式产生作用力的直接因素，文脉则是广泛调动环境资源生成建筑语言的重要中介。

基地是建筑抵抗重力、指向苍穹所坐落的特定地块。作为建筑最贴身的那一片地球（笛卡尔坐标意义上）或世界（存在意义上）的承托面，它汇聚和集中了广阔环境的诸多因素，并直接对建筑语言生成的可能性构成制约与发出呼唤。

边界是基地的首要特征。地界边线和用地形状对建筑设计构成不可逾越的刚性约束，用地大小与建筑规模的关系潜在地限定了建筑可能采取的体量策略，紧邻边界的道路与外部建筑也直接影响场地及体量设计。例如，钱学森图书馆项目的基地位于城市道路转角的“L”形不规则用地，用地面积与建筑规模大致相当。在这样的条件下，建筑体量尚不需要做成高层建筑，但在留出地面集散场地之后，建筑体量在场地中也将占据较大的三维体积，用地边界的形状将对建筑体型构成较大制约。因此，如何在不规则用地上有机布置场地与建筑体量，成为设计思考的一个重点，我们的投标方案与实施方案都对这个议题做出了态度鲜明的解答。

地貌同样重要，现实中不存在完全平整与抽象匀质的场地。建造之前的场地总是一片由泥土沙石等具体物质构成的“微地形”，存在起伏地形、排水坡向、用地与基地外部道路的高差、原有植被和突出物等地貌特征；建筑建成之后，也总是坐落于一片“微地形”之上，要解决建筑内外高差、场地高差、场地排水、道路衔接等需求并给人们带来特定体验。建筑师的设计思考就是在前后两片“微地形”之间架设桥接——运用两种视角：一种是统筹解决土方平衡、场地高差、场地排水、道路衔接等现实需要；另一种则是把场地作为连续建筑体验的一个重要环节，主动塑造“微地形”。这两个视角都要求建筑师首先深入理解基地原来的地貌特征，因地制宜、顺势而为而又主动作为地展开设计思考。例如钱学森图书馆项目，建筑主体位于基地的北侧，在南侧留出一片校园与城市之间的中间（in-between）场地，场地有微妙高差变化，先从城市的人行道走上约350mm的高度到达一片小广场（校园道路从另一个方向也可进入广场），然后通过逐渐收窄的缓坡上行转入一个浮于水面之上、离城市地面高约1200mm的平台，然后再走上台阶进入建筑。通过微地形的处理，建筑师在并不宽松的场地上，营造了渐入佳境的体验序列。

基地还是项目环境因素汇集的媒介。项目的物质环境（自然、城市和乡村环境等实在的物理环境）、人文环境（社会、文化、历史、经济等广泛的人类文明积淀构成的非物质环境）、知识环境（建筑学的知识积淀以及跟建筑项目密切相关的其他人类知识系统，例如工程技术、材料科学、声学及相关法规等）最终都汇集到基地的具体性和可能性，转化为设计的资源与制约。

基地既是设计的开始，也是设计的终点。建筑师需要对基地进行深入的解读与体认，仔细辨析基地内的各条线索，综合风景、城市与建筑等各层尺度的感受，展开想象，发现与把握基地特质与项目需求结合起来所激发的塑造场所的潜力，并在建筑语言的生成过程中将有潜力、有价值的线索加以体现、强化，将不利因素给予遮蔽、转换或削弱，最终形成一个与原初场地既密切关联又"进化"了的场所。

文脉指事物存在以及作品创作的上下文关系，既包含结构关系上局部与整体之间的内在联系，也包含时间关系上新事物对原有系统的继承与创新。在建筑创作上，文脉可被视作一种思考的角度与方式，既是在创作中延伸原有脉络的介入视角，也是推动有效创新的重要方式。

对建筑师而言，文脉可以定义为"将要设计的项目所处的某个现实世界片段中所有元素集合而成的系统"，"这些元素具有不同的属性，可以是物质因素如相邻建筑物，也可以是精神因素如幸福与满足等，同样可以是认知因素如特定文化的知识、习惯、习俗等，还可以是生态系统等更为广泛的因素"①。文脉的概念引导建筑师把设计看作对已经存在的现实的一种干预，这种干预将新事物与原有事物共同考虑、交织在一起，从而构成新的现实。从文脉的角度，建筑师对现实做出干预需要讲道理，即搜索和建构支持建筑语言生成并能在语境中进行贴切解释的一系列脉络框架。

因此，建筑师关注文脉有三个主要的理由：一是我们要知道所施加的干预在给定的情境中的潜在影响；二是我们需要认识设计活动所受的制约；三是我们需要文脉在创意过程中发挥激发作用②。

---

①（德）沃尔夫·劳埃德．建筑设计方法论［M］．孙彤宇，译．北京：中国建筑工业出版社，2012：46-47.
②（德）沃尔夫·劳埃德．建筑设计方法论［M］．孙彤宇，译．北京：中国建筑工业出版社，2012：49.

无论出于哪个原因，建筑师都需要认识和分辨设计的情境。通过研究和分析，项目的明显制约如朝向、人流车流来向、周边建筑遮挡等，以及物质与显性脉络如基地周边城市肌理以及项目所在城市或片区的自然及历史发展脉络等通常会首先被认知，其中河流、山体、海港、人工运河、商道、历史街区与文物建筑等突出的因素应该受到格外的关注。建筑师在此脉络背景下展开建筑语言的生成探索，目标是使形式语言融入既定的结构与系统之中而又激发新的节点，接续原有的历史故事而又发展出新的情节。例如，贝聿铭的苏州博物馆新馆就是设计中城市文脉思考的典型范例，其整体布局、体量尺度及空间组织完全融入其所处的苏州核心传统城区肌理，其入口场地处理对传统水陆动线都给予了充分的关注，而在整体肌理之中置入的三个运用三角形立体构成手法生成的核心体量则创造了苏州传统建筑前所未有的空间造型与光影体验，结合模数控制与材质工艺等现代设计理念，为苏州老城带来了崭新的气象。笔者负责的解放中路旧城改造项目同样注重岭南传统城市肌理的延续，在梳状布局的传统原理指导下引入当代生活所要求的新户型，并突出对邻里关系的空间支持，为广州老城注入人居生活的新能量。

与此同时，从人文与知识环境等更广阔的文脉中获取设计资源则有赖于建筑师的广泛探索与主动构建，特别是创意过程中所需要的灵感、想法或启发，很多时候需要建筑师在普遍的背景调研基础上对特定的关注点或价值取向进行拓展研究和深入发掘才能获得。这种探索、发掘与建构常常与建筑师的设计原则、专业追求与个人领悟等主观因素有关。很多著名建筑师正是通过从独特的角度与方式去认知与构建项目文脉框架，生成与众不同而又具有贴切解释的干预现实的方式，从而在作品中呈现独特的个性与品质。例如，伦佐·皮亚诺的玛丽·吉巴澳文化中心的设计来自于建筑师对卡纳克（Kanak）土著文化的解读（图 6-35），彼得·卒姆托的瓦尔斯浴场的设计来自于建筑师对当地片岩地质地貌的认知（图 6-36），诺曼·福斯特事务所的建筑设计多以生态节能环保的模拟计算作为形式生成依据（图 6-37）。

图 6-35 伦佐·皮亚诺的玛丽·吉巴澳文化中心
（来源：筑龙网站，http://bbs.zhulong.com）

特定项目存在于既定的现实环境之中，其文脉具有客观性，部分条件类似于刚性制约。但项目是我们身处的连续世界

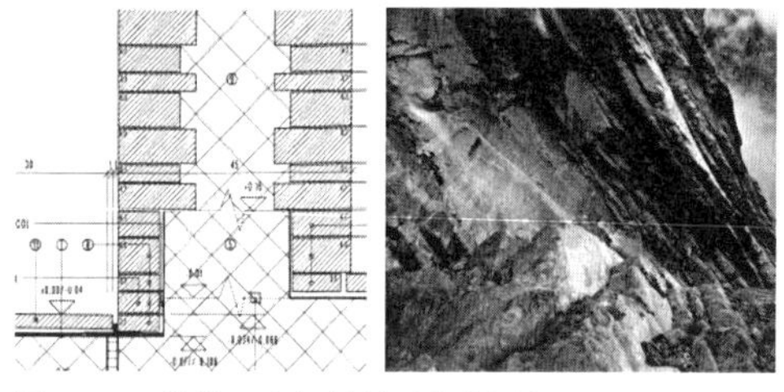

图 6-36　彼得·卒姆托的瓦尔斯浴场
（来源：Thomas Druish: Peter Zumthor 1990–1997 Buildings and Projects Volume 2. Verlag Scheidegger & Spiess AG, 2014: 24–54.）

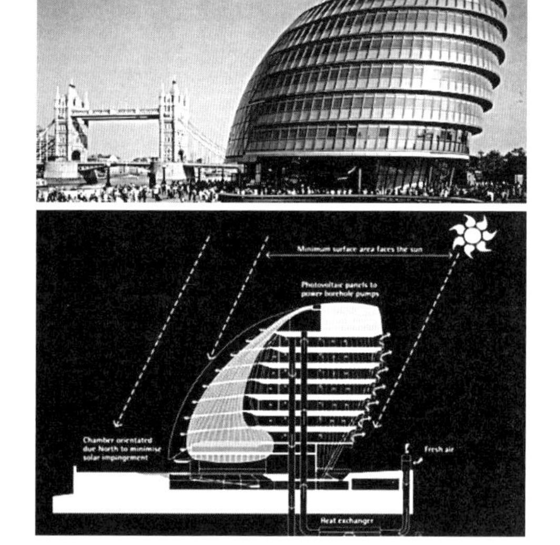

图 6-37　诺曼·福斯特事务所的伦敦市政
（来源：诺曼·福斯特事务所网站，http://www.fosterandpartners.com）

的一部分，项目的文脉呈网络状几乎无限地延展着，在有限的时间及资源投入之内建筑师不可能完全认识和把握项目与外部环境的所有联系。从设计认知的角度，围绕设计方案所建立的文脉支持框架与建筑师的专业追求、主体思考与设计路径密切相关，这个更广泛的部分是弹性可塑的并有赖于设计主体的主动搜寻。运用文脉这个中介概念，建筑师主动探索与构建了一个知识框架，激发了建筑语言的生成，并借助这套知识体系解释建筑语言成果的正当性。

项目本身的来龙去脉应该纳入项目文脉的范畴，如项目由谁发起、为谁而建、目标何在、重要程度等，而盈利需求、政治效果、同类项目竞争等隐藏动机也应该受到建筑师的注意。

基地是项目文脉线索的集结之处，文脉则是建筑存在的广义的基地。

6.3.3　知识体系

设计处于众多学科的交叉领域（图 6–38）；设计行为需要丰富知识的支撑，不同类型知识的使用方式是将其整合到设计之中。建筑学的知识体系呈现百科全书式的面貌，部分内容是建筑学科特有的，如建筑历史、建筑类型、城市规划原理等，但更多的内容是描述其他学科的知识如何在建筑（设计）领域发挥作用的中介知识，如建筑现象学、建筑物理学等。建筑设计也绝非仅仅运用建筑学的知识体系，普遍的科学原理或工程技术同样必不可少，而且几乎所有学科的知识都有机会借由不同的项目进入建筑师视野。

建筑学知识体系内的一些特定内容对建筑语言的生成具有普遍而直接的影响。

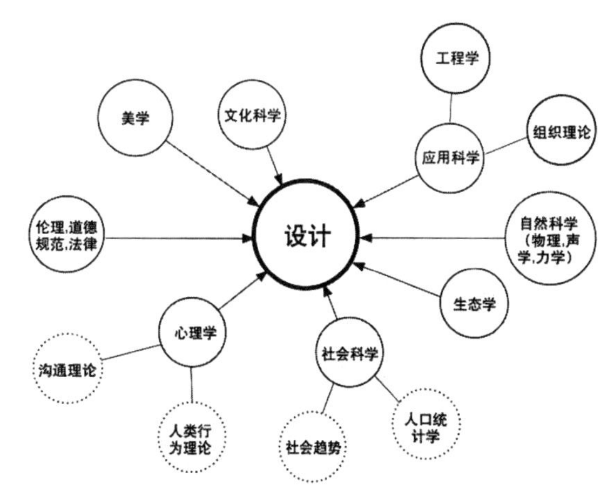

图 6-38　设计处于众多学科的交叉领域
（来源：沃尔夫·劳埃德．建筑设计方法论［M］．孙彤宇，译．北京：中国建筑工业出版社，2012:27.）

1. 建筑类型

在开始具体设计之时，建筑师往往会求助于类型建筑（功能类型与形态类型）的相关知识来建立对当前项目的通识认知。可见建筑学对类型建筑的研究总结会作为基本知识储备持续影响同类建筑的设计。

2. 形式规律

形式美的原则与规律作为人类历史上对艺术创作的经验积淀对当代的建筑创作仍然发挥着深远的影响。例如，比例与尺度、主从与均衡、重复与韵律、协调与对比、微差与突变、多样统一等。

3. 设计理论

城市形态学、建筑类型学、建筑现象学、建构理论、场所理论等种种设计理论引导建筑师从不同视角切入建筑设计，探索和生成多样差异而又各具内涵的建筑形式。

4. 建筑历史

对建筑历史的研习、理解和体认，为建筑师建立一种在历史脉络中理解建筑的视野与底蕴，提供一种面对可类比问题进行情境判断的历史参照系，从而拓展了建筑语言生成的资源。

5. 设计工具

建筑设计的推进需要借助非口语的建模媒介，而媒介伴随着相应的工具。勾画草图、尺规作图、CAD 计算机作图以及当代涌现的 3Dmax、Sketch up、Maya、Rhino、Grasshopper、Revit 等各种计算机建模工具与工作平台具有各自不同的特点、形式生成逻辑与优势。建筑师选择工具，不同工具的特性也会引导建筑师的思考走向，产生不同的建筑形式语言结果。

6. 工程技术

对结构与施工的理解与认识会深刻影响建筑师对建筑语言的思考：对结构与施工可行性的理解会在建筑师的意识里建立制约或禁忌；对“如何在结构与施工上是更好”的理解也会引导建筑师选择特定的形式。在有的项目中建筑师会把对结构的思考作为创意与建

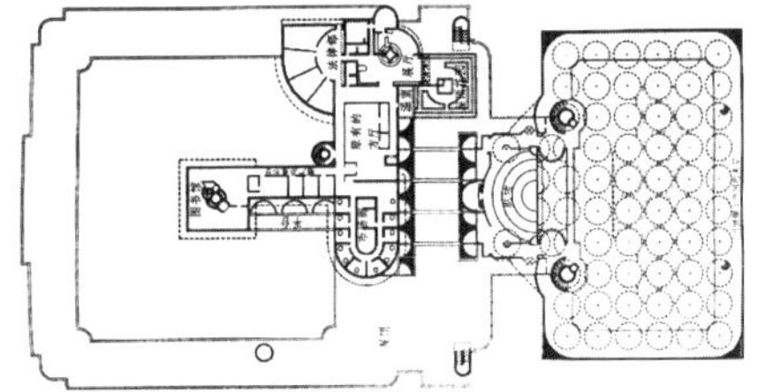

图 6-39　约翰逊制蜡公司办公楼
（来源：威廉·阿林·斯托勒. 弗兰克·劳埃德·赖特建筑作品全集［M］. 北京：中国建筑工业出版社，2011:248-249.）

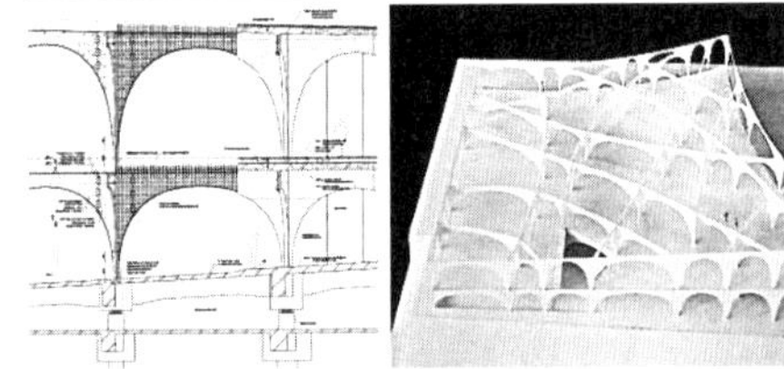

图 6-40　TAMA 大学图书馆
（来源：Archaic, http://www.archaic-mag.com/）

筑语言的核心，例如，弗兰克·劳埃德·赖特的约翰逊制蜡公司办公楼（图 6-39）以及伊东丰雄的 TAMA 大学图书馆（图 6-40）。总的来说，实践经验丰富的建筑师比较容易把体验性与可行性结合起来，设计出既能提供良好体验又符合结构与施工规律的形式语言。

建筑师首先关心的是新事物应该是什么样的、现实的改变应该是什么，由此出发他会关注现实原来是怎样的、改变如何发生以及通过何种工具与方式实现改变等一系列问题。这种思考不可能局限于建筑学范畴之内，而需要广泛的知识支撑，并且会围绕设计的需要打破原有的学科划分。设计理论家霍斯特·里特尔（Horst Rittel）与他的同事维尔纳·库恩茨（Werner Kunz）为设计师与规划师定义了五种共同作用于设计的知识类型①：

（1）事实性知识（现实是什么）；

（2）道义性知识（新的现实应该是什么样的）；

（3）工具性知识（理想状态怎样达到）；

（4）解释性知识（为什么过去或将来事物会是或应该是那种状态）；

（5）概念性知识（通过一个术语应该理解到什么）。

设计作为建筑的产生过程可以描述为：在一个新产生的概念的引导下，将不同的知识片段整合为一个新配置的过程②。在项目设计中，建筑师的思维一方面沿着“概念创意、建筑语言、建造控制”的主轴推进，不断发展设计方案的整体以及与之匹配的各个局部；另一方面，又以若干相关主题和线索带动，沿网络状思路展开对广泛知识的探索，不断吸纳来自

① （德）沃尔夫·劳埃德. 建筑设计方法论［M］. 孙彤宇，译. 北京：中国建筑工业出版社，2012：29.
② （德）沃尔夫·劳埃德. 建筑设计方法论［M］. 孙彤宇，译. 北京：中国建筑工业出版社，2012：26.

不同领域的相互关联的知识片段，构建支持项目的特定知识体系。这个知识体系是情境的、临时理论的、共时性的、工具性的以及解释性的。

6.3.4 案例研究

面对在项目设计过程中对相关案例进行研究与借鉴，建筑师似乎持有某种矛盾的态度：一方面案例研究对迅速建立项目设计思考的情境、了解类型建筑常规知识和获得概念与建筑语言的灵感启发与评判参照是非常有益甚至是必需的。例如，我们要设计一家医院，最好、最快进入状态的办法之一就是去人们公认优秀的同类医院参观并解读其设计。而要做博物馆设计竞标，我们通常会收集近年来国内外优秀的博物馆案例以及项目所在地近年来建设的公共建筑案例；另一方面，建筑师也会有意识将自己的设计与研究的案例拉开距离并且不愿过多谈论有所借鉴的案例，因为“原创性”在当代成为一个敏感的话题。

对“原创性”的标榜很可能发自于现代建筑运动，并由于商业社会的竞争性而被加强。在现代之前，新建筑的建造对历史经验与案例的学习甚至遵循是一种常态，“前工业或传统社会中的唯一设计方法就是类型学方法”[①]。直到20世纪初的法国学院派，建筑设计还几乎等同于构图，即在平面和立面上运用从历史建筑案例提炼总结的既定的建筑要素进行组合。迪朗和加代对类型与要素的总结和提炼带有明显的类型学思路。然而，现代建筑认为类型学和风格论等受到前科学和习惯势力的影响，应该将之抛弃并为工业和科学社会建立与科学技术思想相适应的设计方法，于是推出以功能主义为主导的形式生成论，并宣称已经切断与历史的联系，走向全新的自由的创造。

然而，新的经典很快又被总结为范例，勒柯布西耶的多米诺体系与构图四则就带有类型学的色彩，勒柯布西耶的萨伏伊别墅、密斯・凡・德・罗的范斯沃斯住宅与弗兰克・劳埃德・赖特的罗比住宅等现代建筑经典也开始被后来的建筑师不断借鉴、引用与发展，成为能在新项目中激发建筑语言生成的历史案例。而且，学者们的深入研究逐渐显示：现代运动的旗手们并不像他们宣称的那样无中生有般地走向革新，反而与其身处或习得的传统与历史有着千丝万缕的紧密联系。毕竟任何创造与革新都不是无源之水，都需要孕育的土壤，设计过程对历史与前人案例的借鉴是非常自然而且必须的事情，关键是在学习经验、

① 沈克宁. 建筑类型学与城市形态学［M］. 北京：中国建筑工业出版社，2010：1.

理解模式和建立情境的同时，建筑师的思考不被历史与案例所束缚和覆盖，仍然能够保持判断、选择与创造的独立、自由与可能。

研究与借鉴不是直接的抄袭与重复，项目设计中能够激发设计能量的案例研究借鉴通常是一种“还原—转化”的过程。“还原”是指通过分析、推论、抽象与提炼，把案例抽象至某种原型、回溯至某种形式生成的规则或者总结出某种文脉孕育形式的思路与方式；“转化”是指根据当前项目的具体情况，如项目需求、基地特征与文脉资源等将这些原型、规则或思路加以贴切地推演发展，生成适应新项目的特定形式。在“还原—转化”中，建筑师还可以采取“延异”的策略，即延续案例的某些关键思路，同时加入新项目特有的其他关键因素，综合推导，从而生成在延续性中具有差异性的新的形式结果。

对案例的研究与借鉴还可以为项目设计提供一种参照系或情境。一方面，新的设计与同类项目（例如同样重要程度的项目）应该达到“品质对等”，建筑师从以往的案例中了解这类项目大致应该达到什么样的愿望水平，从而对设计品质的满意度与时代性等有所判断；另一方面，案例研究也会帮助建筑师决定不做一些事情。例如，在某城市博物馆设计竞标中避免与相近城市新建成的博物馆选择相近的形式手法，以保持差异化的竞争力。

更进一步，对历史案例采取批判性的态度进行分析、解读与反思，是新设计重要的创造性源泉。例如，日本建筑师妹岛和世对密斯·凡·德·罗的经典建筑范斯沃斯住宅的内外反转式解读造就了其早期重要作品森林住宅；而雷姆·库哈斯在对历史上各类经典剧场与T台布局进行解读的基础上，提出了台北表演艺术中心独特的都市立体观演空间模式（图6–41）；同样是雷姆·库哈斯设计的造型夸张的央视大楼（图6–42）也是在对古往今来的高层地标案例进行分析之后使出的奇招。

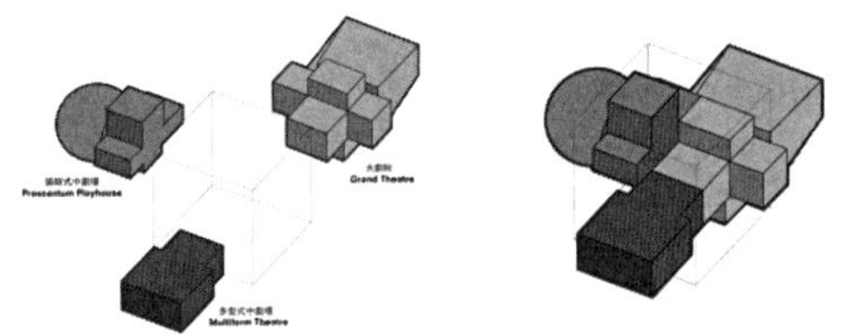

图6–41　雷姆·库哈斯的台北表演艺术中心
（来源：Archdaily, http://www.archdaily.com）

图6–42　雷姆·库哈斯的央视大楼
（来源：Archdaily, http://www.archdaily.com）

6.3.5　跨界启示

建筑学与具有明确知识体系边界的生物学、心理学、物理学与化学等学科有很大不同，显示出随实践而变化的弹性。建筑设计是灵活运用不同学科的知识，根据需要集成到设计对象之中；通过建筑师的搜索和构建，支持项目设计的知识搜索沿着若干主题和线索以网络式的形态发散展开，知识会打破学科的界限汇聚其中，形成新的围绕设计成果的知识体系。跨界的启示作为一种设计资源，对建筑师来说并不陌生。

在现代建筑运动中，科学、艺术与哲学的发展对建筑思想的发展与建筑形式的创造有着重要的影响。例如，现代艺术中的立体主义对于现代主义建筑的“透明性”构成（图 6–43），哲学中的结构主义对于建筑类型学思想以及建筑结构主义设计理论与实践（图 6–44）的影响等。

在具体的项目中，项目主题的相关知识常常会对建筑师的形式构想产生重要的启发。例如，路易斯·布雷设计的牛顿纪念馆方案与门德尔松设计的爱因斯坦天文台（图 6–45），基于经典力学与相对论的不同时空观对两个项目的建筑语言产生的影响是明显可见的。

除了与项目主题的直接关联，最新的科学发现与文化观念也常常被建筑师作为感受时代精神、获取形式灵感的来源。例如，巴克敏斯特·富勒在 1967 年蒙特利尔世博会开创性地运用短杆穹隆设计的美国馆“水晶球”与当时科学界对物质微粒结构的研究互相激发；日本建筑师隈研吾从当代社会的微粒化、轻盈化的精神取向中获得灵感，设计了整

图 6–43a　费尔南·莱热的画作三副面孔
（来源：柯林·罗，罗伯特·斯拉茨基. 透明性［M］. 北京：中国建筑工业出版社，2008：34.）

图 6–43b　勒柯布西耶的加歇别墅
（来源：柯林·罗，罗伯特·斯拉茨基. 透明性［M］. 北京：中国建筑工业出版社，2008：38.）

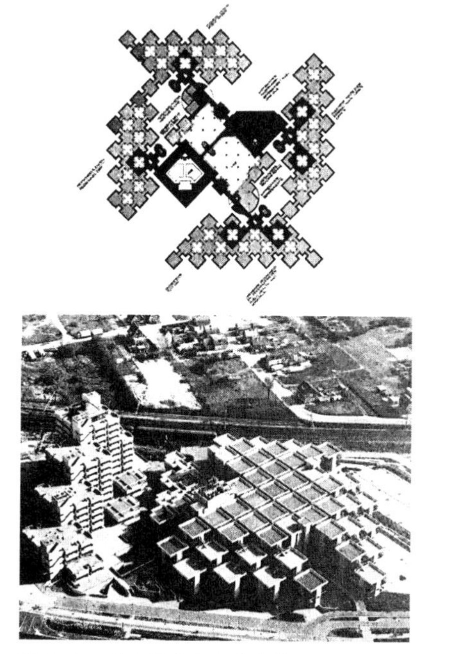

图 6–44　比尔希中心办公大楼
（来源：赫曼·赫茨伯格. 建筑学教程：设计原理［M］. 台北：圣文书局，1996：134.）

图 6–45a　路易斯·布雷设计的牛顿纪念馆方案（左）（来源：世界数字图书馆，https://www.wdl.org）
图 6–45b　门德尔松设计的爱因斯坦天文台（中）[来源：徐卫国．非线性体：表现复杂性 [J]．世界建筑，2006（12）：119.]
图 6–46　隈研吾设计的安藤広重博物馆（右）[来源：隈研吾．安藤広重博物馆 [J]．建筑与设计，2001（1）：54.]

体界面格栅化的安藤広重博物馆（图 6–46），完成了其从后现代主义建筑师向当代国际化建筑师的转身。

启发归启发，灵感归灵感，建筑师设计的终归是建筑。建筑师一方面应该对人类所有的文明成果保持旺盛的好奇心与求知欲，从而保持灵感启发与知识支持来源的广阔纵深；另一方面也要坚定地把跨界启示转化为建筑问题，回归关注空间形体、材料界面、场所营造、建造技术等建筑本体议题。跨界的启示是为了拓展建筑语言的可能性与感染力，而不是通过建筑物去讲别种语言。

6.3.6　专业追求与指导原则

坚持不懈地寻找机会，不断展现专业价值和社会影响力，这是建筑师持久保持设计竞争力的根本方式。在职业生涯中，建筑师大都会逐步建立自身所秉承的专业追求与指导原则，这对其在项目设计中的建筑语言生成具有深远的影响。

专业追求的方向与强烈程度会深刻影响建筑师在设计过程的表现与对设计成果的愿望水平。专业追求较高的建筑师会对设计成果的品质要求更高，自觉投入更多的时间与精力研究设计问题，努力把设计做得更完善或者更有意义。专业追求的方向在行业与学术之间具有分野：有的建筑师更关注运用先进、成熟或有效的技术、经验与方式更好地满足项目的实际需求，探寻形式的功效与体验，强调行业价值；有的建筑师更关注项目设计是否有机会对建筑学专业的某些有意义的课题进行探索和研究，是否有机会对建筑学的知识体系做出有益的贡献，探寻形式背后的意义和诠释，强调学术追求；而顶尖的建筑师则往往能在行业与学术之间取得高水平的平衡，既在行业市场上具有品牌号召力，也在学术界有活跃的表现，更为重要的是拥有现场体验与建成品质优秀的作品。

指导原则是指建筑师在设计实践中秉承的价值取向、相对稳定的切入点、对某方面品质的特别重视以及常用的形式策略等。指导原则投射到具体项目设计中，使得某些建筑师（某一时期）的系列作品具有鲜明的可辨识性。不少著名建筑师谈到过这个话题，他们都不认为自己是以某种“风格”在做设计，但都承认他们的工作的确遵循了一些有效的准则和方式。正是对共同指导原则的遵守和运用，自然形成了不同项目的建筑语言所具备的某种一致性。“风格”应该是对深思熟虑的指导原则遵循的自然体现，而非刻意追求的目标。尽管在设计竞争中建筑师品牌的识别度与延续性也是重要的事情，但是更重要的是我们在长期设计实践中努力发掘与建立跟建筑学基本问题相关联的指导原则，从而获得深层次与持久有效的形式生成力。

6.3.7　法律规范

跟设计与建造相关的法律、法规与规范作为一种社会现实中存在的刚性约束，对建筑语言具有隐性而强大的塑造力。

城市与建筑的整体物质形态很大程度上是由法律、法规、规范及法定导则所限定与生成的，例如道路断面类型、用地可建设退线、建筑限高、建筑界面与限高的控制导则、河岸处理导则等相关制约基本控制了我们城市整体面貌的基本类型；高层建筑的基本平面尺寸受控于防火分区面积限制，加上高度分类的引导，其体量的若干常规可能类型已经浮现；住宅建筑的基本类型也跟规范对电梯与消防设施安装的规定密切相关。

建筑的近人体验与细部效果同样受到法律、法规、规范与各种设计规程的影响，例如《建筑玻璃应用技术规程》JGJ 113—2009 中规定“当栏板玻璃最低点离一侧楼地面高度大于 5m 时，不得使用承受水平荷载的栏板玻璃”，相当于禁止了在 5m 以上高度平台做全通透玻璃护栏这种建筑处理手法，这令许多试图运用这种当代建筑常用手法的中国建筑师“望文兴叹”。

任凭建筑师在设计手法上如何腾挪变化，法律规范作为一种社会力量依然是建筑语言的强大基因。为了减少在现实中遇到阻碍的可能，许多从业建筑师的设计准则与习惯往往受到现行法律规范的塑造。

因此，对建筑相关法律规范这个设计环境中客观存在的强大制约，建筑师应该主动了解与认识，掌握其整体框架与常规内容，才能争取在其限制框架内获得相对的自由。建筑师也应该了解法规系统本身所提供的一些路径，以便在必要情况下有办法突破法规的常规条文，例如结构超限审查与消防性能化审查等。

建筑法律规范的本质是保障安全与规避责任，是在现代社会使专业分工与职业制度能够成立和延续的必要条件，但其本身不是建筑设计的本源目标，通常也不构成建筑设计的主要出发点。为了保障建筑行业与建筑师的长期利益，我们需要建筑法规制定底线、建立限制与引导的框架，但是如果它本身的发展过分压缩建筑创作的空间与自由，那就本末倒置了。一方面，建筑师需要在实践中处理好建筑创作与法律规范的关系，保持创作驱动优先的状态；另一方面，建筑师也应该认识到行业环境与自己息息相关，从而积极关注和参与建筑法律规范的制定、修订与讨论，通过充分沟通、交流与辩论，促使法律、法规、规范的条文内容保持更加合理与有效的趋势。

6.4 建筑语言——设计思考的核心

建筑语言是设计思考的核心。建筑语言生成是建筑创作从可能、概括、模糊走向确定、具体、精确的关键阶段或层面，也是建筑师将概念思考转化为具有物质性、建造性与适用性的真实建筑物的关键中间成果。

在项目设计中，建筑语言指通过总平面图、平立剖面图、效果图或模型等建筑学特有的非口语建模媒介所表达的由点、线、面、体等元素组合而成的建筑形式构成，包含建筑的空间构成、功能组织、场地处理、结构支撑、设备腔体、围护体系、材料选用等设计信息，以满足项目的各种需求和应对内外的各种约束。建筑语言是概念创意转化凝结而成的形式结果，也是深化建造语言的工作基准。建筑设计的学术价值往往在建筑语言阶段或层面已经基本实现，很多启迪后人的经典建筑范例也是纸上的建筑方案；而建筑设计的完整专业价值则需要在稳定的建筑语言成果上继续向建造阶段推进，才能最终实现。

建筑语言往往是建筑师在设计中最关注的对象，突出的形式生成能力也常被视为优秀建筑师的标志。而形式生成除了关乎形式本身，更加关乎形式之外。建筑师需要深入理解项目任务的需求和制约，充分调动各方资源，结合项目实际情况进行反复探索、推敲和整合，综合地解决问题、塑造环境和激发体验，整合设计成果及其表达。建筑师还需要紧紧围绕设计的核心概念展开探索、生成、评价、优化与决策，充分预计建造的可实施性以及建造对建筑语言的完成度，使建筑语言成果连贯地衔接前后两个阶段或层面。

建筑语言的生成通常紧随着核心概念的确定而展开，但其与概念创意和建造控制是相互重叠的思考空间而非泾渭分明的前后阶段。建筑语言的探索可能从项目启动之时就同步开始，也可能在建造语言深化过程中发现需要优化调整，但建筑师应该始终关注建筑语言与概念创意和建造控制之间的连贯性，在项目设计完成之时，三者应该达到互相解释、互相支撑的通达局面。

本层面的思考探索，起始于对概念创意的形式化思考，可以抓住功能、布局、构成以及场所与氛围等着力点逐层深入地展开设计，但在实际设计过程中没有可能也并不需要严格限制思路的走向，着力点起到的是路标和启发的作用。设计思考是在思维节点之间来回往复的复杂过程，最后的目标是应在着力点和各层面之间达成互相解释、互相支撑的局面。

第七章　建造品质控制

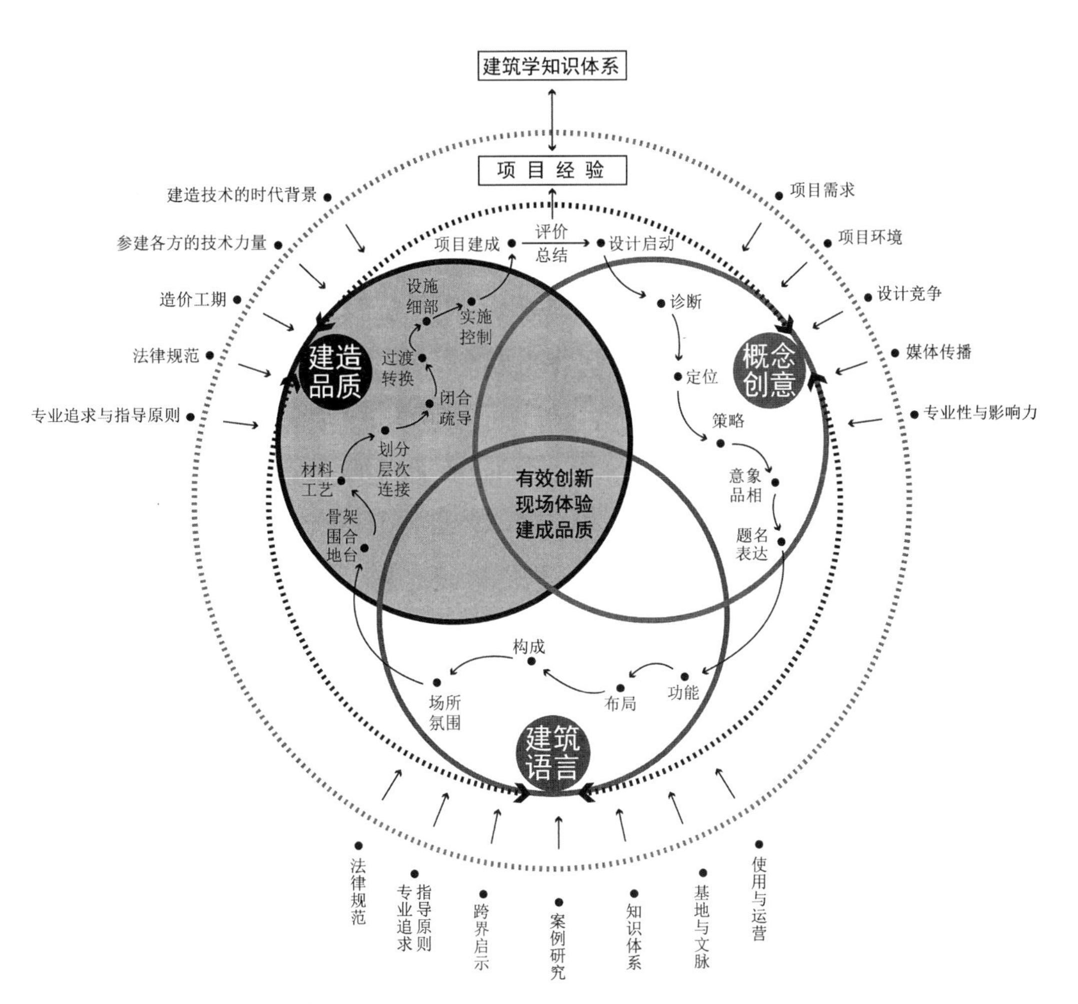

图 7–1　本章核心内容图解（来源：作者自绘）

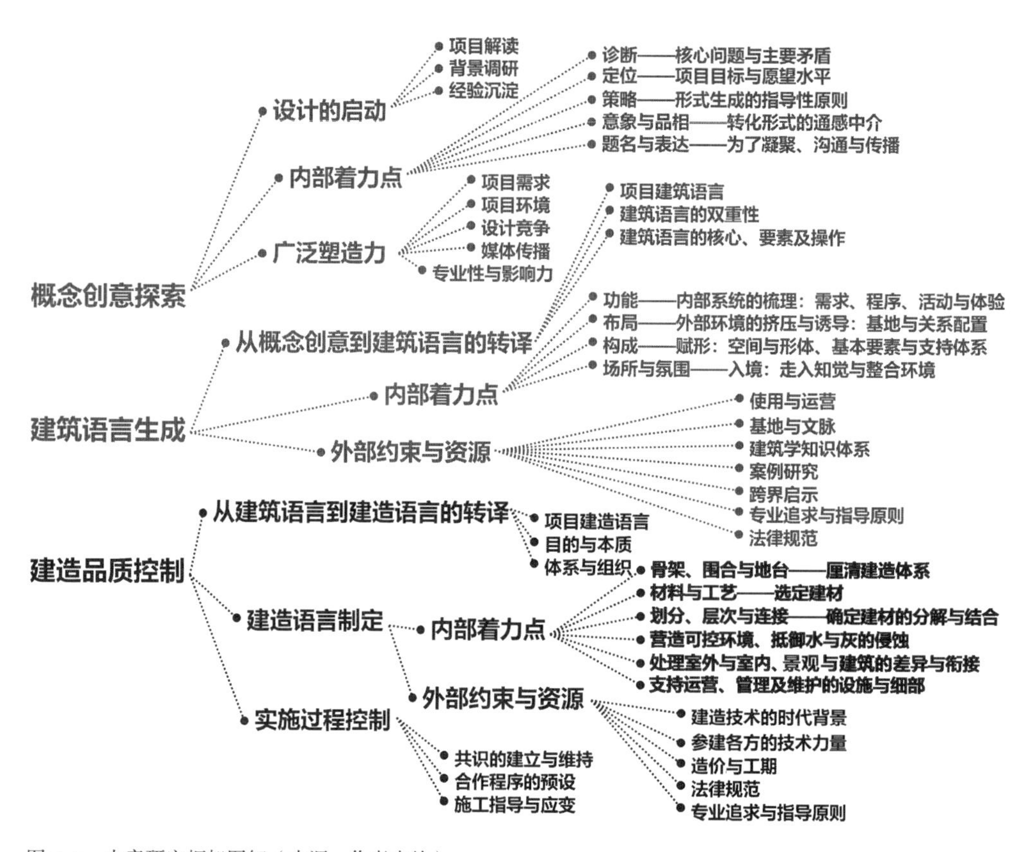

图 7–2　本章研究框架图解（来源：作者自绘）

最初人们通过建造获得工匠的身份。原本工匠直接运用肢体来建造，随着房子的规模不断扩大、建造方式不断发展，工匠中逐渐出现了并不直接建造，而是计划建造何物、筹划如何组织与安排人员和工具来建造的特殊人物。在持续的专业分工过程中，建筑师出现了。作为建造的一个特殊主体，建筑师大都并不亲自动手垒石砌砖，而是通过自己肢体以外的人员、工具、组织和程序实施建造。在建造活动中，这些人员、工具、组织和程序成为建筑师的“延伸的肢体”。这就像人驾驶汽车高速行进时，方向盘、油门踏板、刹车踏板以及汽车的一切配件都成为驾驶者“延伸的肢体”一样。在建造行为中有一种力量——运用超越个人的组织和技术资源，在个人不可能企及的尺度和难度上实现人与生存发展有关的建造行为[①]。

社会专业分工造成了设计与建造的分离，而建筑却必须通过建造来实现。因此，建造控制是建筑师设计思考的一个重要的核心层面。在项目设计中，建造控制主要分成两个部分：一个是建造语言制定，即建筑语言向建造语言的转译；另一个是施工过程控制。

建筑学起源于人类的建造行为，经过漫长的文明历程，建筑学凭借丰富的知识积淀，开拓了可以抽象讨论空间组织、视觉形式规律等议题的思考平台，建筑语言能够在很大程度上呈现出抽象性、非物质性和非建造性，具备自身的形式规律。但是设计转变为现实，必须回到建造，建筑语言需要向建造语言转化。**在项目设计中，建造语言指按照建造规律重新分解和描述建筑形式语言，形成能够指导实际施工的图示、模型与文字表达。建造语言还包含这样的意识，即从建造角度出发审视形式和进行设计，并有意识地表达建造体系和构造节点的形式逻辑与文化潜力，这本身就构成概念创意与建筑语言的有力的生成方式。**肯尼斯·弗兰姆普敦的《建构文化研究》对此进行了深入的阐述。

建筑师应该主动介入施工管理过程是社会分工和项目连贯性之间的分裂所提出的要求。建筑师与工匠的一体关系被社会分工所分割，建筑师的设计要通过施工单位来落实，建筑师对项目的思考与控制需要跟进到项目完成之后，才能保证整体设计目标的贯彻。

建筑师需要在设计启动时就开始考虑最终的现场体验和建成品质，并在设计与建造的全过程牢牢把握这个价值重心，做好从建筑语言到建造语言的转换以及施工过程的控制。这不仅需要建筑师具有常识经验以及从 1∶1 的比例开始思考问题的专业素养，而且需要建筑师具有主动的建造意识与良好的整合能力。

建造语言制定可以沿着骨架与围合、材料与工艺、划分与连接、密闭与收边、衔接与

---

① 张振辉. 一般技术背景下建筑设计与建造控制方法探索［D］. 南京：东南大学，2004：74.

过渡等着力点展开；施工过程控制则应该关注参建各方共识的建立、控制程序的预设以及施工现场的指导与应变等议题。这个思考层面的外部约束主要来自对建造技术和过程提供支持和约束的社会基础条件，包括建造技术、科技水平、管理水平等因素。

7.1 从建筑语言到建造语言的转译

7.1.1 项目设计中的建造语言

项目设计思考中的概念创意、建筑语言与建造控制是互相包含、转化与支撑的三个核心层面。三者都可以成为设计的开端，重要的是彼此推动、互相印证、互为解释，最终实现三个层面通达连贯的局面。因此，建造并不是被动地对既定的形式进行技术性解释，建造本身就具有形式生成力与制约力。

在中国当前的建筑实践中，建筑师往往沿着从形式语言向建造解释深化的线路展开工作。一方面，这是因为在大量快速建造的行业现实中，这种思路是符合从粗略构想到制作成品的生产规律的；另一方面，这也与我国对设计过程的“方案设计、初步设计与施工图设计”三个阶段的划分有较好的对位关系。我国建筑行业通过对三个阶段的成果深度界定，引导和约束建筑师在工作中逐步从形式语言向建造语言迈进。**在项目设计中，建造语言指按照建造规律重新分解和描述建筑形式语言，形成能够指导实际施工的图示、模型与文字表达**。而施工图就是我国行业规定和社会约定的建造语言表达方式。

7.1.2 建造语言的目的与本质

建造语言制定的目的有两个。

根本目的是向原来并不了解项目设计的施工者解释清楚如何建造成与建造好一个建筑。这个目标是效果导向，即通过一切可行有效的方法向施工者解释清楚建造方式及品质标准。为实现这个目标，建筑师可以通过施工图图纸、语言交谈、草图演示、模型展示、例会制度等一切有用的交流手段来传达关于项目建造的信息，在这里手段并不重要也不是唯一，重要的是促成信息的有效传达与共识的建立。从这个角度，施工图制作不是唯一方式也不是设计的终结。施工图只不过是我国行业规定与社会约定的建造语言表达方式。指导施工的各种行动需要建筑师参与设计与建造的全过程。

保底目的是在专业细分的现代社会建立保护建筑师的法律屏障，即制作合法合规的图纸文件并加以存档，经得起事前事后的审查与追责。由于这个目标是免责导向，建筑师很自然会倾向于选择运用简易安全的方式解决问题，从而规避责任风险。

追求效果与确保免责的目标并非一致，这是建筑创作的专业难题之一。合法合规是行业底线，这通常不是建筑师的专业追求。但是对概念和效果的追求，必须在满足了法律规范的制约的前提下才有可能实现。如果没办法应对法律规范的制约，再好的想法也无法实现。因此，建筑师应该主动了解和理解建筑法律规范的内容和框架，做到应对自如，才能获得创作的自由度。

建造语言的本质是用剥洋葱的方式表达形式的建造实现方式，即表达建筑材料的横向划分与纵向层次，以及完成面通过构造连接到结构体和砌筑体的做法。

例如苏州博物馆新馆，其前期概念和设计预想的形体、空间与界面的效果得到充分的实现，完成度极高，建成品质与现场体验很好。在实际建造中，其室内外平整的白墙、与白墙相平的石材勾边、内嵌的灯具都是通过在主结构混凝土墙体上附着次结构龙骨体系用以精调完成面平整度而实现的；而坡屋面与墙面勾勒的石材均作了精致的划分，这些划分开的块材又通过构造与结构体衔接起来。这一系列材料划分与构造连接是建造语言制定时需要最终解决的问题；而与建造有关的诸如结构跨度、构造厚度等问题则会制约与影响建筑语言的生成，在建筑语言阶段至少应该定性地确保结构可行性与留出足够的构造空间。

从建筑语言与建造相互匹配的角度，提高建成品质的难度在于如何把展现形式语言的完成面与建造所必需的结构体与砌筑物完全协调起来。建筑师往往对夯土建筑、清水砖墙建筑、清水混凝土建筑或者全通透的钢结构玻璃幕墙建筑等充满特殊的专业热情，正是因为其结构体、砌筑物与完成面三者是完全一体化的，设计的内在逻辑在可视范围内无法藏匿（图 7-3）。同理，那些做到室内外、天地墙的完成面全都划分清晰、交圈对缝的建筑也往往能得到建筑师出于专业角度的赞赏。

图 7-3a　夯土建筑二分宅，（来源：非常建筑，http://www.fcjz.com）
图 7-3b　清水砖墙建筑清水会馆（来源：作者自摄）
图 7-3c　清水混凝土建筑小篠邸（来源：Philip Jodidio: Ando Complete Works 1975-2012［J］. Taschen.2012: 64-68.）
图 7-3d　全玻璃结构幕墙的欧洲某建筑（来源：作者自摄）

7.1.3 建造语言的体系与组织

解释建造与存档待查都要求建造语言有一套清晰规范的表达方式，以供参与各方共享对等、一致与稳定的信息。我国行业通用的施工图也通过一套明确的体系规定了建造语言表达的一系列语言要素，如线型、图示、图例、指示、索引等符号、标记与文字（图），同时确定了图纸及说明按不同尺度层级逐层深入的组织原则。

表 7–1 是我国民用建筑设计常用的建筑专业施工图体例。

建筑专业施工图体例　　表 7–1

序号	内容	比例
01	封面、目录	—
02	建筑设计总说明和材料构造表	—
03	总平面图及场地设计图纸	1 ∶ 500 ~ 1 ∶ 1000
04	轴网柱位定位图	1 ∶ 100 ~ 1 ∶ 150
05	建筑平、立、剖面图	1 ∶ 100 ~ 1 ∶ 150（放大平立剖面图 1 ∶ 50 ~ 1 ∶ 100）
06	楼梯、电梯、坡道和卫生间等服务体大样	1 ∶ 20 ~ 1 ∶ 50
07	墙身大样	1 ∶ 20 ~ 1 ∶ 50
08	门窗、幕墙、天窗、雨棚、栏杆等建筑部件大样及节点	1 ∶ 20 ~ 1 ∶ 50（节点图 1 ∶ 5 ~ 1 ∶ 20）
09	集水井、排水沟、盖板箅子、防雷带等小部件大样及构造详图	1 ∶ 5 ~ 1 ∶ 20

（来源：作者自绘）

建筑专业施工图体例分成几个相互关联的层级：总体约定与普遍做法、场地尺度的设计及图纸、建筑尺度的设计及图纸、大样尺度的设计及图纸、节点尺度的设计及图纸等。

1. 总体约定与普遍做法。这部分通常由“建筑设计总说明”与“材料做法构造表”两部分组成。“建筑设计总说明”包括项目概况、设计依据、建筑施工图总则、建筑节能设计概况以及材料与构造说明等文字内容；“材料做法构造表”是承接“总说明”中的“材料与构造说明”所编制的表格，进一步详细描述建筑各个部位普遍采用的材料与构造分层。

2. 场地尺度的设计及图纸。包括总平面图、场地竖向设计图等图纸，主要表达建筑在场地中的落位、布局，以及建筑周边场地交通、竖向排水、场地铺面、景观配置等内容的设计组织。场地尺度图纸一般采取 1：500～1：1000 的比例。

3. 建筑尺度的设计及图纸。包括建筑平立剖面图、轴网柱位定位图以及局部放大平立剖面图等图纸，主要通过平面、立面、剖面三个视角表达建筑本体的构成、结构骨架的布置以及结构与围护部件的形状、尺寸、标高、坡向等信息。建筑尺度图纸一般采取 1：50～1：150 的比例，把场地尺度图纸中的建筑物列出来，放大比例反映更详细的建筑内容，同时也作为导航图，以供更大比例的图纸从中索引。

4. 大样尺度的设计及图纸。包括楼梯、电梯、坡道与卫生间等服务体大样、墙身大样以及门窗、幕墙、天窗、雨棚、栏杆等建筑部件大样。楼梯、电梯、坡道与卫生间等服务体可谓“建筑中的建筑”，主要在 1：150～1：50 的平面图上索引出来，再放大至 1：50～1：20 的比例来进一步描述。墙身大样重点表达围护体与结构体的连接构造关系以及外立面形式的构造实现方式，一般会从 1：150～1：50 的剖面图上索引出来，再放大至 1：50～1：20 的比例，在选择剖面图剖切位置时就应该兼顾空间关系与关键墙身的表达，难以兼顾时也可以有部分墙身大样从平面图或立面图上索引。门窗、幕墙、天窗、雨棚及栏杆等建筑部件需要放大比例把其展开后的分格作清晰的表达，幕墙部分通常还需要专业幕墙设计公司进行深化设计，建筑师如对节点做法有非常规的想法则需要绘制出节点详图。

5. 节点尺度的设计及图纸。包括门窗、幕墙、天窗、雨棚与栏杆等建筑部件的细节处理以及集水井、排水沟、盖板箅子、防雷带等小部件的做法详图。节点尺度图纸通常需要放大到 1：5～1：20 的比例，有时候甚至需要制作 1：2～1：1 的图纸。

小比例图纸放大至大比例图纸是逐层深入的关系，大比例图纸在小比例图纸上索引以明确定位关系。整个建筑施工图体例其实也反映了人类思维（有效聚焦）与设计媒介（非口语的图纸）的互动关系。设计成果稳定在一系列相互关联的图纸上，参与各方则按照约定的规则完成。

在建造语言制定阶段，建筑师在完成建筑专业施工图制作的同时需要与结构及机电设备如给水排水、电气、智能化、空调暖通以及管道综合等专业展开密切的横向设计配合，以完成整个建筑项目的全工种施工图体系。在此过程中，建筑师还需要与纵向的各专项深化设计进行紧密的配合，通常首先是室内与场地景观设计专业，接着是幕墙深化、泛光照明、标识系统等专项设计。不同功能性质的建筑还会引入特有的专项设计，例如展览建筑的展陈设计、观演建筑的舞台机械灯光音响设计、大型公共建筑的人防工程等。随着时代发展，政策与法规引导下的专业设计也在不断增加，例如节能与绿色建筑设计。在这个阶段，团队架构、分工组织与工作流程等设计管理的重要性就凸显出来了。

7.1.4 从建筑语言向建造语言转译的步骤

建筑语言的重点在于通过组织形式满足功能需求以及营造视觉及体验效果，建造语言的重点在于运用建造规律实现形式。建筑语言可以具有抽象性，通常注重整体性即总体形式构成与环境场所氛围的塑造；而建造语言必须具体到位，围绕建造过程层层分解。

从建筑语言向建造语言的转译，首先要对设计对象建立定位与搜索系统，如轴网、轴号、坐标、高程与名称等，并在此基础上进行完备、周密、清晰的分部件拆解以及分系统拆解，如整体分区、分层、分平立剖面图，楼梯、电梯、坡道与卫生间等服务体单独列出来描述或按结构、机电设备专业等拆解；然后再体系清晰、路径明确地逐层放大比例不断深化设计内容的表达；最终还要不断检验分解后的各项设计工作是否围绕着原来的整体设计目标。良好的专业配合在这个过程中成为一个重要的议题，而更重要的是建筑师的主体心智对整个项目的目标与实现有清晰连贯的认知与有效到位的掌控。

社会分工的确把建筑行业分工划分得越来越细，但是建筑师应该建立与坚持**基于现场真实效果的一体化设计观念**，着力整合项目设计的各个分部与阶段。在转译建造语言的过程中，建筑师可以通过一系列关键词提醒自己保持设计思考的连贯状态。

1. 表达清晰

施工图的根本目标在于向不了解这个设计的施工单位（工人师傅）清晰解说如何建造好这个建筑，因此，表达清晰是首要且基本的要求，包括体例清晰、索引清晰、图例清晰、指示清晰。

2. 层次分明

既有需要在 1：1000 比例进行设计与表达的部分，也有需要在 1：1 比例进行设计与表达的内容，每个尺度层次分别解决好各自对应的问题，同时各个层次紧密关联。

3. 顾此即彼

建筑施工图各组成部分要相互顾及，建筑专业和其他各专业与工种要相互顾及。

4. 瞻前顾后

遇到阻力或需要改变时要回溯造成现状的原因；在当下做出改变后要考虑后续会有什么连动后果。

5. 先人后己

先完成其他工种和专业推进设计需要的设计条件或设计深度，留出时间回头完成建筑专业出图要求的设计内容与设计深度。

6. 把握最终尺寸与出形步骤

要保证建造对作为设计结果的形式的落实度，一个关键的问题是要能把握出形步骤和最终尺寸。国内的建造施工步骤一般是土建结构框架、土建砌体围护面、门窗施工、外部面层装饰和内部装修，每一步都在前一步的基础上附加建材与增加厚度。建筑师在设计时考虑的是建成的效果，形式的尺寸是建成的最终尺寸。为了如实地在建造中落实设计的成果，应该在设计中就考虑到建造的步骤和方式，决定好哪些形式要在什么步骤完成出形。这里与结构工种的配合就显得特别重要。因为需要结构出形的地方结构施工图必须与建筑施工图一致，许多不在结构框架现浇阶段出形之处也需要结构工种做好准备，如为砖砌女儿墙预留钢筋、在钢结构柱位焊接钢板等。如果最终的尺寸要在面层装饰之后才出形，那么就要反推其结构尺寸。如果墙面采用石材贴面，那么表面的许多形式就可以与现浇结构无关而采用石材厂家的工厂加工方式获得。在一般技术背景下，通常做“凸”的形式比做“凹”的形式容易，通过粗壮的构件和形式来表现比表现纤细精致的感觉容易。

7. 关注划分、层次与连接

建筑面材会有横向划分，划分落实为展开面放样。建筑构件的材料组成会有纵向层次，层次落实为剖切面大样。不同层次的材料或构件通过构造连接起来，连接落实为节点。划分与展开面放样的关键在于交圈，即边角处、转折处与交接处。层次与剖切面大样的关键在于控温防水、找平找坡与材料转换。连接与节点的关键在于传力、承接（主次构件之间或异质材料之间）和密闭。

8. 留意水和灰

大气中水和灰是影响建筑效果特别是持久效果的重要因素，在空气质量堪忧的当代中国更是如此。建筑师需要注意处理水和灰给建筑带来的负面影响：水——有顶面就要排水；有交接就要防水；有边沿就有滴水。灰——建筑表面需要防止积灰与水造成“掉眼泪”。建成效果的长期维护跟建筑材料的本体性质、颜色质感、纹理方向、收边构造以及建筑清理设备的预留等因素有关。

7.2 建造语言制定的内部着力点

建造语言由于其“社会公约”的性质而被要求表达得体例清晰严密。但是对建筑师而言，体例并非设计思考的主要对象，而是协助设计思考有序展开、避免遗漏与促使成果表达符合社会约定的规则与工具。在建造语言制定阶段，建筑师需要聚焦思考和解决一系列与建造有关的关键点：骨架、围合与地台；材料与工艺；划分、层次与连接；闭合与疏导；过渡与转换；支持运营、管理及维护的设施与细部等。

7.2.1 骨架、围合与地台——厘清建造体系

建筑学的抽象思辨与建筑的物质建造之间的张力贯穿于建筑设计的全过程。建筑师借助抽象的概念、理论与形式思考打开设计接纳各方资源的大门，同时又要把所有灵感、思考和形式转换成按照材料性能与建造规律可以实现的存在方式。

建筑语言层面的设计思考要把形式意图与支持体系（结构体系和设备腔体）紧密融合成一体，建造语言层面的设计思考则首先要处理好骨架与围合以及它们之间的关系。在建筑语言思考阶段可以形式优先，而在建造语言思考阶段则要把结构性要素放在优先地位。

骨架指建筑中的结构性要素组成的系统，即建筑抵抗重力与动静荷载以及保持整体性的系统，其核心组成是柱、梁、板、承重墙、屋盖等结构构件，也包括结构要素化的楼梯、电梯等服务核与主要的设备腔体等。骨架的概念与现代建筑运动以来的框架结构体系（勒柯布西耶的多米诺体系）紧密相关，更远可以追溯到森佩尔挑战洛吉耶原始茅屋学说提出的“延性框架与填充墙体是更为基本的建筑要素”[①]，并且也可以从中国传统建筑的木结构体系中获得相通的理解。骨架成为建筑中的一个基本体系的根本原因在于结构性构件要承担动静荷载以及保持整体稳定，其用材、构造和系统组织要满足特定的物理、力学与整体性、稳定性的要求，具备目的和属性的统一性。并且结构性构件比起建筑的其他组成部分，其承载力与稳固性标准更高、获得与加工的难度更大。因此，在重视经济性和具备精确计算能力的现代社会，往往会在建造中把结构性构件组织为高度集约的、通过紧密关联高效发挥结构作用的、类似人体骨骼般的三维构成体系。然后在这个结构体系中填入或附加其他系统，如围护墙体与机电设备等。而这些填入或附加的内容具有相对更大的灵活性，易于调整和变化。

骨架是建筑的建造性主体。在建造语言制定的层面，骨架需要被建筑师单独列出来作为一个独立系统聚焦思考，并且需要与结构工程师紧密互动。骨架要满足结构专业承担荷载和保持稳定的要求，首先要建立整体可行的结构体系，这里涉及结构选型、基本跨度确定等议题，然后要落实到每种结构构件的基本尺寸层级，最终要落实到建筑每个

---

①（美）肯尼斯·弗兰姆普敦. 建构文化研究［M］. 王骏阳，译. 北京：中国建筑工业出版社，2007：88.

部位、每个结构构件的具体形态和尺寸。骨架也并不仅仅满足结构性能的要求，骨架的系统性、逻辑性、秩序性以及形式感本身就是建筑师的重要思考对象，跟建筑的“核心形式”① 密切相关。

围合指建筑中为了获得受控空间、划分使用空间、塑造空间与形体而建造的围合界面体系，其核心组成是非承重的墙体隔断以及地面、顶棚等。围合空间的墙体、地面与顶棚都由具体的材料通过特定构造而建造，其材料选取与建造方式不仅取决于空间质量所要求的密闭性、热工、声学、防水等物理性能，也取决于形式构成与界面品相等设计目标。为达到围合界面的内部材料与构造能够满足物理性能，同时其面层效果可以实现效果要求的目标，设计思考的重点应在于系统性地理清这些性能与效果的需求，落实到每一个具体界面的内外处理，明确完成面到砌筑面的材料层次与构造尺寸，最终把形式构成的抽象界面转化为融合了物理性能与形式效果需求的由物料建造起来的墙体系统。界面的材质、色彩与透明度等抽象属性则要通过具体建筑材料的本质属性、加工工艺和拼接划分来表达。因此，围合与建筑语言形式构成的建造实现密切相关，与空间最终的使用质量和体验品质关系密切，与“艺术形式”② 密切相关。

核心形式是建构体系本身的议题，事关建筑形式的本质结构，往往跟结构与建造相关，是基本原型与类型。艺术形式是外在形式的议题，事关再现形式。核心形式从结构出发，但不等于结构形式。建筑师要始终带有建筑意图，哪怕是在思考结构问题的时候。例如，在结构技术上不同部位的柱、梁采用不同的截面应该是更合理和经济的，但是安藤忠雄会要求统一所有柱和梁的截面以表现框架形式的秩序感与匀质感（图 7-4）。石上纯也设计的神奈川工科大学 KAIT 工房的不同截面的细钢柱致密（图 7-5），也并非结构的必然性，而是一种对涟漪般扰动的空

图 7-4 安藤忠雄的六甲山住宅
（来源：Philip Jodidio: Ando Complete Works 1975-2012［J］. Taschen，2012: 96-107.）

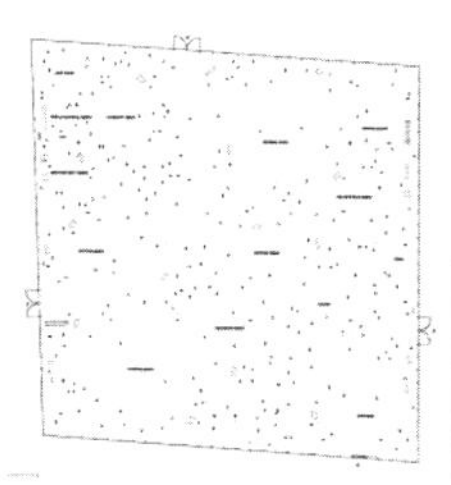

图 7-5 神奈川工科大学 KAIT 工房
（来源：Ikuku,http://www.ikuku.cn）

① （美）肯尼斯·弗兰姆普敦. 建构文化研究［M］. 王骏阳，译. 北京：中国建筑工业出版社，2007.
② 同上。

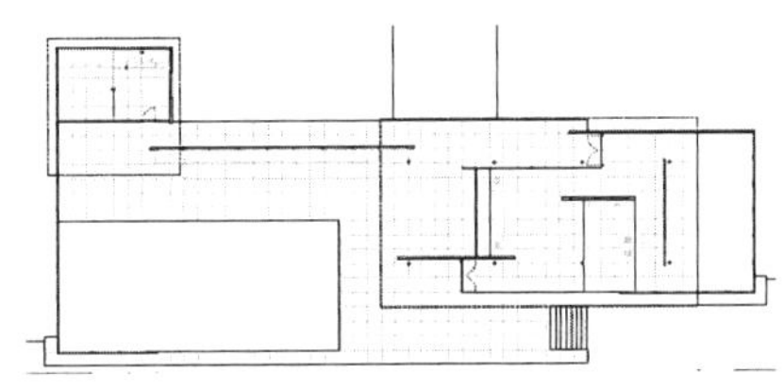

图 7-6　密斯・凡・德・罗的巴塞罗那德国馆平面图
[来源：胡冰路. 密斯・凡・德・罗的巴塞罗那德国馆［J］. 世界建筑，1987（01）：69.］

图 7-7　安藤忠雄的光之教堂室内
[来源：Philip Jodidio: Ando Complete Works 1975-2012［J］. Taschen, 2012: 130.］

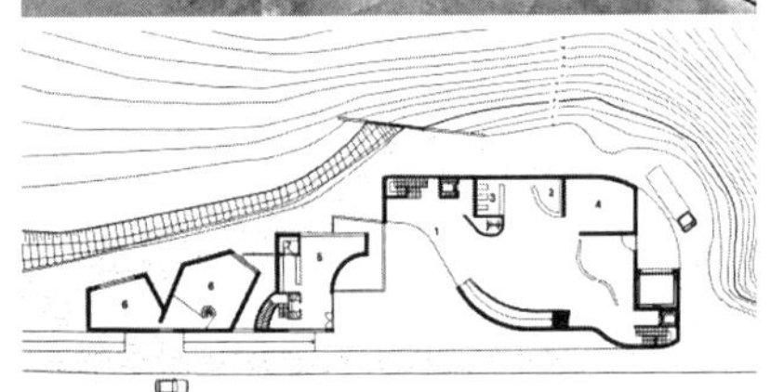

图 7-8　阿尔瓦罗・西扎的 Ibere Camargo Foundation Museun
（来源：Carlos Castanheira. Alvaro Siza: The Function of Beauty［M］. Phaidon Press Ltd, 2009: 86-88.）

间感的追求与结构可能性的紧密结合。因此，建筑师心中永远有形式和表现的观念。结构工程师追求做到跨度的极限，而建筑师关心如何将结构的逻辑表现出来。结构工程师关心可以怎么做或怎么做更合理，而建筑师思考应该怎么做或怎么做看起来更合理。

从博迪舍、瓦格纳到肯尼斯・弗兰姆普敦，西方学者与建筑师一直存在从建构的视角讨论建筑的“核心形式”与“艺术形式”的脉络，他们主要的观点认为就像古希腊女人雕像身上的轻纱在遮掩的同时又更好地揭示了女性的人体美一样，建筑的艺术形式应该从核心形式出发继续延展，朝向融合了结构本体与形式表现的“建造形式”[①] 迈进。

类比核心形式与艺术形式的分野与关联，骨架与围合是有区别但又是紧密联系的思考对象。它们具有多样化的结合关系的可能性，可能是两套清晰分离体系的有机组合，也可能浑然一体。例如密斯・凡・德・罗的德国馆，支撑点柱与围合片墙清晰表现了两者分离的状态（图 7-6）。在安藤忠雄的建筑中，骨架与围合则统一在同质的清水混凝土建造材料之中（图 7-7）。阿尔瓦罗・西扎的建筑更多呈现为围合意图优先，骨架与之紧密结合，化解在围合的构成之中（图 7-8）。其实安藤忠雄的设计思考也是围合优先，但是结构骨架更加紧密地追随了围合形式，而这种形式的生成与阿尔瓦罗・西扎的流动勾连、塑性异变不同，经典几何形体发挥了更强的控制力。伊东丰雄的 TAMA 艺术大学图书馆，骨架与围合从设计的开始就强调与呈现出不分彼此的感觉。

① （美）肯尼斯・弗兰姆普敦. 建构文化研究［M］. 王骏阳，译. 北京：中国建筑工业出版社，2007：93.

相对骨架与围合两个易见的体系，另一个建造层面首先要思考的重要对象“地台”比较容易被忽视。在戈特弗里德·森佩尔的建筑四要素中，基座（earthwork）与构架/屋面（framework/roof）、围合性表皮（enclosing membrane）一起，构成除了火炉（hearth）代表的精神性要素以外的3个物质性、建造性的要素，并且得到戈特弗里德·森佩尔的特别强调：他认为在建造原型的意义上，“基座乃是与地形有关的砌筑实体，在它上面才是相对非永久性的构架形式”①。建筑由于重力坐落在大地之上，它需要一个中介，一方面把上部构架的荷载稳定可控地传递到地层；另一方面很重要的作用是建立一个“托盘”来远离地面的淌水、潮气、污秽与有害生物。卫生与承托上部结构的需要转化为对基座建造的构造要求，建造的形式又逐渐固化为建筑文化的一部分。对内，基座成为建立可控领域的心理参照；对外，基座成为塑造建筑形象的造型元素。而对总体布局，基座成为营造场所序列的限定要素。不管是古希腊的神庙、文艺复兴的府邸、柬埔寨的庙宇，还是我国故宫的太和殿，都能体现基座在建筑与建筑群中的重要地位。

在现代建筑运动之后，地景跟建筑的更紧密结合以及建筑地景化成为当代建筑发展的一个重要方向，处理建筑与地面交接关系的思路与手法也趋向于多元化。由此，戈特弗里德·森佩尔的基座概念可以拓展为**“地台”，即建立建筑与场地关系的建造体系**。地台体系要解决的基本问题的侧重点也有所转移，对当代许多大型公共建筑来说，结构荷载传递至地面的功能往往不再需要通过一个完整的地面以上的基座来传递，地台主要是解决地面从外部空间到内部空间的过渡和衔接。地台的功能性与体验性的需求出现一个分野：功能上需要内部空间对外部场地进行抬高与分离，以便解决排水。防潮，与防虫等问题；而在体验上，市民化的社会呼唤城市公共空间的连续性与延展性，人们既希望进入的是一个受控的环境，但又不希望割裂与外部整体世界的连续体验，许多优质的建筑场所往往采取室内外地面连续平接的做法。因此，解决排水防潮与形成连续体验的动机共同促成的“微地形”就需要建筑师精心构思与严谨建构了。首先是处理室内外高差和室外场地的微妙高差，结合场地性质明确场地排水坡向与坡度，设置集水口和排水沟。同时，要结合场地与景观的形式语言选择合适的材料、构造层次以及面材划分以满足功能与营造体验。在这个过程中建筑师需要跟景观专业设计师紧密配合。

最终骨架与围护体系应该有机融合，置于地台之上，结成一个连续整体，共同为人们提供舒适的庇护与独特的体验。

---

①（美）肯尼斯·弗兰姆普敦．建构文化研究［M］．王骏阳，译．北京：中国建筑工业出版社，2007：88.

7.2.2 材料与工艺——选定建材

在理清骨架、围合与地台等几个建造语言核心体系的同时，建筑师可以随即展开对材料与工艺的思考。在现实世界中，建筑材料离不开对其进行处理的特定工艺而独立存在。材料固然具有作为物质的本体属性（可以量化的第一属性如强度等），但其成为建材的过程通常会经过一系列工艺加工处理，而且不同的工艺也会使材料性质与效果（不可量化的第二属性如色彩、质感、透明度等）呈现巨大的差异。同时，特定材料与特定建造工艺紧密相关，例如砖与砌筑。因此，在建造上材料与工艺是一对密不可分的关联概念。在建筑语言思考阶段，建筑师可以概念化地思考材料，例如采用“温暖”的木材还是“坚固”的石材。但在建造语言阶段，建筑师更多要思考采用什么工艺、质感、色彩或透明度的材料，进而具体思考如何对建材进行划分、连接与建造。通过材料和工艺这组概念，建筑师可以把对形式与品相的概念化思考转入物质与技术的层面。

对材料与工艺的选择将贯穿整个建造过程。无论是出于骨架、围合还是地台的动机，所有设计内容都依赖材料的建造而转化为现实。建筑师对材料与工艺进行思考、研究与选择的依据可以归结为结构性、适用性与体验性。结构性与适用性指标是指材料的结构强度、防水防潮、保温隔热、隔声降噪等跟建筑结构、建筑空间温度、湿度以及声环境有关的物理性能。这些标准在特定的项目中往往形成一系列硬性指标。与结构性与适用性指标相关的建材选择的主导意见未必出自建筑师，更多是由结构、设备、声学与绿色节能设计等各专业根据项目需求来确定或者向建筑师提出明确而有限的建议。建筑师不应忽视建材的结构性与适用性指标，因为这与人对空间的体验品质有关，但是在实际设计过程中，建筑师会更关注材料与工艺的可体验的表层。这个表层包括各种情形，例如抹灰喷涂等覆层、清水混凝土与清水砖墙等结构材料的外在呈现以及当代大型公共建筑项目常常采用的外幕墙等，即建筑界面与构件外部的可视、可接触的表面。

材料及其意义与表现是现代建筑的一个重要问题。自路斯、戈特弗里德·森佩尔以来，学者们对覆层的真实性与再现性、材料的隐匿与显现等建筑学议题展开了持续的讨论，发掘材料对于建造与空间的丰富内涵[①]。建筑师们在设计实践中不断探索材料表达的各种可能性，例如，勒柯布西耶在萨伏伊别墅等项目中采用墙面白色抹灰的方式隐匿具体材

---

① 史永高．材料呈现［M］．南京：东南大学出版社，2008．

料与显现抽象形式（图 7–9），后来理查德·迈耶在白色派建筑中把这种思路继续发展（图 7–10）；路易斯·康追问“砖想成为什么”（图 7–11）；贝聿铭在整个职业生涯反复使用混凝土以及石材、钢与玻璃幕墙建造了一系列凝聚历史与文化精髓的现代博物馆建筑；赫尔佐格与德梅隆一度把探索运用精美工艺处理不同材料形成建筑表皮作为建筑实践的主题；安藤忠雄的一系列小住宅与教堂设计通过现浇清水混凝土的材料与工艺，把结构骨架和围合界面融合统一在抽象几何形体的构图之中，跟勒柯布西耶式白墙所构成的“阳光下的形体”不同，其抽象形式弥漫着“灰调”的质感与氛围；坂茂把现代工艺处理过的纸作为结构杆件和空间界面使用，结合这种新型建材发展出一套相匹配的轻快装配的建造逻辑（图 7–12）。

图 7–9　勒柯布西耶的萨伏伊别墅
（来源：筑龙网站，hrrp://www.zhulong.com）

图 7–10　理查德·迈耶的巴塞罗那当代艺术博物馆
（来源：作者自摄）

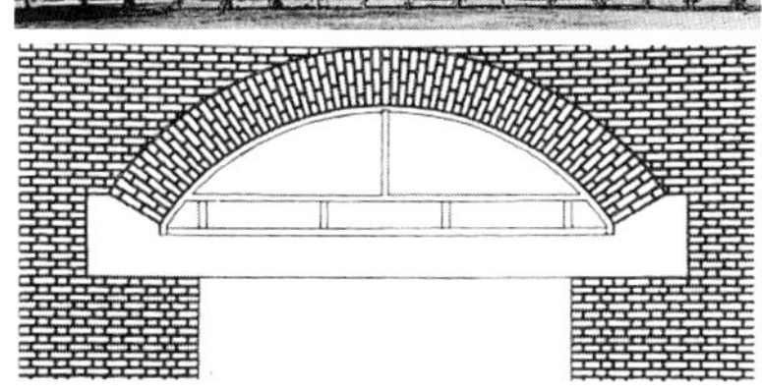

图 7–11　路易斯·康的砖拱
（来源：克劳德–彼得·加斯特. 路易斯·康：秩序的理念［M］. 马琴，译. 北京：中国建筑工业出版社，2007：172–175.）

历史上的设计实践与学术讨论为建筑师开启了理解与思考材料与工艺的广阔语境，而现代科技的发展，新材料、新工艺的涌现更为建筑师提供了丰富的选项。建筑师在项目设计中开启对材料问题的思考可以从概念开始：在对项目需求与项目环境的诸多因素进行分析评价之后形成对材料运用的某些定位、设想与策略，进而转化为品相、氛围等建筑语言的关键词，接着在建造语言的层面落实为具体的材料与工艺。在建造层面，建筑师可以抓住真实感与可行性这两个关键词来推进材料与工艺的选定。

真实感并非客观的真实，而是强调通过视觉、触觉、听觉、嗅觉等知觉向人们确切地传达某种建筑师所设想的效果。可行性是指运用的材料与工艺是建筑师在项目的现实环境中能够获得的。对材料

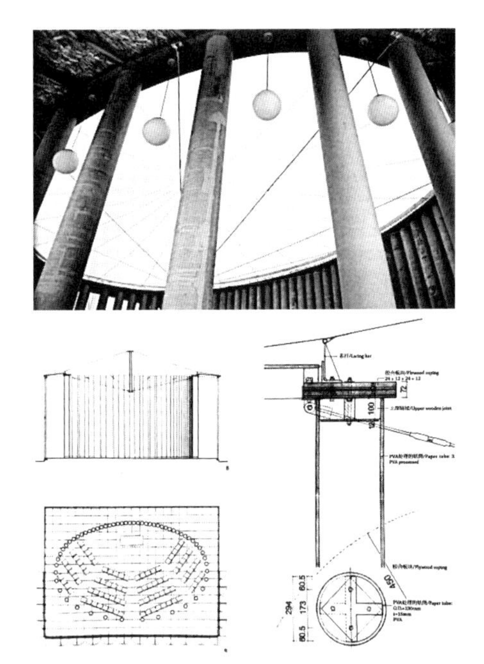

图 7–12 坂茂的台湾纸教堂
（来源：台湾纸教堂［M］. Taschen.2012: 130.）

图 7–13 安徽省博物馆新馆外墙
（来源：张广源摄影）

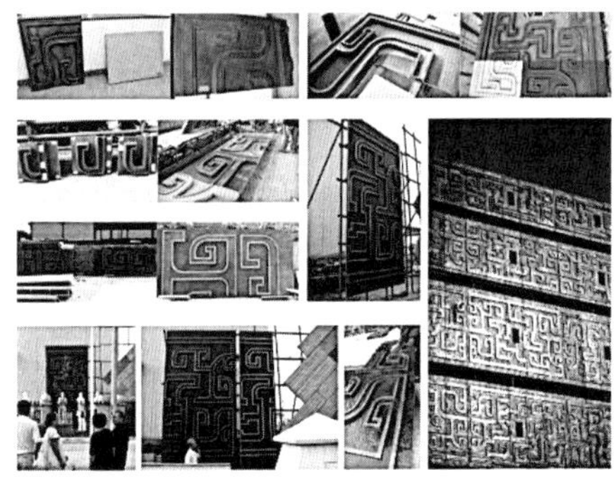

图 7–14 安徽省博物馆新馆外墙挂板实验
（来源：作者自摄）

与工艺的思考，需要一个从概念策略到现实选择的过程，这是一个在两个方面同步探索和相互接近的过程：一方面是在想象、经验、案例研究与需求分析等的综合评估下形成对材料运用的概念设想与形式策略；另一方面是探索在现实中可以获得的材料与工艺效果，即可行性。建筑师需要以真实感为目标，在这两方面进行衔接。

在安徽省博物馆新馆项目中，建筑师与业主取得共识，意图在建筑外墙呈现“青铜器般的历史感与文化感”（图 7–13），并通过多方案比选确定了外墙的纹样肌理，建筑师的工作重心逐渐转移到材料与工艺的落实。经过初步的案例考察、技术咨询与设计探索，首先排除了铜，一方面是造价过高，另一方面是因为青铜文物上的沧桑效果并不能简单借由同样的材料就能转移到尺度百倍于器物的建筑物上面。接着排除了天然石材，主要是因为分块过小，色彩难以达到深度要求，而且做出足够深刻的肌理所需要的厚板石材造价过高。最后决定选用 GRC 人造石，这种材料造价可控，其效果具有较大的可塑性，允许建筑师与厂家在配合中逐渐探索与逼近设想的效果。然而，从确定选材方向到敲定具体工艺，中间花了超过半年的时间，通过 7～8 轮的试版，才逐步落实外墙肌理纹样的宽度与深度、深灰色与明黄色面漆的颜色与光泽度，底纹则是从真实岩石上翻刻制模再制作的自然肌理（图 7–14）。最终的工艺细节是在充分考虑了 1∶1 样板在远观与近观效果的基础上决定的。

在中国馆项目中，“中国红”外墙效果是各方关注的设计重点。在“庄重、经典、体现中国文化”的定位下，设计团队展开了颇具广度的设计探索，提出了在材料上包括陶土板、亚克力板、玻璃、铝板、压纹钢板等，在质感上包括冰裂纹、竖向肌理、浅浮雕、传统纹样、编织纹样等，在色彩上包括大红、朱红、紫红等众多比选方案。业主组织成立了专门的外幕墙专家咨询委员会协助评价与推进设计。经过多次讨论会以及四轮 1∶1 挂板实验，逐步缩小选择范围，最后根据设计、业主与专家形成的共识——中国馆的外墙实施方案一定要庄重、坚固、可行、成熟，效果不一定是最新颖突出的，但做法一定要可靠稳妥——确定了最终的材料与工艺做法：采用 0.8mm 厚表层铝板与 20mm 厚蜂窝背板的组合板材以保证外墙的良好平整度，铝板的表面是 4.2cm 宽，而近人的 4 根立柱的铝板是 3cm 宽的竖向凹凸纹理，面板颜色是从上往下的 4 种从深到浅过渡的不同红色组成的整体“中国红”，造就了中国馆不论近观还是远观都是有细节、有层次的庄重大方的经典形象。

钱学森图书馆项目设计概念为“石破天惊”，其建筑造型的灵感来源于我国核试验基地所在的西北沙漠地区的风蚀岩意象，同时也结合了上海交通大学徐汇校区老房子的红砖特色，希望通过一种红灰色的、具有自然肌理的外墙材料与工艺实现建筑意象的表达，把钱老的肖像通过抽象的方式融入外墙肌理之中，进一步点明主题。在以上设想的驱动下，设计团队进行了多方案比选与初步的样板实验，排除了纹理不够深刻、难以达到期望效果所需要的红灰色的天然石材，最终决定采用 GRC 人造石。决定材料方向之后又进行了多轮的逐步放大范围的足尺样板实验，在比选中探索颜色、纹理单元样式、纹理深度以及纹理的组合，发展出一套通过 4 种同质同色的像素排列组合，通过不同的凹凸深度与角度反射天光的差异而成像的外墙工艺。由于钱老肖像效果对整个方案的成败至关重要，项目组要求厂家做了完整的足尺样板，建筑师和业主坐吊车升空远观确认后，才付诸实施，最终比较理想地实现了设计构想的外墙效果。

这几个实际项目外墙材料与工艺选择的案例都表明，良好的真实感不能仅在图纸或者语言表述上加以确定，而必须结合实际材料与工艺样板进行探索。真实感的判断依据除了材料与工艺样板，还包括项目所在地的环境因素，如天光、植被、泥土与道路的颜色、周边已有建筑的色调，以及建筑本身的朝向、体量大小、墙面角度等。真正能够为建筑师带来准确判断的情形是：调动业主、施工单位与厂家等各方共同参与，通过试版的方式探索关键材料与工艺的做法，然后把所能获得的最接近设想效果的足尺样板放入项目场地环境中，并放置在跟建筑主要墙面相似的高度与角度，在主要观赏方向与主要观赏距离观察样板效果。

7.2.3 划分、层次与连接——确定建材的分解与结合方式

划分、层次与连接是材料与工艺确定过程中需要同步展开思考的关键点。在现实中，材料并不是以概念化的非实体状态存在的。为了便于开采、加工、生产、运输、安装以及承受自身的重力而保持稳定性与整体性等目的，材料都以一定尺度或重量的分块或分容器装载的形式出现。哪怕是塑性成型的材料如混凝土等，由于需要防止热胀冷缩或者沉降等破坏作用，在浇筑时也要进行分仓处理。因此，任何材料尤其是面层材料在建造层面都要处理好横向的划分、纵向的层次与通过特定构造方式连接成整体等问题，划分、层次与连接本身就是建造工艺的组成部分。

划分是指建筑物界面与构件表面的材料沿表面横向分解成若干更小块面的分解方式，落实为展开面放样。划分涉及整体立面的划分比例尺度、交圈对缝等形式问题，以及分块大小与材料本性及造价预算是否相匹配等与形式相关的问题。建筑师要综合权衡，在不同的需求之间进行衔接。首先是单元大小合乎材料的本性与经济性；其次划分本身会分不同层次，跟建筑体量、界面与构件的形式表达要紧密结合起来；再次是整体包裹体量、界面与构件时，应该考虑交圈，犹如一张纵横交错的渔网笼罩着，每一根丝线的走向都贯通顺畅或者满足其他经过严谨考虑的形式逻辑。划分的关键在于交圈，需要重点处理的部位是形体的边角处、转折处以及不同材料的交接处。划分要同时满足形式的逻辑与建造的逻辑（图 7–15）。

图 7–15a　钱学森图书馆转角处划分
（来源：姚力摄影）

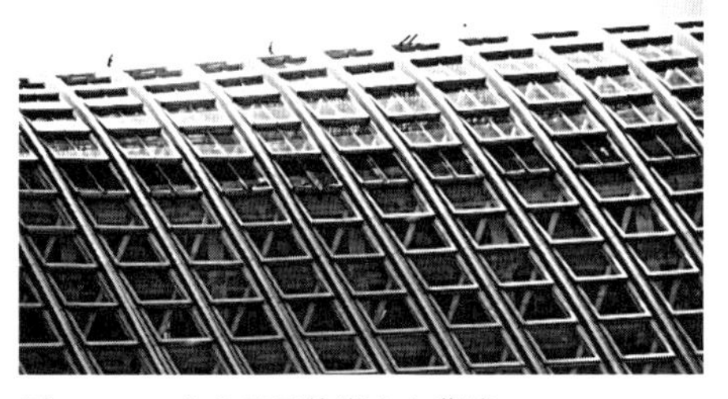

图 7–15b　北京凤凰传媒中心幕墙
[来源：邵韦平．“数字”铸就建筑之美——北京凤凰国际传媒中心[J]．时代建筑，2012（05）：96.]

层次是指建筑物界面与构件的建造材料由表及里纵向分层叠加的分布方式，落实为剖切面大样。例如，屋面的整个面层、找坡找平、防水、保温、隔热、隔汽、黏结层以及结构板的材料与工艺的分层排布，外墙体系也是类似的情况。材料与工艺层次问题的关键是围护界面要满足综合性的需求，如前所述包括结构性、适用性与体验性的需求，这些需求未必能通过单一的建筑材料来满足结构的受力与稳定要求，满足防水、保温、隔声等功能要求，满足找平找坡等构造要求以及表层的体验效果要求。而是常常通过从结构体到完成面的“三明治”式的材料分层叠加来综合实

现，从而形成复杂的纵向构造层次。随着社会的发展，人们对建筑的舒适性要求越来越高，随之而来的建筑物界面与构件的材料层次与构造也趋向于细致繁复。建筑师要有清晰的思维路线，主动了解屋顶、墙体、地面等界面要完成何种功效，并通过与专业厂家配合商议明确材料层次的数量、排布顺序与各层厚度，最终确定完成面到结构面所需要的构造尺寸。

在建筑语言向建造语言转化的过程中，常常遇到的一个问题是从造型出发而设定的墙厚、板厚或其他构件尺寸跟建造上所需的构造尺寸不一致。建筑师要把握好出形步骤与完成尺寸，就要在建造规律和形式需要之间进行反复调适。在建筑语言阶段要预估建造尺寸；在建造语言阶段要不断重新审视形式语言的系统性与整体效果有没有在建造体系中遭到破坏。最终，还要在形式体系与建造体系之间达成互相支持的衔接。

连接是指建筑界面或构件中横向的材料划分与纵向的材料层次被连接成整体所采用的建造工艺与构造做法，落实为构造节点。连接是建材分解（划分与层次）后结成整体所必需的技术层面。连接可以通过多种技术体系，例如传统石头或砖墙的砌筑、钢筋混凝土的支模浇筑以及现代幕墙的关节式构件连接体系等。连接方式要在技术上即结构受力与施工操作上可行，要在构造尺寸上满足构件出形的需要，同时也要符合体验效果的要求。连接具体体现为建造方式整体控制下的构造与节点，关键在于传力、承接（主次构件之间或异质材料之间）和闭合（抵御侵蚀）。连接可以成为体验的对象，也可以是体验界面背后的支撑条件。连接可以被展示，可以有意识地遮蔽起来，也可以半遮半掩的被暗示，根据建筑师的建构观念与设计意图而定。例如，宁波帮博物馆的钢结构玻璃通廊，作为结构的型钢构件与作为围合界面的玻璃的划分与连接关系是完全清晰可见的（图 7-16）。在钱学森图书馆项目中，外墙 GRC 挂板的肌理界面与内部空间的展览界面之间的层次与连接则是完全遮蔽的，人们仅仅体验到建筑师呈现的内外两个界面（图 7-17）。而在泰州民俗文化展示中心项目中，石材百叶幕墙的完整界面与通透效果，使墙体的划分、层次与连接的系统性半现半隐地被感知到（图 7-18）。就像表演魔术一样，为了戏剧性效果，魔术师的行为会部分彰显而部分隐藏，这需要精心设定并严格执行。

图 7-16　连接完全可见图
（来源：张广源摄影）

图 7-17　连接完全遮蔽图
（来源：姚力摄影）

图 7-18　连接半现半隐
（来源：姚力摄影）

划分、层次与连接是密不可分的。砌筑体与完成面合一的建造方式就像清水砖墙与清水混凝土墙，其立面划分、内部层次与构筑方式基本是一次建造成型。而当前常用的幕墙体系，则在结构体、砌筑体与最终呈现的完成面之间留有一定的调整余地。因此，建筑完成界面的划分、层次以及连接与结构体一起成为把握从形式语言转化为建造结果的出形步骤与完成尺寸的控制因素。

自古到今，传统的建筑材料如石材、木材等仍在广泛使用，新型建材如各种金属、塑料板材等不断涌现，而传统建材的工艺与用法也在不断更新。但是划分、层次与连接的分解模式是持续有效的。在建造层面，建筑师可以通过划分、层次与连接三个关联的思考点，把骨架、围合与地台的界面与构件按照实际需要拆分成具体的建造体系；而划分、层次与连接与特定的材料和工艺也是紧密相关的。

7.2.4 闭合与疏导——营造可控环境、抵御水与灰的侵蚀

图纸上或者计算机虚拟空间中的建筑形式是不需要真正承受重力、经受风霜雨雪的侵袭和人们经年累月的使用消耗的。我们依赖设计媒介和工具进行设计工作的同时，不能忽略建造起来的真实建筑所包含的内容远大于设计的形式模型所包含的内容这个事实。设计的形式结果要能满足真实建筑的所有内容才能实现，否则就会失效。

建筑坐落于大地之上、存身于大气之中。建造层面首先对骨架、围合与地台体系进行梳理正是直面这两个基本前提的行动。骨架的任务是抵抗重力与承载动静荷载，地台解决建筑与地面的适当分离与衔接，而围合在提供适于使用的空间划分之前，首先要在大气中界定出一个受控的领域，为人们提供不受风雨沙尘侵扰的场所。因此，营造可控环境以及抵御“水”与“灰”的侵蚀，是建筑师选定材料与工艺以及制定建材的划分、层次与连接方式的基本动因。在明确了大面铺开的标准做法之后，建筑师就要沿着建筑的形体块面去处理各处的交接与收边，如同美术作品对关键处的细部刻画。不过美术作品的细部刻画主要依据艺术观念、形式逻辑与视觉效果；而建造语言的细部刻画除了与设计概念、形式逻辑与视觉效果有关以外，很重要的一方面是还要满足环境可控以及抵御“水”“灰”侵蚀的需求。不管建筑师对形式与效果有何种追求，解决好这些问题都是形式成立的基本前提。事实上，对建筑的欣赏也离不开对能以恰当的建造形式与构造节点解决好这些问题的结合度的赞赏。

环境可控包括两个层次：**一个是指建筑整体内部空间相对外部大气环境的可控；另一个是建筑空间中有特殊要求的空间的可控。**

建筑内部空间相对于大气环境的可控程度是当地的气候特点、当时的技术条件以及项目需求共同决定的。例如，在炎热干燥地区或者湿热多雨地区，传统建筑的内部空间并不封闭反而强调对外开敞，但同时也会加大挑檐以满足遮阳或挡雨的需求。而在使用机电设备控制温度、湿度与光环境为主的当代大型公共建筑，室内空间的密闭性往往成为一个基本前提。密闭性与建筑材料的性能有关如材料本体的致密度、与材料工艺有关如外墙表面涂层、与材料的纵向层次有关如开放式幕墙面板内侧的防水层与保温层等，但关键在于边界与开口的处理如材料接缝的用材、构造与工艺以及可开启门窗、孔洞的构造节点等。

环境可控的概念不仅指建筑整体内部空间，也可以延伸至建筑空间中具有特殊控制要求的空间如歌剧院内的观演厅。为了保证隔声隔振的效果，其界面的材料本性、处理工艺、用材层次等都要被专门设计，而边界与开口处则要加以特别的注意，例如观众出入口与舞台后部的声闸。

环境可控的意图深刻影响材料与工艺的选择以及建材的划分、层次与连接构造，特别是边角端部的收边、收头与不同块面、材料之间的交接处理，这些地方是密闭性的薄弱环节。

建筑外露界面与构件需要抵御大气中“水”“灰”的侵蚀。大气中的水包括雨雪、雾气、淌水、积水蒸发的潮气等因素。“灰”则指沙尘、尘霾等大气中飘动或悬浮着的细小颗粒。大气中的“水”与“灰”客观存在，无时无刻不在渗透与侵蚀着建筑外露界面与构件，并且灰与水常常掺和在一起，使建筑过早地显得污损残旧。例如，我们经常看到的建筑墙面“掉眼泪”的现象。在污染严重、空气质量堪忧的当代中国，“水”与“灰”对建筑的威胁尤其严重。通过合理的选材与工艺以及到位的构造处理进行有效的抵御，成为建筑能否长期保持良好的使用功效与外观效果的关键，应该受到建筑师的特别重视。

建造层面对大气中“水”的抵御可以总结为：顶面做排水、边沿勾滴水、交接设防水、地台阻潮气。具体的做法是闭合与疏导两方面措施的结合。

顶面做排水——有顶面就要留意处理雨水导排，先接住，再导流，最后排出。屋面在结构板之上通常要做防水层以防平面上有渗漏点。坡屋顶可选择自由排水或设檐沟进行有组织排水。平屋顶四周通常要设女儿墙，一方面为了把防水层延伸到女儿墙侧面形成“碗”以接住雨水，防止接缝处渗漏；另一方面为了导流排水。雨水导流首先要求屋面找坡。屋面面积不大可以做单向找坡，面积较大则要做双向或多向找坡；面积不大可以做构造找坡，面积较大则要做结构找坡。构造找坡的结果决定女儿墙的最小高度。雨水导流还会涉及雨水沟的布置。雨水排水牵涉落水口与排水管的做法与布置，这会影响外观效果。因此，屋面不可能是概念或形式语言中的一块抽象的板，而是整合了一系列细致的构造做

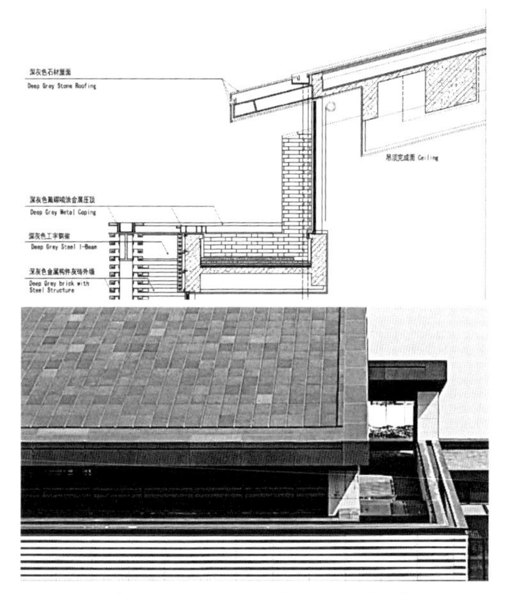

图 7–19　泰州民俗文化展示中心顶面排水构造
（来源：设计文件与姚力摄影）

法。不仅屋面，外露的墙体与挑板的顶部也应该处理雨水的接、导、排。例如泰州民俗文化展示中心项目的外墙墙体由于构造层次较复杂，厚度达到 600mm 以上，建筑师在顶部设置了环通的排水沟，避免雨水不受控制地流淌而影响外观效果以及破坏墙体内部构造（图 7–19）。

边沿勾滴水——屋檐及所有悬挑板的底面外侧边沿都要勾勒滴水，否则雨水倒流会在板底面形成斑驳痕迹。

交接设防水——不同材料与不同块面的接缝、阳角与阴角的转折线、三面相交的交角等部位都特别容易渗水，需要在填缝材料与构造节点上做重点设防处理。现代建筑语言常常运用大量连续的玻璃面（包括顶棚与墙面）营造通透的空间效果。由于玻璃是脆性材料并且为追求通透效果而一般采用有限的材料层次，因此，玻璃之间的接缝、玻璃与金属杆件之间的连接、玻璃面与砖、石、混凝土等实体墙面之间的交接往往都是建筑防水的薄弱环节，需要建筑师重点关注并与幕墙深化设计专业密切配合，完善防水密闭的构造。玻璃屋面是防水的重点区域，屋面承受日晒雨淋、热胀冷缩与老化作用容易破坏填缝胶，使玻璃与玻璃之间或者玻璃与金属件之间漏水。因此，除了采用优质填缝胶、通过柔性垫片处理好脆性玻璃与金属杆件的接触、监督施工确保打胶充分均匀等抵抗破坏、加强闭合的措施之外，还可以辅之以疏导的措施。例如，屋面玻璃幕墙设计思路认为玻璃之间的填缝与玻璃与金属件之间的连接本来就无法避免受到应力破坏而产生个别漏水点。因此，不如事先在玻璃面以下沿主要金属杆件增加疏水槽的构造处理，使渗漏水被组织起来加以排放，避免对结构的破坏与对使用的影响，极大地延长建筑的持续使用质量与效果。玻璃顶面与竖直墙面的交会处是防水重点区域中的高危地带，需要建筑师重点关注。

地台阻潮气——地台首先要通过合理的场地排水方向与截水沟布置等措施保证室外（包括建筑主体向天开敞的庭院）地面的淌水停止在室外，并最好保持远离室内地面的趋势，同时也要通过外墙根部与地台的一体化防护处理，避免地面土层的积水或潮气沿外墙内部蔓延破坏外墙主体以及影响室内空间的舒适度。

大气中的“灰”对建筑的影响常常跟“水”结合在一起，防住了“水”的无序流淌，“灰”的负面作用也会减弱。长期积灰以及积灰与淌水共同造成的“掉眼泪”导致建筑界面污损残旧情况难以完全避免，但可以通过设计手段减弱这种影响，持续保持良好的建筑质量与外观效果。这跟建筑材料的本体性质、颜色质感、纹理方向、收边构造、墙面的倾斜方向以及建筑清理设备的预留等因素有关。例如，外墙颜色为浅灰或中灰的建筑比白色或黑色的建筑耐脏，采用足以产生光影的深刻纹理或有天然色差的外墙材料比平整一色的外墙材料耐脏，竖向纹理比横向纹理耐脏，外墙面向下倾斜比向上倾斜耐脏等。

钱学森图书馆项目在敲定外墙具体做法时比较充分地考虑了外观的延年效果：首先，风蚀岩的立意与粗糙的外墙质感容得下历史感，本身对落灰和局部色差的容忍度较高；其次，定版的红灰色有意比理想效果的饱和度略高一点，预计经过一段时间落灰之后整体饱和度略微降低将显得更加自然；再次，虽然采用了横向纹理，但是主要墙面向下倾斜，又减少了落灰效应。钱学森图书馆落成已经接近 6 年，整体外观的保持达到了预期的良好效果。

7.2.5 过渡与转换——处理室外与室内、景观与建筑的差异与衔接

由于大气环境与人工环境的差异，导致建筑室外与室内的界面与构件在选材及工艺、材料划分及层次、构造尺寸、连接节点等方面会面对不同的需求与制约。例如外部场地如要行车，则面材分块划分不宜过大，否则铺装容易折断或者需要增加成本采用加厚的材料，而垫层的承载力要求也较高。室外墙面与地面的连接构造需要更加注意抵御水的侵蚀，因而对选材与保护层有更高要求，其构造尺寸也往往更大。室内墙面与地面由于与人体的关系更加亲近，往往会对表面的平整度与细腻质感有更高的要求。

由于适用功能与体验重点的差异，也由于长期专业分工造成的分野，建筑、室内与景观等共同营造整体建筑环境的不同专业在材料运用、表面工艺、构造尺寸、节点做法等建造语言的运用上也会有系统性的差异。例如，景观设计师可能会更关注植物的色彩、层次的配置，而不像建筑师那样重视地面铺装的模数与墙体在划分上的对缝等问题。

本书提倡“基于现场真实效果的一体化设计观念”，这并不意味着简单地在室内、室外与建筑、景观专业采用完全一致的材料与工艺以及划分、层次与连接构造，简单统一的实施难度是由需求的差异、材料本性的局限以及造价限制等因素决定的。例如，室外强调材料能够抵御风雨、具有较好的延年性，而室内材料则会强调舒适性、平整度与细腻质感及纹样。如果要内外完全一致，则要采用能够同时满足两种要求的材料与工艺，那么对材

料的性能与工艺就会提出很高的要求，给采购、加工与施工等环节提出很大挑战，同时造价也将大幅增加（这也是为什么极简主义的建筑与用具往往比想象中昂贵得多的原因），而最终使用要求还未必能得到对位满足。因此，一体化的概念在于真实感而非客观真实的简单统一，重点在于调节人们在不同处境下的需求与体验的满足以及人们对整体环境的连续性认知的营造之间的关系，也就是总体的连续与具体的差异之间的整合。

在形式语言的体系中，点、线、面、体的网格、虚实、分解、错位、穿插、连接等构成手法是按照形式逻辑而非建造规律展开。在建筑语言向建造语言转化阶段，可能会出现连续的线面体元素跨越室内与室外、建筑与景观的情况，也可能出现同一类形式元素既出现在室内也出现在室外、既出现在建筑上也出现在景观中的情况。因此，进入建造层面，形式语言的构成结果还是要面对室内、室外有别，景观、建筑有别的现实，采取措施予以应对。建筑师需要关注建筑物的顶面、墙面与地面在跨越室内、室外界线与建筑、景观界线的过渡地带，以及同时出现在室内、室外或建筑、景观中的同类形式要素，处理好室内、室外以及建筑、景观等不同领域之间的转换与衔接。

例如在泰州民俗文化展示中心项目中，实墙体系的表面工艺确定为模数75mm的横向肌理，室内外是贯通的。室外部分的墙体考虑要在阳光下形成丰富的阴影，采取了锯齿状的剖面形式，落差达1cm。而在室内，由于墙面跟人体的亲近感更强，不宜采用尖锐边角。因此，墙面肌理调整为横向刻槽，分缝仍然在室内外拉通，在玻璃幕墙的立杆处进行区分与衔接（图7–20），在满足室内外不同需求的同时保持了形式要素的连贯性。又例如同在泰州民俗文化展示中心项目，中心水院的水池边界与建筑玻璃幕墙落地处相邻，建筑师与景观设计师紧密配合使得景观边界与建筑边界无缝对接（图7–21）。

图7–20　泰州民俗文化展示中心室内外墙面肌理图
（来源：姚力摄影）

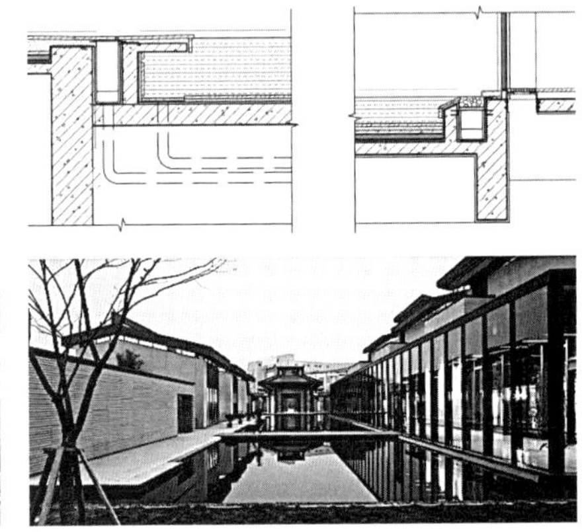

图7–21　中心水院与玻璃幕墙衔接
（来源：设计文件与姚力摄影）

7.2.6　支持运营、管理及维护的设施与细部

建筑学教育讨论形式、空间、建造、材料、构造等课题，但很少谈及建筑物的运营、管理与维护。这些内容随着时代的变迁、社会的发展与功能的演变，其需求、资源与解决办法千差万别。但是，从在现实世界造物的设计思考角度出发，这些问题却跟真实体验紧密相关，不仅不应被忽略，而且需要引起建筑师的重视。

在概念创意层面，项目需求与项目环境是重要的塑造力；在建筑语言层面，形式构成应该包含和融合支持体系；而在建造语言层面，建筑师需要更加细致与系统地思考建筑物在实际运营、管理与长期维护上的需求，将相关设施与细部做法系统地整合到建造体系当中。

常规的运营有关设施包括卫生间、无障碍设计、标识系统、公共服务与休憩系统以及媒体展示系统等。卫生间与无障碍设计是建筑规范中明确规定的内容，但应该注意建筑规范通常是最低标准而非充分条件，要达到舒适的体验通常需要结合项目实际需求适当提高设计标准。标识系统是帮助使用者了解自己所在楼层、位置、功能空间以及寻找目的地的指示系统，如楼层号码与指示标牌等。公共服务与休憩系统指在建筑公共空间内为使用者提供咨询、存放、休息与其他公共服务的设施及相关构造，如咨询台、存衣间、储物间（或储物柜）、休息座椅、饮用水装置、公用电话、上网接口等。媒体展示系统指传播建筑功能、活动与事件内容的设施与相关构造，包括室内外的广告牌、宣传栏、公告栏、宣传布幅的挂点、LED 屏幕等。这些设施与细部通常不在形式语言重点关注的范围内，但是对实际使用的舒适性与体验品质的影响很大，并且需要跟建造紧密结合才能各得其所。

常规的管理相关设施包括门禁、围栏、岗亭以及其他安保设施。这些内容可能被建筑师认为与设计无关，但是在实际使用上却是必需的，并且无可避免会影响到建筑的效果。

常规的维护相关设施包括建筑外部的擦窗机屋面轨道或者擦窗吊篮挂点、玻璃幕墙屋面顶部的喷水自洁装置，以及室内的玻璃天棚或通高大厅天棚底部用于清洁维修的马道等。

在处理运营、管理与维护的设施与细部时，应该首先关注其受力要求与建筑结构的结合，接着是使用上的便利（够得着、拿得到、用得舒服），最后是品相与建筑整体的匹配。细部处理未必一味追求消隐，在色彩、质感、形式感等方面与建筑形式、空间感受与建造体系的结合，对建筑功能和暗示空间性质的提示都能提升人们对建筑体验的真实感。

7.3 建造语言制定的外部约束与资源

建造规律是建筑物在真实世界中建成实现的必由之路。形式构成必须使用特定的材料，运用行之有效的建造方式转化成为真实的建筑物。在项目设计中，建造语言制定是指按照建造规律重新分解和描述建筑形式语言，形成能够指导实际施工的图示、模型与文字表达。在此过程中，建造规律不仅是形式构成转化为真实存在的支持者，其本身也会激发或限定形式的生成，鲜明的建造方式或材料工艺甚至会成为概念的主体。

在建造语言制定层面，建筑师需要转换到以物质性、技术性与可行性为主导的造物思维。建筑师在此阶段需要关注的对象将更加具体，但同时各要素的相互关联又更强，牵一发而动全身，所以尤其需要注重思维的严谨性、系统性与关联性。

项目需求与项目环境（物质、人文、经济与知识环境）构成对建造语言制定的整体制约与资源。部分因素的塑造力通过概念创意与建筑语言层面传达到建造语言制定，而有些因素则比较直接而明显地对建造语言的推敲与确定产生影响，这包括：建造技术的时代背景、参建各方的技术力量、造价与工期、法律规范、专业追求与指导原则等。

7.3.1 建造技术的时代背景

建造语言本质上就是对如何运用特定建造技术实现形式构成设想的描述。建造技术在人类历史上不断发展，时代的建造技术水平、特征与潜力深刻地制约和刺激着建筑师的思考与选择，构成建造语言制定的一个基本的语境条件。

建造技术在历史上的发展可以归结为以下 3 条线索：

极限的突破——随着科学原理的发现及运用与技术经验的积累，人类在建造的极限上取得不断的突破。例如，建筑可能达到的高度与桥梁的跨度不断增加以及人们可以用更轻的物料实现同样的跨度与高度等。

效率的增长——通过建造器械的进化与施工组织的优化，人类个体的物理做功在建造过程总功效中所占的比例不断下降，建造的效率不断增加，人们用更短的时间、更高效合理的组织方式进行建造。

体系的偏移——建造技术的发展并不能被简单地一概视作“进步”。由于建造技术跟人力与技艺的融入、材料与工艺的特性、施工过程的痕迹凝结以及文化意义的诠释等因素具有丰富的关联，因此，尽管新的建造技术体系突破此前的极限和带来更好的效率，但是也有可能带来以往建造技术体系具有的某些价值与意义丢失的可能性。从这个角度，技术的发展可以理解为一种中性的“体系的偏移”，需要我们全面审视、判断取舍而非简单地一味追捧“进步的趋势”。例如，工艺美术运动可以说是当时的有识之士对大机器生产可能导致的社会产品的品位滑坡和工艺缺失的一种反思与应对。

建造技术的发展不断拓展人类处理人工世界的技术可能性，并且形成建造技术与观念在知识体系上的层叠累积，为人们提供一个关于建造的“工具箱”。这个“工具箱”分布存在于工程案例、文献记载、施工单位的技术力量以及建筑师与设计单位的技术储备等领域，并且随着建造实践与理论的发展而不断更新。建筑师面对具体项目设计将在其所处时代的建造技术与观念的“工具箱”里做出判断与选择，甚至以此为基础进行创新。

这种选择与判断要与项目需求结合起来。在面对愿望水平很高的示范性项目，建筑师可能获得机会去挑战技术的极限，比如全球各地的最高建筑物的竞争仍在持续，人类还会不断追求造出更高的塔楼或者跨度更大的场馆，也会不断追求对人工环境的控制达到更高的标准。在更多的情况下，建筑师需要根据项目的定位与预算选择适宜性的技术方案，追求在此前提下令人满意的结果。

在材料、技术、组织方式与社会文化的共同作用下，一个地区、一个时代通常会形成常规的建造技术体系。例如，古希腊的许多神庙在今天看来都是运用石头柱梁体系获得空间，通过柱式与山花激发视觉鉴赏与意义凝结的建造体系。而当下的许多大型公共建筑，往往采用如下模式来建造：钢筋混凝土（或钢结构）梁柱框架体系作为主体结构，而由龙骨、连接件与面板组成的外幕墙体系作为次级结构附着在主体结构之上，外幕墙的做法对建筑的外观效果的影响非常显著。在常规建造技术体系的框架中，建筑师也能发掘出空间进行设计创意，通过细微的差异加上良好的现场体验与建造品质创造高水平作品（图 7–22：以 GRC 为外墙的系列当代建筑创作）。而对建造技术进行深层次的追问和反思，则往往是建筑师进行设计创新的一个重要源泉。

现实不断改变，需求也随之变化。需求与潜在的技术间的可能性衔接就有机会产生创新的火花，而建筑师对建造技术的深刻理解、认识与追问是有效创新的重要出发点。例如，朱竞翔建筑师从中国当前快速建造的需求、轻量化的全球文化伦理与差异化的地域条件出发，把计算机平台、系统化设计、定制式生产、集装箱运输与装配式建造等工具与环节加以整合，提出一套同时强调速度与质量的轻型建造体系，并在中国与非洲的乡村地区设计建造了一批轻量而具有较高体验品质的公益类建筑作品（图 7–23），这与李晓东建筑师在玉湖小学项目中注重运用乡土建造材料与技术的思路就是不同的方向（图 7–24）。又例如王澍

图 7-22a　广仁王庙环境整治工程
[来源：都市实践. 广仁王庙环境整治工程[J]. 建筑学报，2016（08）：11.]

图 7-22b　鄂尔多斯市东胜体育馆
[来源：崔愷. 鄂尔多斯市东胜体育场，鄂尔多斯，内蒙古，中国[J]. 世界建筑，2013（10）：88.]

图 7-22c　大明宫丹凤门遗址博物馆
[来源：张锦秋. 大明宫国家遗址公园：丹凤门遗址博物馆设计[J]. 建筑创作，2012（01）：21.]

图 7-22d　钱学森图书馆
（来源：姚力摄影）

图 7-22e　安徽省博物馆新馆
（来源：姚力摄影）

建筑师的宁波博物馆，其外墙工艺包含了一种技术性反思，即如何把当代中国大量农民工手工作业与现代建造器械共存的建造体系所蕴含的潜力转化为建筑的独特表现力，并使这种表现力在中国传统文化脉络中获得诠释空间（图 7-25）。通过对建造技术的全球化趋势与中国情况的地域性差异之间的张力展开思辨并转化为建造手段，王澍使自己的设计获得一种文化能量，赢得国际影响力。

建造技术的时代背景既是建筑师的制约因素，也可能转化为有效创新的重要资源。

图 7-23　朱竞翔的秀宁小学
［来源：谭善隆. 权衡"轻""重"——谈两个轻型建筑作品的不同表达［J］. 建筑学报 2014（04）：13.］

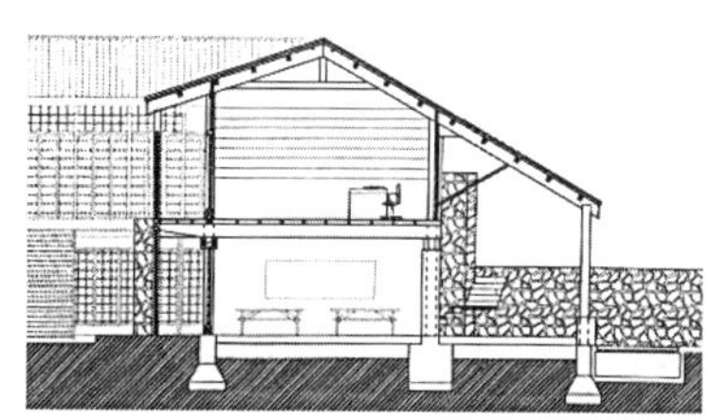

图 7-24　李晓东的玉湖小学
［来源：李晓东：玉湖完小，丽江，云南，中国［J］. 世界建筑，2014（09）：37-41.］

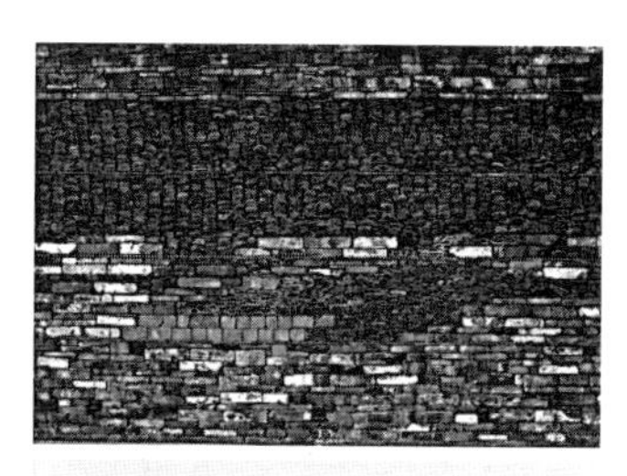

图 7-25　王澍的宁波博物馆
（来源：作者自摄）

7.3.2　参建各方的技术力量

建筑师可以通过主动的思考与探索努力把握建造技术的时代与地域特征并发掘其潜力。与此同时，建筑师也要面对建造行为在当代社会是由一系列社会分工所构成的现实。建造的参与方众多、分工细致，建造语言制定并非仅由建筑师决定，也并非仅在施工图纸制作阶段完成，而是在建设单位以及建材厂家陆续进入项目的过程中，随着它们的技术力量的融入而逐步形成确定的结果，这个过程往往会延伸到施工阶段。此外，设计主体本身也由专业分工构成，不仅包括建筑、结构、机电设备等通常在同一设计单位内的不同专业，也包括室内精装修设计、景观设计与幕墙深化设计等可能是分包出去的不同专业。因此，一个项目的建造语言的最终成果是由参建各方的技术力量共同构筑的。

建筑师作为设计各专业的龙头，其沟通、协调、整合的作用非常重要。理想的状况是建筑师在职业经历中不断筛选设计与建造上的合作伙伴，形成一个具有共同专业追求与默契度的合作链条，以非常有把握的控制力共同为业主带来稳定而优质的服务。而在现实情境中，在设计分包方面建筑师可以自行选择，有机会接近这个状态。但是在建造实施方面，我国当前的施工招标制度使得施工单位与建材厂家由招标程序与规则决定，基本上不由建筑师掌控，这种不确定性是中国建筑师必须面对的。因此，保持建造语言制定在一定程度上的灵活性、保持良好的沟通应变能力是中国建筑师应该更加关注的。

在项目设计的前期，通过与业主的接触以及对项目的地点与预算等基本条件的了解，建筑师会对采用建造技术的大致方向有一个预判。在后期的设计深化与建造配合过程中，建筑师首先应该主动而有准备地表达与沟通，使参建各方尽快充分地了解从概念创意、建筑语言延伸至建造语言的核心原则与要点难点。同时，建筑师也要有意识地了解参建单位的技术水平、经验优势、特点倾向与薄弱环节，进而引导参建各方把自身的技术优势融入整体建造语言体系之中。建筑师要在已经具备雏形的建造语言框架与参建各方的局部技术特点之间不断架设细微而具体的衔接，从而使合作的过程保持一种优化设计至少是不减损核心构想的趋势。

7.3.3 造价与工期

造价与工期是在真实世界从事设计的重要制约条件，它们对整个设计过程包括概念创意与建筑语言等层面都产生强大的限制，其中对建造的影响尤其关键。整个设计过程就是在为建造实施做准备，而造价与工期所限定的主要因素就是建造所能运用的物资、技术、人力与时间资源等。因此，当项目的预算与时间比较充足时，建筑师也可以有较大的空间展开概念创意的探索与形式语言的推敲，并随之选择或发展能够充分体现设计构思的建造体系。但是，当造价或工期有明显限制时，建筑师的概念与形式思考往往就要紧密围绕在有限资源下可行与恰当的建造方式展开。例如，相对便宜的材料、相对简化的形式、相对简易的构造、相对便捷的做法、相对降低的精度要求等。建筑师应该具有随着造价与工期的条件不同而调整设计策略与愿望水平的主动意识、灵活态度与应对能力。

钱学森图书馆项目是由国家发改委投资的项目，业主很明确地提出约 8000 万元的投资预算是不能突破的。对于一个位于上海核心城区的约 8000m^2 规模的国家级文化建筑，土建与精装修总共不到 1 万元 /m^2 的造价不算高。这是后来设计团队与业主决定外墙材料采用更能控制价格的 GRC 人造石而非天然石材的重要原因之一。而泰州民俗文化展示中心项目的造价则相对宽松，这为设计团队采用天然石材作为外墙材料并且大胆采用较厚的石条铺排石材百叶外墙效果提供了条件。

尽管造价与工期是影响建造效果的重要因素，但并非决定因素。因为对设计与建造成果的体验、认知与评价，是在其环境、时代、目的与限制因素构成的语境之下进行的。设计智慧在任何语境之下都有发挥的空间，而且对强大限制的破解往往催生创新与独特的设计。例如朱竞翔建筑师提出的“新芽”体系就发自于对轻量快速的建造与较高品质的体验之间进行衔接的努力，他整合了计算机支持下的系统化设计、当代制造业支持下的定制式生产、现代物流业支持下的集装箱运输以及灵活适应场地的装配式施工，集成了一套有效创新的设计与建造体系。

7.3.4　法律规范

建造语言的保底目的是在专业细分的现代社会建立保护建筑师的法律屏障，即制作合法合规的图纸文件并加以存档，经得起事前事后的审查与追责。因此，符合法律规范的要求是建造语言制定需要达到的底线。

法律规范对建造语言的制约是全方位的，例如：

关于建筑分类、限高规定、日照间距、消防间距与消防法规等法规条文是现代城市中建筑类型的重要塑造力。目前，城市中常见的几种高度及体量类型的高层建筑就是高层建筑分类原则与防火分区划分规则共同推动形成的。这种对类型的制约又会过渡到对结构体系类型的塑造。

消防法规对空间构成与围护体系有较大的影响，空间划分必须考虑的一个重要因素就是防火分区的设置。而核心筒的布局、楼梯宽度、开门大小及开启方向等因素都与消防法规里的防火隔离措施、疏散距离、宽度、疏散方向、疏散方式等规定有关。

防火法规以及幕墙规范对墙体、幕墙与门窗等建筑界面要素的材料、工艺、构造节点提出耐火性能、密封性能等要求。

建筑法规对公共建筑需要配备的设施内容如消火栓、灭火水泡、机械排烟装置、广播系统等提出要求。

法律规范就是人类社会经验与规则所赋予的无法脱去的枷锁，当代社会中建筑师的设计思考就像戴着枷锁表演跳舞。如果舞者希望表演时观众忽视枷锁的存在或者把枷锁视作舞蹈的一部分，那么他就要对这幅枷锁了如指掌，使自己的动作与枷锁配合得尽可能如影随形。

图 7-26a　弗雷·奥拓的慕尼黑奥林匹克体育馆
（来源：Archdaily，http://www.archdaily.com）

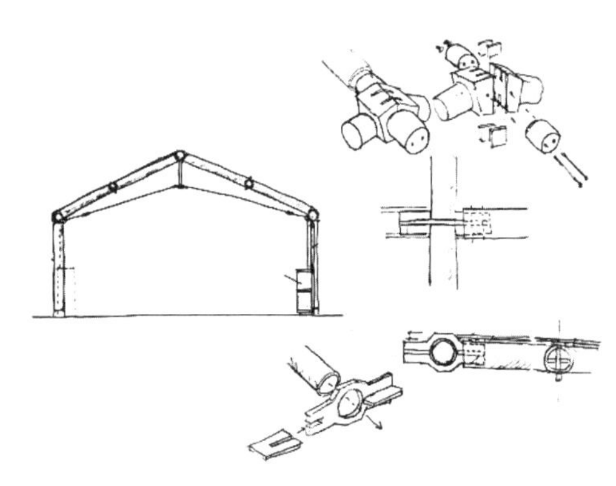

图 7-26b　坂茂的成都华林小学纸质校舍
［来源：坂茂. 成都华林小学临时纸质校舍［J］. 世界建筑，2014（10）：40-45.］

7.3.5　专业追求与指导原则

建造语言要解释如何在真实世界进行建造，必须在现实可行性与法律许可范围的框架内制定。因此，对比概念创意与建筑语言层面，建筑师在建造语言层面所受到的限制是更加刚性的。尽管如此，建筑师所秉承的专业追求与指导原则仍然对建造语言的选择与发展具有重要影响力。

首先，材料、结构等建造本体问题本来就是建筑学的基本议题。例如最近的普利茨克建筑奖获得者德国建筑师弗雷·奥拓、日本建筑师坂茂的成就都建立在对特种结构与建材的持续探索与实践之上（图 7-26）。建筑师对基本建造问题的关注与研究不断拓展着建造语言的疆域。

其次，在普遍可行的当代建造技术的共同背景下，不同的专业追求与指导原则会推动建筑师做出千差万别、珠玉纷呈的建造语言选择与组织。例如，美国建筑师斯蒂芬·霍尔持续沿建筑现象学方向做实践探索，在他的许多作品里，光线与有机形式共同激发的空间感受、建筑界面的体验特性如透明度以及建筑与景观的融合等主题会得到突出表达，而构造是否非常精巧、界面是否十分平整、勾边是否挺括耐久这类施工工艺的问题在他的项目中就退到相对次要的位置。但对于贝聿铭与安藤忠雄这样的建筑师来说，建造工艺对作品最终效果的实现就很重要。但两者又有不同，贝聿铭运用玻璃幕墙时会允许或者有意识地呈现层级化的构造体系从而体现不同尺度构件对比下的精致美感。而安藤忠雄则会尽量简化与匀质化玻璃幕墙的划分与构造，从而呈现极简主义倾向的禅意美感（图 7–27）。

再者，当代建筑师最新的创意设计也推动着传统建材与结构类型走向新的可能与极限。日本建筑师妹岛和世设计“单线住宅”时与结构工程师及钢板厂家一起探讨如何用既满足结构强度又稳定不变形的尽可能薄的钢板划分建筑房间（图 7–28）。日本建筑师石上纯也与结构师小西泰孝合作的超薄桌子，桌面金属板厚 3mm 却完成了 9.5m × 2.5m 的跨度，桌面卷曲着运进展场，通过精确的静力学计算与同样精确的对真实建材的加工工艺使得这张桌子放置于地板上时能保持桌面水平与桌角垂直的状态（图 7–29）。石上纯也在神奈川工科大学 KAIT 工房的设计中把对涟漪般扰动的空间感的追求与一种新颖的结构可能性结合在一起，形成一系列不同截面的细钢柱索分别完成抗压、抗拉作用，致密地共存在同一空间之中，并且划分空间领域的特殊布局。

图 7–27　贝聿铭与安藤忠雄的玻璃幕墙
［来源：（美）菲利普・朱迪狄欧. 贝聿铭全集［M］. 北京：电子工业出版社. 2012:301；作者自摄］

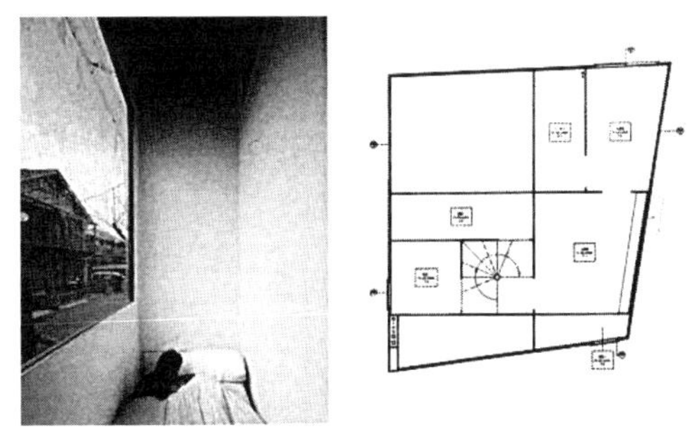

图 7–28　妹岛和世的“单线住宅”
（来源：femando Marquez Cecilla y Richard Lecene: SANAA. EL cropuis 139.2008:16.）

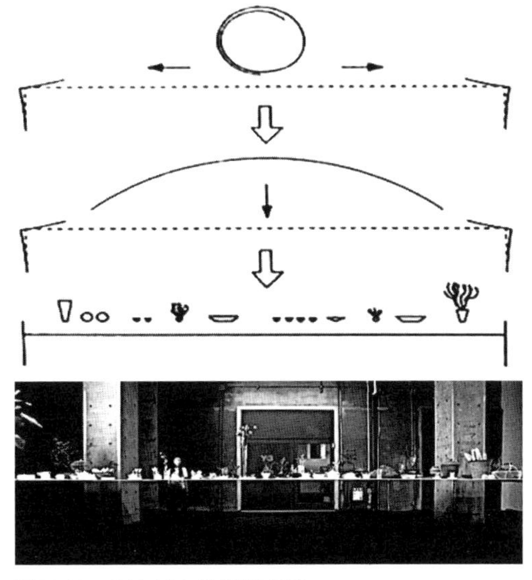

图 7–29　石上纯也的超薄桌子
［来源：柳亦春. 像鸟儿那样轻——从石上纯也设计的桌子说起［J］. 建筑技艺，2013（02）：36.］

7.4　实施过程控制

建筑实践是综合性、合作性和社会性的行为，建筑师应该意会到在自己的工作中始终存在与各方共事的局面。

将建造语言成果施工图图纸或者模型交

付给业主以后，一个建筑项目就进入了实施过程。建筑师的设计意图需要通过参建各方的分工、协调、合作共同完成与实现。尽管中国当代建筑设计与建造的技术能力以及社会条件正在不断提高，但是建筑师面对的仍然是一个具有较高不确定性的现实局面。由于项目招标投标制度难以避免的一些弊端以及社会工艺水平、协作体系与诚信原则的不稳定性，设计的完成度对建筑师而言具有很大挑战。

建筑师在主体意识中，不妨将参与建造的众多人员、工具、组织与程序综合视作设计的“延伸的肢体”，从而促使自身不仅仅被动地身处社会的分工与合作之中并且被动地接受现实的制约，而是主动地调动、发挥、协调与控制“延伸的肢体”的动作与效能，从而推动获得更好的建成品质与现场体验。

建筑师对实施过程控制有两个核心目标：一个是保证建造的基本品质；另一个是引导参建各方的技术优势与特点融入整体设计之中。

这里的基本品质指建造结果的 3 个方面：

“第一，在基本的使用上没有问题，如不会漏水和保证安全等；第二，符合建筑法律规范的要求；第三，建造如实地按照建造语言的描述实现了作为设计成果的形式。建筑师对建筑的更高的追求要在这三点都能达成的基础上才有机会成功。这是建造控制的质量底线”①。

在具体的实施过程中，建筑师可以注重从以下 3 个方面的思考与行动来控制建造成果：积极在参建各方之间建立与维持共识；预设设计质量控制的程序；在施工过程进行有力的指导与应变。

7.4.1 参建各方共识的建立与维持

一开始进入施工建造阶段，建筑师就应该主动在建设单位、监理单位、施工单位、建材厂家等参建各方之中，树立携手合作、共创精品的共识并在施工全过程加以维持。

尽管有法律、合同的约束以及建设单位、监理单位对施工单位的监管，参建各方要把施工工作做好，也离不开对设计理念与成果的清晰认知、深刻理解与通过行动将之实现的兴趣与愿望，还有对生成这个设计的建筑师的信任与尊重。在接洽伊始，建筑师就应该成为宣传家，把项目的重要性、设计构思的独特性、建造实施的要点与难点等内容以条理清

---

① 张振辉．一般技术背景下建筑设计与建造控制方法探索［D］．南京：东南大学，2004：79.

晰而富有感染力的方式向参建各方介绍。在清楚解释整个设计构思与成果的同时，还应该充分展现建筑师对此项目抱有的热情、重视与信心，最后还要传达携手合作、共创精品、共享成果的呼吁。建筑师应该努力使参建各方了解到设计方为此项目付出了巨大且卓有成效的努力，认识到面前是一个独特而精彩的优秀设计，意识到这是一个实现精品工程与品牌业绩的机会，并激发加大投入、积极合作与探索研究直至实现理想效果的意愿与决心。当建筑师在此过程中充分展示出清晰的思路、专业的素养与饱满的热情，将有助于赢得参建各方的信任与尊重。当携手合作、共创精品的共识在参建各方构成的大团队内成功建立起来以后，其化合作用将为后面的合作带来无形而重要的支持与保障。

笔者非常重视施工交底会以及各种与参建各方的沟通机会，施工交底之前会做好充分的准备，在全面清晰地介绍项目概况、方案内容与技术要点之前，会对设计的核心概念与巧思亮点做出鲜明有力的展示，有时还会提及设计过程遭遇的困难和获得灵感的缘由。

尽管经济效益、投入产出这些都是关键问题，但是建筑师还是应该相信，人们的内心意愿与默契共识被真正激发起来始终是合作共赢的核心。在施工建造这样一种需要多方长期协作的复杂社会事务之中，参建各方的共识与认同是首先需要建立起来的。

7.4.2　合作程序的预设

尽管法律和行业惯例对工程建设参建各方的合作程序有所规定，但是处于快速增长、转型发展阶段的当代中国仍具有粗放型社会的特征——施工单位的管理和衔接可能存在漏洞，监理单位更注重施工质量安全而非建造对设计的落实度，建设单位越过建筑师做出不恰当的决策等情况仍然存在。所以，追求高水平作品的建筑师在倡导共创精品的共识之外，还要关注参与建造各方实际在建造中所起的作用和可能发生的问题，针对具体情况主动建立有效的对话状态和合作程序以便更好地控制建造的效果。

在开始与甲方接触的阶段，建筑师可以基于一体化设计的目标，向甲方提出设计与建造进度节点控制的建议。提请甲方留意在方案设计、初步设计、施工图设计与施工建造等行业规定的主要阶段之间，各种送审报批（如立项审批、用地与规划审批、初步设计审查、施工图审查、消防性能化论证、消防报建等）、专项设计（如幕墙深化、基坑支护、舞台、机械、灯光、音响、展陈、标识系统等）、看样定版与分阶段施工等事务的前后顺序与逻辑关系，引导主导工程建设的甲方尽快进入理性前瞻的状态，尽量避免甲方在设计建造事务上的拖延或失误造成建造效果的减损。

施工是一个长期过程，不同阶段具有各自的重点。建筑师可以向甲方提议把施工交底会拆分成几次，对应不同的施工阶段分别召开。例如在施工启动之前，主要交底项目概况、概念构思、设计内容、总体技术要点与难点，以及重点交流解答基坑支护、基础与地下室施工的要点与难点；在地面主体结构备料动工之前，重点交流主体结构的技术要点与难点以及结构体系与最终造型的关系；在外幕墙备料动工之前，重点与外幕墙施工单位交流外幕墙的体系、选材与工法特点等内容；在外幕墙即将封闭、室内安装备料动工之前，重点交流管道综合、室内装修与设备末端等内容。分阶段的施工交底可以把参建各方的注意力始终保持在下阶段最重要的焦点任务上面，有利于制造恰当的节奏，使建筑师与施工单位有更充分的沟通与交流。但是，对施工单位应该全面读图、各专业关联读图以及提前提问，建筑师应该向建设单位、监理单位与施工单位不断强调。

建筑师应该主动与建设单位、施工单位与监理单位约定设计沟通的程序。例如设计例会之前应该提前若干天给建筑师发出问题清单或会议议程，让建筑师有备而来，提高工作效果。设计修改可以设定应急程序：在工期紧急的情况下认可主创建筑师现场签字的图纸或文字意见，在施工执行的同时补办完整的正式文件盖章归档手续。

预设合作的程序就是在设计之外，还要考虑如何运用参与建造各方的互动和制约关系，通过有效的对话步骤减少失误和错误的发生，更好地在建造中落实设计的效果。

7.4.3 施工指导与应变

项目开始动工以后，建筑师要通过设计例会、现场巡视、看样定版以及回复施工单位提问等方式持续对施工过程进行指导以及对现场问题进行应变处理。除了经验积累与知识背景之外，建筑师坚守原则并且灵活应变的态度对实现良好的建造品质与现场体验同样重要。

建筑师在施工过程需要处理的主要问题如下：

帮助施工单位深入透彻地理解设计与图纸的要点与难点；

对现场出现的各种预料之外的状况进行设计应对，例如监理单位或施工单位报告的已建成部分出现的施工错误、施工过程暴露出的各专业图纸不吻合交圈的问题以及基地现场条件阻碍原设计的施工执行等；

巡视现场主动发现施工错误与可能影响建成效果的因素；

会同甲方及参建各方对施工单位与厂家提供的样板进行看样定版；

参加施工建设各阶段的质量验收。

施工建造是一个长期过程，期间需要处理一系列纷繁复杂的事务，而人的注意力是有限的、片段的。建筑师在处理施工指导与应变的问题时，应该不断提醒自身回归到设计概念的核心与建筑及建造语言的体系，以此评判解决方案与应对措施是否对原定的概念与构思、形式与建造体系具有延续性与相容性。建筑师除了被动回应其他参建各方的提问外，也应该主动预见容易出现问题的关节点并给予确认。这也要求建筑师一方面对设计构思与图纸成果了然于胸；另一方面要在下工地时随身携带或在电脑中备份好全套设计资料，以便随时查阅。

建筑师应该注意在现成产品中做出好的选择与组合。国内民用工业产品体系的整体技术水平在不断提升，但是大量采用定制建材产品或建筑装修配件仍是比较昂贵和费时的，所以建筑师面临的情况往往是在现成的产品中选择，我们要有能力在市场上已有的各色各样的产品中做出符合整体设计品相的选择和组合。

建筑师应该在施工指导中具有“这样也行，那样也行”的意识与能力，不要过分拘泥于一时的想法，而要有灵活处理问题的能力。这种需要来自两个方面：①

“第一，形式受人的需要和欲望推动，同时必须由建造来实现，所以形式问题的决定不在形式本身。虽然设计的最终成果一定是一个形式，但关键问题在需要和建造上面。只要符合人的需要和建造规律，形式确实可以这样做，换一种做法也同样有办法做好。对形式问题没有必要过分执着。当然这不是赞成可以对形式进行任意的拼贴和低劣的玩弄，而是说，在形式取向上往往不是只有唯一选项，可以往这个方向走，也可以往另一个方向走。前提是无论往哪个方向走，都要在这个方向上做好。”

“第二，中国当前社会的行为方式仍然具有粗放型、事后型的社会特征，即做了再说、边做边改。在这样的情况下，实践型的建筑师几乎是必须具备‘这样也行，那样也行’的灵活心态和临场反应能力。”

施工指导与应变的本质是把概念、形式与建造之间的衔接延续深化至施工过程的具体入微的决策与行动之中。

7.5　建造控制——设计思考转化为建筑成品的必由之路

建筑必须经由建造来实现，建造行为将把所有带有抽象性的概念思考与形式设计通过

① 张振辉．一般技术背景下建筑设计与建造控制方法探索［D］．南京：东南大学，2004：78-79.

特定技术与运用真实材料转化为完全具体化（物质性、建造性与适用性）的真实建筑物。在当代社会，建筑师的工匠身份被专业分工所剥离，不再进行直接建造而是为建造活动进行预先准备与实施指导。对建筑师而言，建造这个重要议题事实上就转化为对建造结果（品质）的控制。令人满意的建造品质是建筑师设计水准能够真实呈现的基本条件，优良的建造品质则是建筑作品成功与否的重要标准。因此，建造品质控制对一个完整的项目设计而言是非常关键的。

在项目设计中，建造控制主要分成两个部分：一个是建造语言制定，即建筑语言向建造语言的转译；另一个是实施过程控制。

建筑学起源于人类的建造行为。经过漫长的文明历程，建筑学凭借丰富的知识积淀，开拓了可以抽象地讨论空间组织、视觉形式规律等议题的思考平台，而且建筑语言可以在很大程度上呈现出抽象性、非物质性和非建造性，具备自身的形式规律。但是设计变成现实，必须回到建造，建筑语言需要向建造语言转化。在项目设计中，建造语言指按照建造规律重新分解和描述建筑形式语言，形成能够指导实际施工的图示、模型与文字表达。

建造语言制定往往被新手建筑师忽视，认为是琐碎麻烦的事务，甚至视其为实现形式想象的障碍。但是，有经验的建筑师则会非常重视这个阶段，因为形式固然受人的需要和欲望推动，但却必须由建造来实现。所以，形式问题的真正决定不在于形式本身，而在于需求和建造。建造语言的制定要实现形式语言的追求，其前提是同时解决好建造规律自身需要解决的一系列问题。例如，理清结构骨架、围合界面与地台等建造体系；选定材料与工艺；确定建材的划分、层次与连接等分解、结合的方式；营造可控环境、抵御大气中水与灰的侵蚀；处理室内与室外、景观与建筑的过渡与衔接。这一系列问题构成建造语言制定层面建筑师设计思考的主要着力点。建筑师沿着这些着力点，把建筑语言的形式构成成果转译为满足建造规律与使用需要的建造语言，不仅向原来并不了解项目设计的施工者解释清楚如何建造成与建造好一个建筑，也在专业细分的现代社会建立保护建筑师的法律屏障，即制作合法合规的图纸文件并加以存档，经得起事前事后的审查与追责。

由于建造语言制定所要考虑的问题以及受到的制约更为刚性，有经验的建筑师不会被动地等待概念、形式与建造直到最后才发生碰撞，而是会在概念创意与建筑语言层面融入对建造的思考，甚至让对建造的思考成为设计灵感的来源。

实施过程控制往往也容易被新手建筑师忽略，其潜在逻辑是既然设计成果已经落实在图纸或模型上，那么他们照着建造就行了。然而，设计建造是一个综合性、社会性与合作性的事件。作为一个连续的行为，它被社会分工所造成的鸿沟是需要智慧、方法与耐心、韧性才能通过携手合作来跨越的。同时，真实现场并非虚拟世界，真实施工过程遇到的各种意外情况，永远没法坐在办公室内就能全部预见得到。建筑师如果不主动而有策略地介入到施工指导与现场应变，就难以保证最终的建造品质。在这个方面，除了施工现场的指导与应变以外，建筑师还应该注意与参建各方建立与维持合作共赢的共识，以及预设设计合作的程序。

由于建造是建筑在真实世界中成为物质存在的必由之路，它既是设计的目标，也应该成为设计的起点。

第八章　设计实践中的连贯性思维及拓展

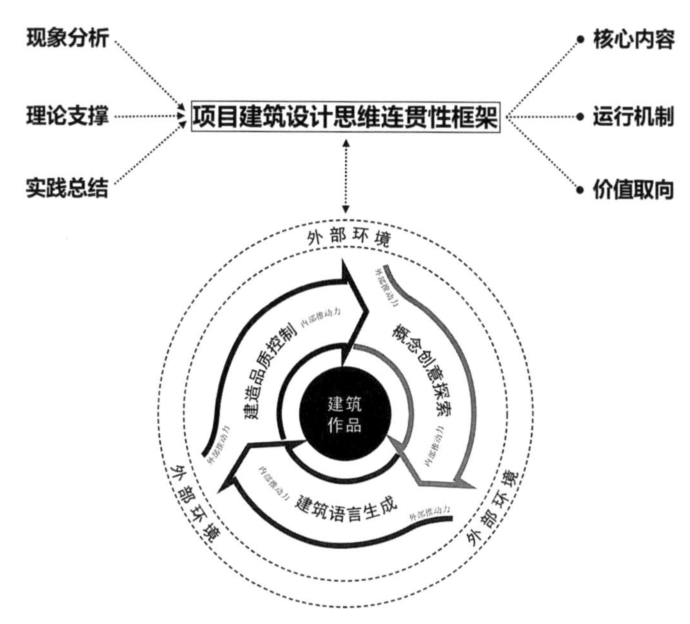

图 8-1　本章研究框架图解（来源：作者自绘）

在数字化、网络化、媒体化、商业化的当代社会，建筑创作必须面对复杂多变的项目需求与项目环境，激烈竞争对体验创新与环境品质提出更高要求，同时社会分工与事务流程也愈加繁复琐碎。灵活多变的适应力与清醒强大的主体性这两种看似矛盾的特质同时被强调，本书倡导的设计思维连贯性正是在这样的背景下提出来的。一方面，设计思考不应固化为特定程式，而应有意识保留开放的架构与接口，从而不断吸收新问题、新知识、新视野；另一方面，作为"有限理性"的人类设计主体，需要引导设计有效开展的实践指南，协助建筑师在漫长的设计过程中，把发散的、针对不同层面、聚焦不同着力点的思考片段汇集成一个前后连贯的设计方案，并施以对位且恰当的建造，最终获得一个从概念、形式到建造都一以贯之的高体验成品。

设计思维连贯性框架正是一个面向项目情境，具有坚实内核和弹性边界的设计思考架构与实践指南，其 3 个核心思考层面——概念创意探索、建筑语言生成、建造品质控制——各自承载了设计思考需要聚焦的一系列相互关联的议题，它们之间并非相互割裂，而是围绕"有效创新、现场体验、建成品质"的价值重心，应对项目环境的制约并从中吸纳资源，指向全盘桥接融合的连贯状态。在设计的开始，任何一个层面或着力点都有可能在建筑师的设计思考中被激发从而启动设计。思考的发展是以桥接的方式呈网络状向其他着力点或层面寻求回应与支撑，从而逐步构建起互相关联的问题空间与解决方案空间，生成能满足项目需求、适应项目环境、达到愿望水平并具有建造可行性的设计解答，并通过恰当的建造方式把想法转化为真实的建筑环境，为人们提供良好的现场体验。

设计思维连贯性框架是围绕概念、形式、建造这三个建筑设计的基本议题和真实项目情境而构建的弹性框架，它并非固化的流程与步骤，而是包含一系列需要解决与有待桥接的思考点与思考空间，并强调在设计思考中贯彻价值重心和主动应对环境。在设计团队的组织与管理方式不断更新、新型设计工具平台与新型建造技术不断涌现的现实情况下，作为一种设计主体的思考内核，它具有灵活的适应力，能够配合不同的组织方式、工具平台与建造方式发挥穿针引线的引导作用。本章将进一步探讨设计思维连贯性框架与新型的设计组织方式、设计工具平台及建造方式之间的关系，以拓展其在未来设计实践的应用前景。

8.1 连贯性框架的实践运用

建筑设计思维连贯性框架不是固定的程式，而是随着不同主体（建筑师）和客体（建筑对象）而延伸变化的弹性的思考框架与实践指南，可以由设计主体根据设计对象、项目环境、课题需要以及创作倾向的不同而自由选择并组装成差异化、个人化的设计运作体系。这个思考框架关注实际项目从概念创意到建造完成的全过程，关注建筑师在设计与建造的全过程激发创造力与保持掌控力。在项目设计的实际运行中，建筑师既可以沿着概念、形式与建造的方向循序渐进、逐层深化，也可以根据核心需求、关键约束与灵感涌现而跳序启动、各项延伸地推动设计思考展开，关键是围绕“有效创新、现场体验、建成品质”的价值重心，最终抵达各个思考着力点与思考层面相互支持、网状桥接的连贯状态。

8.1.1　循序渐进、逐层深化

概念、形式与建造是建筑实践设计思考的关键议题，也符合由抽象到具体、由模糊到清晰、由概略到细节的自然推进顺序。因此，在项目设计中建筑师特别是新手建筑师，可以有意识按照概念创意、建筑语言、建造控制的渐进关系推进设计思考，一个着力点接一个着力点地打通“任督二脉”。当然在考虑任何一个着力点的时候，需要跟其他层面与着力点进行衔接式的相互印证。例如，想到一个空间构成的草案，就要从体验、使用、结构可行性等角度去评估，从而再推动其证否、转化或向前发展。

8.1.2　跳序启动、各向延伸

设计思考最终要构建出一个全局性的设计解答，这个解答要在各个层面与各个着力点都得到验证。但这个全局性解答通常是通过片段式、阶段性的设计思考局部成果拼接起来的，最终是所有局部和整体的衔接，使所有要点同时获得有效性。这个局部拼接整体的思考过程是灵活随机地沿着网络状路径各向延伸开来。这个互相印证的思考框架是一个网络状的存在，没有规定的起点与终点，具体先从哪个点启动，通过哪种具体的路径达到最后的贯通状态的方式根据具体情况与条件而千差万别。建筑师完全可能在解读项目的过程中偶然引发联想，形成对主体结构方式或主要建材的一些想法，然后把这些想法放入场地布局中验证其有效性，从而展开对整个设计思考框架的“点亮”的过程。因此，技艺娴熟的建筑师的设计思考往往是跳序启动、各向延伸的。

8.1.3 积累优化、不断改进

建筑实践是一种综合性的、复杂的工作，设计是一个长时间的过程，当前的设计是将来设计的准备和积累。这一点在考察建筑大师们的成长历程时可以得到许多例证。我们可以看出建筑实践工作内容的延续性和有意识持续地探讨和改进一个问题的重要意义。这种积累是知识上的渐长、设计手法的增加和优化，也是与厂家等相关技术力量配合的磨合加深，以及建筑师对可能性与手段的理解的加深。

清醒地意识到积累和不断优化是设计工作长期进程的一个重要方面，会使建筑师在设计生涯中更加关注那些在设计活动中具有延续性的层面，如设计方法、细部构造、材料工艺，以及合作厂家等社会组织资源等。

8.2 项目实践中的连贯性思维——泰州民俗文化展示中心设计思考复盘

泰州民俗文化展示中心项目（以下简称“泰州项目”）设计开始于 2009 年，建造完工于 2014 年。这是一个情况复杂、业主重视、建筑师用心投入并且最终取得满意效果的项目。笔者将运用设计思维连贯性框架对其设计思考复盘。真实的设计过程比复盘复杂得多，但通过复盘可以在一定程度上展现本书提倡的建筑设计思维连贯性框架的有效运行。

8.2.1 泰州项目设计思考——概念创意探索

概念创意思考是一个开放性的平台，接纳所有可能的相关因素和脉络，透彻认知项目需求与环境，整合各方资源与制约，发掘有效创新机会，凝结核心概念，为复杂而漫长的设计过程指引方向与汇聚能量。

1. 设计启动——项目解读

本项目来自邀请委托，建设单位在媒体上了解到“中国馆”的设计与建造情况之后联系我们并来访。经过当面沟通，我们预感这不会是一个简单容易的项目，但同时也感受到建设单位的诚意以及实现一个独特建筑作品的可能。因此，我们应邀赴泰州踏勘基地并在现场进一步了解情况，回来后经过初步讨论决定承接这个项目。设计团队对项目的初步解读主要如下。

（1）建设单位的确很有诚意邀请我们设计并期望实现一个优秀的建筑作品，同时投资与其他资源预计能够得到比较充分的保障，设计团队应该可以充分地关注和追求最终效果与现场体验，而较少受到造价与工期等因素的制约。

（2）项目基地位于泰州文脉集结、新旧碰撞的城市节点，在这里建设一个项目很自然会引起当地社会各界的关注，而且建设单位对项目以及对设计团队的期望值很高，希望实现一个城市品牌式的具有示范意义的建筑作品。我们要做好接受挑战的充分准备，用心创作定位准确、令人满意的设计精品。而对位的方案必须建立在对泰州城市与基地周边地区的历史与现状的深入了解与认识之上，设计要扎根文脉，并要发掘建设单位、专家及大众的共同愿景。

（3）建设单位之前做了不少工作，曾经有过像仿古街区改造的方案，但无法得到令人满意的成果。因此，仿古的路子是走不通的，我们要努力探索传承创新的设计方向，这是我们设计团队一贯关注的主题，也是建设单位邀请我们的重要原因。

（4）建设单位面临一个必须妥善处理的关键难题，即基地西面有一处名人旧居，是基地内的核心要素，而此单层民居西南面约 5m 外是一座 100m 高的高层建筑。理顺与重构名人旧居、百米高层与北面五巷传统街区的关系是项目设计破题的关键切入点。

（5）项目没有明确的任务书，只有建设一座展示泰州传统民俗文化的展览馆的意向，建设单位授权设计团队以展览馆为核心，根据设计研究确定设计范围和设计内容，通过总体设计塑造新的城市空间体验。

初步的项目解读给设计团队指引出一个行动的大方向：集中精力做背景调研，在项目文脉中形成设计语境、激发创作灵感和确定设计范围。而对项目的解读会随着设计和建造的推进一直深入和丰富下去，直到项目落成启用才会同步结束。

2. 设计启动——背景调研

建筑师无法完全掌握一个项目所有的相关背景资料，因为任何信息搜索与评价分析都需要时间和成本，其投入不可能是无限的。因此，通过对项目的初步解读，建筑师需要对背景调研的重点内容以及投入资源的预计作出判断。

对泰州项目，建筑师认为需要比一般项目投入更多的资源与精力来做背景调研，重点内容包括泰州城市与基地周边地区的历史脉络、泰州传统文化以及泰州传统建筑特征等。我们邀请建筑历史学科的研究团队加入项目，专门从事“泰州稻河草河历史文化街区保护与更新规划”专题研究，为设计团队提供深度的研究支持；建筑团队则关注调研与解读基地周边环境与建筑现状，两个小组在频繁的交流互动与汇报讨论中逐步理清项目的背景、脉络、资源与制约。

（1）泰州位于里下河与长江水系交汇的节点，基地内的稻河头与其东面的草河头正是历史上两个不同标高水系的水运“翻坝”的码头，是城市的重要历史线索和街区发展的真正动力与脉络，项目基地具有“连接”的意义。

（2）位于稻河头与草河头之间的用地，地势较高且水运发达。因此，城北一向是泰州城市的工商业中心。水系与标高共同塑造了街区的发展形态。基地北面的五巷传统街由朝向稻河的主要街道发展起来。新中国成立及改革开放以后，坡子街延续城市商业中心的地位，新的城市道路割裂了五巷街区与泰州老城的联系，大型商场占据了十字路口的周边用地，成为城市形象的主角，五巷街区与稻河头被掩盖在商业建筑背后，有待重新发掘（图 8–2）。

图8–2　基地的文脉要素与周边关系（来源：作者自绘）

（3）泰州传统文化的突出特色是“泰州学派”，代表人物王艮提出“百姓日用是道”“百姓日用之学”，带有平正低调和贴近日常生活的布衣学者、平民哲学的气质。泰州传统建筑文化与此一脉相承，带有质朴、平正与简俭的气质。又因地处苏北的地理位置，泰州传统建筑具有“南北兼蓄、庄重典雅”的气象。由于里下河流域泥土适产灰砖，跟左近的扬州地区的白墙黛瓦、尖翘灵动相比，泰州传统建筑又因全面使用灰砖材料而呈现灰调敦厚的特质。具体到基地周边传统街区的建筑形态，则屋脊、花窗、转角各有特色（图 8–3）。

既关照历史脉络又解读形态特征的全面调研为设计展现了清晰的背景脉络，提供了丰富的设计资源。背景调研并非仅在设计前期的一次性行为，而是伴随设计过程同步进行，根据设计需要不断搜索和提供相关信息的持续行为。例如，对泰州传统建筑特征的研究是随着设计从场地布局到空间构成，再到细部勾勒的需要而逐步转换重点与不断补充完善的，其设计与研究的走向彼此影响并相互作用。

3. 设计启动——经验积淀

从接触项目之初，建筑师的专业经验与知识积淀就开始同步发挥作用了：一边展开调研以寻找新资源和借力点；一边在经验储备中提取指导原则与搜索类比案例。

何镜堂院士以“两观三性”建筑理论指导团队实践。笔者关注概念、形式与建造的连贯思考，追求建筑、室内、景观等各设计层面一体化的建成品质以及雅俗共赏的最终效果。尊重与传承历史传统与地域文化并作出体现时代性的创新表达是我们整个团队一以贯之的共同追求。这些专业追求与指导原则体现在已建成的安徽省博物馆、宁波帮博物馆、上海世博会中国馆、钱学森图书馆等项目实践中，也同样延续到泰州项目之中。

基于以往经验，我们判断这是一个建筑与规划布局及场地景观、建筑外部与室内空间相互融合的结合度要求很高的项目，也是一个需要投入扎实绵密功夫、拿出庄重得体成品的项目，不是靠一个简单鲜美的概念或玩一个巧妙有趣的造型就能交出令人满意的答卷。

历史经典或相关案例也会在建筑师的脑海里回响。例如，我们团队在 2005—2007 年设计并建成的宁波帮博物馆，同样在江南地区，走的是主轴掌控、水平展开、与城市水系紧密结合、通过网格体系与立体构成转译传统“水宅园”式布局的设计路子（图 8-4）。贝聿铭的苏州博物馆新馆，严谨精密地处理建筑群与历史文化街区肌理的融合关系，运用精致严密的现代工艺转译苏州传统建筑气质。还有一系列探索地域文化当代表达的建筑作品（图 8-5）。案例回顾在设计前期很自然会在建筑师脑海里自发启动，往往又转化为主动搜索的案例研究。它固然能够提供某些设计思路或手法的启发，但更重要的是为建筑师提供一个设计方向与设计品质在过往经验里的参照系，提醒建筑师哪些方面可能需要着重考虑，帮助建筑师明确需要达到的品质水准，也促使

灰砖

花窗

屋脊

转角

图 8-3　泰州传统建筑品相及形态特征
（来源：项目资料）

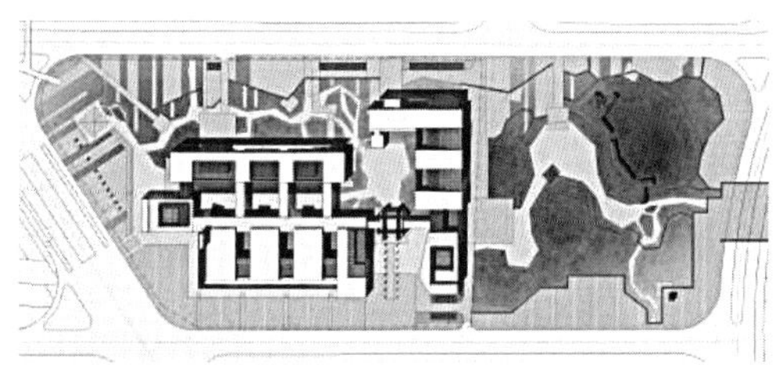

图 8-4 宁波帮博物馆
（来源：设计文件与张广源摄影）

建筑师思考在可比案例的脉络下取得突破的机会在哪里。

经验积淀既是建筑师进行未知探索时可供借力的登山杖，也是遇到新情况随时要摘掉的有色眼镜。

4. 概念创意探索——诊断

在项目解读和背景调研的基础上以及专业经验与知识积淀的助力下，设计团队逐步摸清了项目的需求、约束、资源和焦点等要素。

建设单位固然需要一个能够满足现代展览功能的展示馆建筑，但更重要的潜在愿望是通过项目建设对城市重要节点进行全面的整合提升，扭转近现代以来各阶段发展把城市脉络与历史要素割裂阻断的不利局面。把名人旧居、五巷历史街区、稻河头水系等重要因素以恰当的方式重新组织并凸显出来，带动周边区域的更新改造，激活城市活力，并以符合时代精神的方式体现泰州历史文化

图 8-5 探索地域文化当代表达的建筑作品
（来源：筑龙网站，http://zhulong.com）

与传统建筑的价值和精髓。与此同时，市民公共活动的需求也推动本项目在密集街区抽疏肌理，降低密度，营造高品质的城市公共活动空间。

项目的关键约束有 3 个：首先，名人旧居与五巷历史传统街区的设计既要重建名人旧居与五巷街区已经隔断的有机联系，也要在新整体中突出名人旧居的核心地位，整体建设规模与建筑体量要与名人旧居及传统街区的小肌理、小尺度相适应，并巧妙布局，形成新的场地结构；其次，这是一个体现泰州传统建筑文化传承创新的项目，设计不能抛开传统另搞一套，但也不能完全仿古，要努力寻找引经据典与开创出新之间恰当的结合度，同时关注新旧之间的衔接与融合；第三，名人旧居旁边的百米高层非常瞩目，既不能拆除，也不能视而不见，必须妥善处理使之自然融入新的场地结构与街区环境。

强烈的限制条件往往伴随着丰富的设计资源。在本项目中，基地上的稻河头水系、五巷传统街区、名人旧居等泰州历史文化与传统建筑特征都成为设计可以借以发挥的资源。同时，业主的信任、较为放松的造价与工期限制也为设计提供了良好的条件。

整个项目必须突出的焦点是名人旧居，街区发展脉络的根本在于稻河头，线索是名人旧居与五巷街区原来的紧密联系。

整个项目的主要矛盾与突破口在于如何处理好名人旧居与百米高层的关系，如何处理五巷传统街区与现代城市发展的宽阔道路与大体量建筑之间的断裂。

设计思考是一种聚焦于解决方案的认知过程，“诊断”并不是一个纯粹思辨或空想的过程，而是在对提出的众多假设性方案进行评价比选中逐步完成的（图 8–6）。

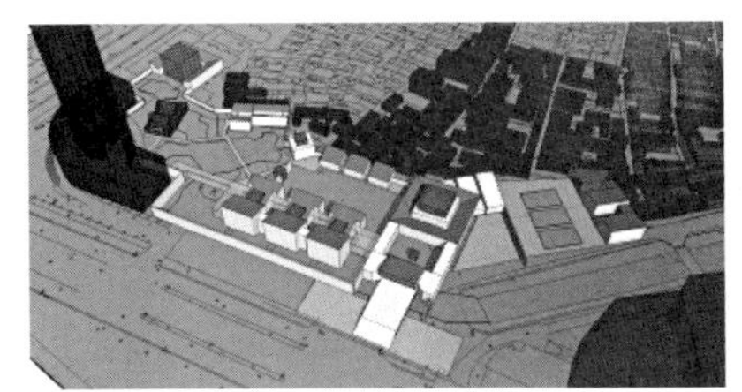
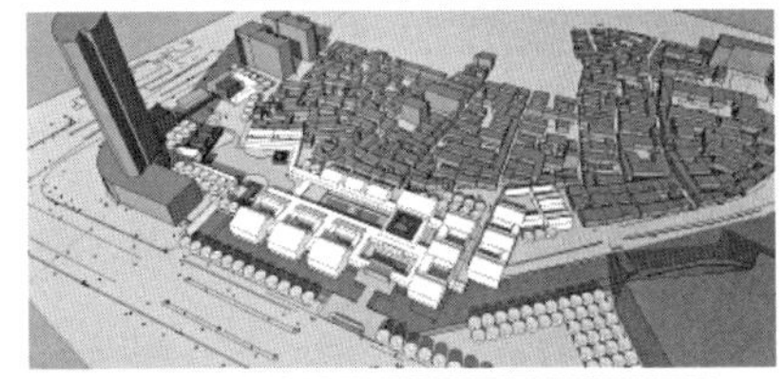

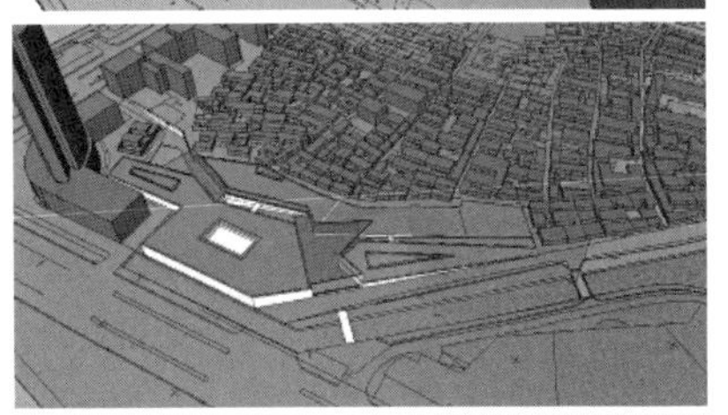

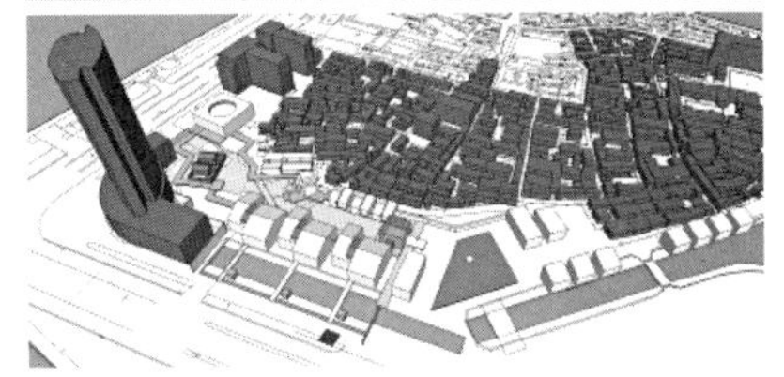

图 8–6　多方案比选
（来源：设计文件）

5. 概念创意探索——定位

定位是指在对项目的解读、调研和诊断的基础上，提出设计的总体目标与愿望水平。

泰州项目当然是一个建设业主、社会各界以及设计团队都持有很高期望值的项目，造价等限制也较为宽松。我们判断这是一次难能可贵的设计机遇与挑战，应该将其作为集中体现科学发展治国理念与泰州地域文化特色的国家级重点项目对待。

项目目标是发掘泰州传统建筑文化的精髓，探索和体现传承创新的“新泰州建筑”品相，通过项目激发城市片区的更新改造，最终形成一个给人以完整体验的连接过去、现在、未来的整体和谐的城市空间环境。

设计定位也是在多方案比选与数次设计汇报过程中逐步提纯和凝固下来的。

6. 概念创意探索——策略

“策略”是对具体设计起指导作用的关于特定项目情境的“临时理论”，是应对项目需求与项目环境的形式生成与发展的原则与机制。泰州项目的设计应对策略是设计团队在项目解读、背景调研、经验积淀、诊断与定位的过程中逐步发展起来的。

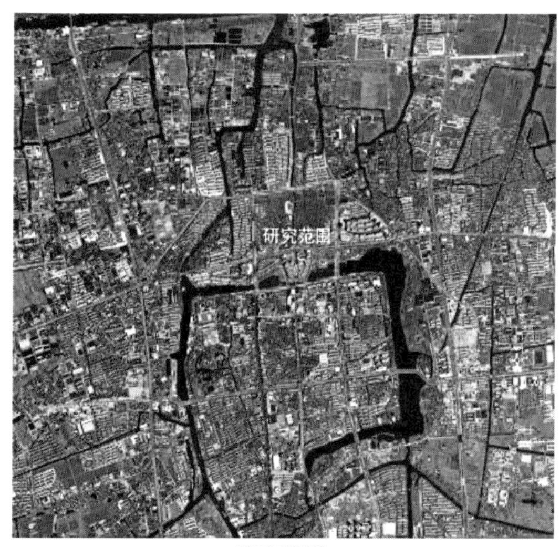

研究范围

城市设计范围与项目设计及建造范围

图 8–7　设计范围的 3 个圈层
（来源：设计文件与作者自绘）

（1）放大设计研究的范围，设定研究范围、城市设计范围与项目设计及建造范围三个圈层以确保项目介入对区域更新改造发展的带动作用和完整体验区的形成（图 8–7）。

（2）不再困扰于如何从南面到达名人旧居同时避免高层建筑的不利影响，而是建立纵贯场地的东西向轴带，引导观众从东面进入场地，自东向西观看与到达名人旧居，突出焦点，把高层建筑转化为整个项目的背景或屏风，从而破解关键难题。东西向轴带从东往西衔接稻河头、主体建筑、名人旧居与高层建筑，从北到南过渡五巷传统街区与现代商业中心的大体量建筑，通过项目整合各方资源，缝合断裂肌理，重组场地布

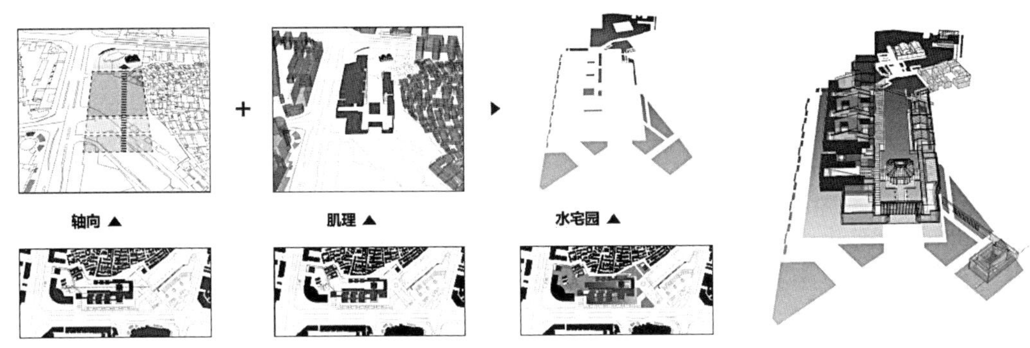

图 8-8　设计策略——确立轴向、顺接肌理、传承创新、绿色建筑（来源：作者自绘）

局，形成叙事结构（图 8-8）。

（3）整体构成运用现代建筑的整体构成手法，转译宅院相依的传统建筑布局。建筑界面与关键细部运用现代建造材料、技术与工艺转译泰州传统建筑品相。

（4）为了令传承创新以及衔接过去、现在与未来的设计主题不仅体现在视觉效果与美学追求上，而且能深入到项目的本体内涵，设计团队建议本项目设定国家绿色三星建筑的设计目标并获得建设单位的赞同。

7. 概念创意探索——意象与品相

“意象”与“品相”和“策略”一样，同是开启形式化潜力的因子，重在帮助建筑师寻找感觉，同时也起到沟通中介的作用。

设计团队在前期工作的支持下，在多方案比选的探索中逐渐找到形式的方向：

在总体布局上强调主轴掌控的秩序感、虚实相间的韵律感、重器嵌入的节奏感以及传统“水园宅”原型范式应对具体场地的有机性。

建筑形象、观感与气质传达泰州传统建筑文化气质——灰调平正、低调质朴、内敛敦厚、层次纵深，同时有内涵、耐看、经得起推敲。

在此项目中，我们把这样的意象与品相称为“新泰州建筑”风格。“新泰州建筑”风格也是在设计推进过程中从模糊到清晰、从概括到具体地逐步试错、探索出来的（图 8-9）。

8. 概念创意探索——题名与表达

综合考虑项目缘起与需求、设计定位与策略、建设单位与社会各界的共同愿景等因素，设计团队最终将设计主题确定为“和谐与发展”。这个提法结合背景调研成果与设计策略表达，在第一次汇报时就得到了建设单位的认同——认为建筑师透彻理解了他们对项目的诉求和期望，并有利于泰州城市品牌的提升。

图 8–9 “新泰州建筑”风格探索
（来源：设计文件）

8.2.2 泰州项目设计思考——建筑语言生成

建筑语言是一个运用形式及其表达转化抽象性与具体性的思考空间。建筑师可以借助它在不同尺度层面的转换，综合思考如何分配资源、解决问题、满足需求与营造体验，探索塑造形体、空间与界面的有机整合的形式构成。建筑语言应该在充分体现设计概念的同时整合需求解决、功能流线组织、形体效果与空间体验塑造等议题，并且应该包含建造意识。

与概念创意探索层面类似，建筑语言生成也是通过不断推出多方案比选，结合项目需求、项目环境以及概念创意进行讨论与评价，经过不断优选与修改而“进化”出来的。功能、布局、构成、场所与氛围等议题的探索都是通过假设性的方案加以体现，从而创造被讨论与评判的媒介与情境，最终在优选、取舍、重组与另辟蹊径中不断逼近全盘通亮的状态。实际上整个设计过程几乎离不开对假设性方案的评价与讨论。

泰州项目定案之前向建设单位与地方领导及专家进行了 3 轮汇报，基本反映了设计团队在逐渐清晰的设计概念的指导下对建筑语言进行探索的过程。

1. 建筑语言生成——功能与布局

对功能的思考强调内部系统的梳理，对布局的思考强调外部环境的诱导与挤压，但是两者的思考无法完全分开，需要内外同时探索，实现相互衔接。而所有的形式思考都要不断回顾“和谐与发展”“新泰州建筑”的主题。

建设单位并没有提出一份明确细致的设计任务书，功能与布局是设计团队根据以往项目设计经验与法律规范提出试探性方案，在 3 轮方案汇报过程中进行讨论、评价与修改优化逐步确定的。

泰州项目的功能需求可分为 3 个层次。

第一个层次是新建的展览馆需要具备完善的展馆功能，即参观、藏品、办公及研究、贵宾、多功能报告厅与设备用房等六大部分的功能组织与流线安排。这6组功能需要相对集中在一个建筑或建筑群中，并满足展馆的通用空间需求，即展陈设计是后置并且已明确展览将不定期更换主题。

第二个层次是更新改造后的坡子街—稻河头—五巷历史传统街区片区将作为泰州城市更新改造体验区对游客与市民开放。因此，整个约6hm^{2}的场地需要通盘考虑，各种要素包括新建展览馆，都应该整合成一个整体的叙事结构和参观线路。体验区参观线路应该有机衔接新建展览馆与名人旧居、五巷传统街区以及稻河头等场地内的重要资源。因此，新建展馆应该是一个半开放的小系统嵌入一个大系统，建筑的秩序与场地的序列是叠加与共振的。另外，作为一个完整的旅游街区，还应该考虑片区的停车、旅游咨询服务等功能。

第三个层次是以新建展览馆带动周边街区更新改造，同时还应该改善当地的社区环境，为当地市民创造优质的公共活动空间。

设计团队在第一轮汇报时提出了4个方案，对“建筑群组织”“建筑风格”“主入口场地组织”“商业建筑拆除”与“高层建筑改造”等五个主题进行了各种探讨（图8-10）。

“建筑群组织”主要有2种方向，一种是具有传统宅院布局特征的小肌理建筑群，如方案壹、贰、叁；另一种是地景化处理的整体构图，这是响应绿色建筑主题的一种方式，如方案肆。

“建筑风格”最容易引起关注，从双坡顶到平屋顶总共提出4种处理方案：方案壹采用双坡顶与向传统建筑风格靠拢，在南面设了围墙；方案贰有意识地把坡顶轻薄化并把双坡分解成单坡组合，整体调子偏浅偏轻，南面不设围墙而以水与城市相隔；方案叁以平顶为主、坡顶点缀，强调方盒子构成；方案肆采用平顶与绿坡的结合，传统意象主要通过主入口的木质排架的元素体现，希望能另辟蹊径地表达传承创新的主题。

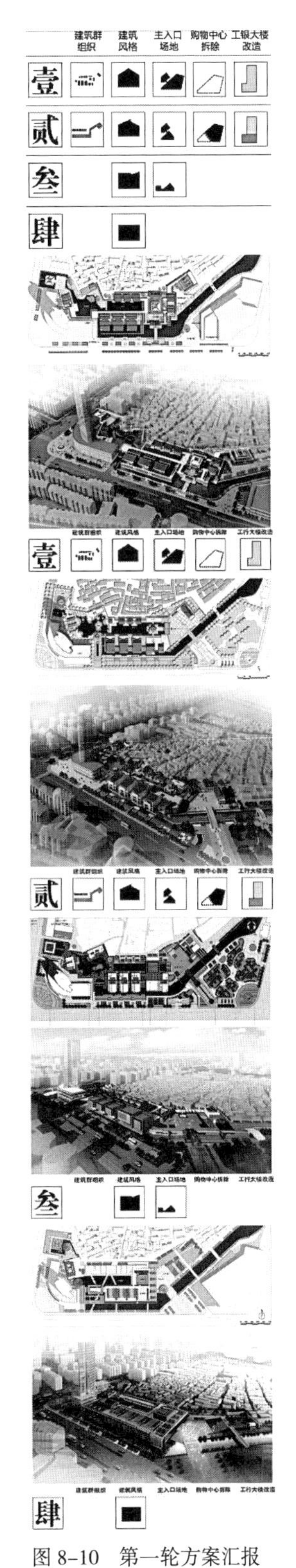

图8-10　第一轮方案汇报
（来源：设计文件）

“主入口场地组织”与“商业建筑拆除”是两个相关的主题。前者主要探讨展馆主入口是从南边直接进入建筑（如方案壹），还是先从东南面斜切出前广场，再从东面进入建筑（如方案贰、叁、肆）；后者主要探讨基地东面即坡子街西北侧的商业建筑是否需要拆除，方案壹是不拆除，方案肆是局部拆除，方案贰、叁是拆除后形成完整的市民活动广场。

“高层建筑改造”这一轮还没有深入到具体的形式设计，大家都认同将其作为背景的思路，但只有把以上问题解决好，高层建筑改造才有依循的具体依据。

第一轮的4个方案固然凝聚了设计团队的思考和某些初步的判断，如东西轴带、场地布局与建筑功能组织等大原则其实已经基本一致，但是也是一种投石问路，即先把几种经过思考的设想摆出来，然后再跟建设单位与当地专家一起讨论评价，从而更清楚地判断下一步的设计方向。第一轮汇报之后取得的大致共识是：赞同建立东西向轴带化解高层建筑矛盾的构想；赞同把稻河头水系意向引入新建建筑群中部以加强历史记忆的延续；赞同建立整体的场地叙事结构以整合资源；倾向于完全拆除商业建筑以将五巷街区向城市呈现并打开市民活动空间；建筑风格既不走方案壹偏向仿古的路线，也不走方案肆地景化的路线，需要深入解读泰州传统建筑特征与气质，在传承创新方向上继续探索。

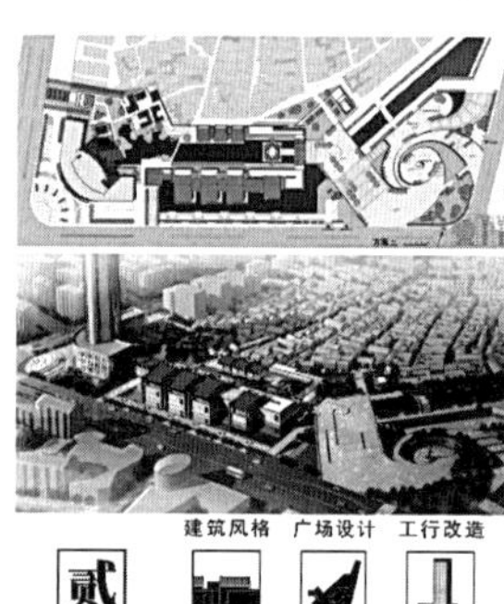

图 8-11　第二轮方案汇报（来源：设计文件）

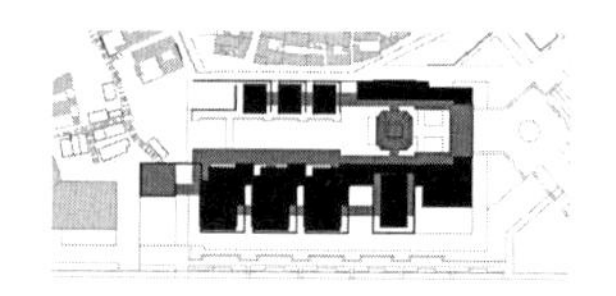

图 8-12　平面构成（来源：作者自绘）

因此，第一轮基本明确了功能与布局的原则；第二轮设计团队除了继续发展已经确定的原则，也对尚未达到愿望水平的“新泰州建筑”风格展开探索。

2. 建筑语言生成——构成

第二轮汇报集中提出2个方案（图 8-11），其中的总体场地布局和建筑功能体块已经基本一致，可分为3个部分，自东向西为：稻河头城市绿化广场、新建展示馆主体建筑和名人旧居展示区。新建展馆本身除了具备完善的展馆功能之外，也作为一个半开放的小系统嵌入周边更新改造后的坡子街—稻河头—五巷历史传统街区体验片区，形成衔接稻河头广场、新建展馆、名人旧居、复建民居群与五巷传统街区的完整参观流线与场地结构。而第二轮方案探索的主要精力集中在建筑形式构成这一核心议题上。

两个方案在布局上基本一致，在形式取向上方案贰更倾向一般认知上的传统韵味（图 8–15b），而方案壹则无论在整体构成上还是局部处理上都更注重发掘泰州传统建筑特征同时以新的形式语言加以转译（图 8–15a）。因此，最终得到建设单位与设计团队一致认可。

方案壹的形式生成遵循“平面发生器”的一般规律，首先从平面构成开始（图 8–12）。为了避免落入方盒子操作的常规做法，我们采用了片墙立体勾连的构成方式呼应宅院相依的传统建筑布局，形成疏密有致、虚实相间、富有韵律的建筑肌理，亦具有现代构成的巧思。建筑群不是由独立房间间隔组合而成，而是通过连续的有机构成推动，因而具有发展错落有致的体块组合的形式潜力。节点部位点缀“重器”，加强节点功能与体验的密度。与此同时，我们也研究发展剖面关系，在东西主轴与南大北小的原则指引下结合平面的有机构成、屋面的错动叠合、庭院与光线的引入以及地下空间的活用形成丰富而立体的剖面空间（图 8–13）。空间与形体在设计过程中是内外互动、紧密关联的。

从还比较粗略的平面图上可以看到，楼梯间与靠近功能房间的设备用房等支持体系已经定性地放置于勾连墙体形成的小开间（图 8–14）。而由于勾连墙体的跨度不大，结构体系的嵌入在原则上是可行的。

这一稿方案着重思考和展现了如何运用现代建筑语言转译泰州传统建筑特征并整合为一个新的建筑群。背景调研期间对泰州传统建筑的深入解读在这里提供了重要的参考资源，不仅是建筑群的总体布局，而且“左右逢源”的转角、镂空的屋脊、平整的檐口以及灰砖墙体的各种砌法与纹样等代表性特征也受到建筑师的关注并尝试转译和有机结合到新建筑上面，形成新旧建筑之间

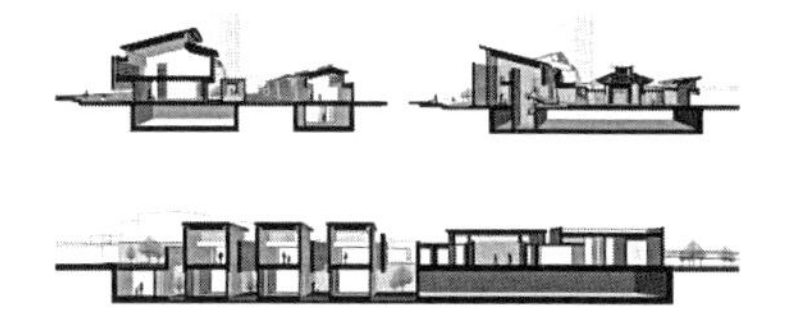

图 8–13　剖面构成（来源：设计文件）

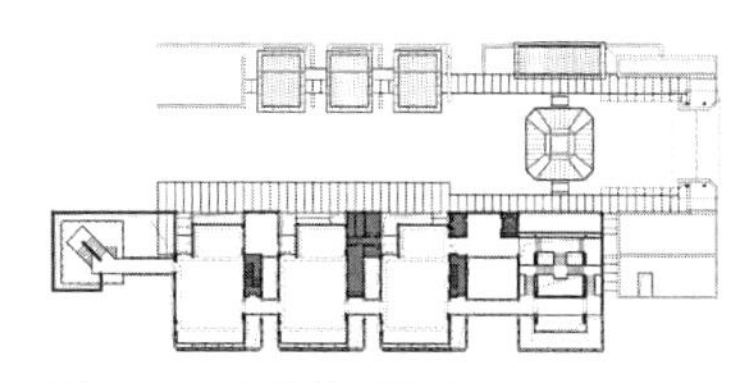

图 8–14　支持体系嵌入（来源：设计文件）

品相

屋脊

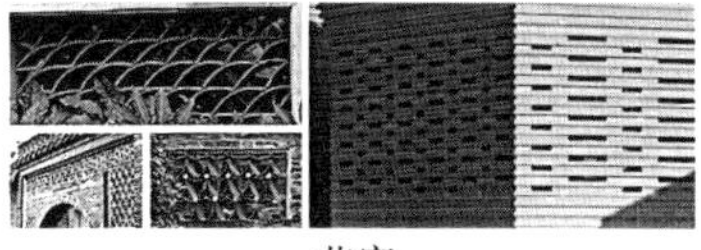

花窗

转角

图 8–15a　方案壹对传统建筑特征的现代转译（来源：项目资料与设计文件）

图 8–15b　方案贰的建筑形式（来源：设计文件）

品相的呼应与对话。这方面的阶段性探索成果也得到建设单位与当地专家的认可，从而令设计团队能够在比较明确的方向上继续优化与深化设计。

稻河头广场的设计方案在这一轮汇报也提供了两个方向，设计团队与建设单位都认为相对规整理性的方案壹更能够突出稻河头作为环境核心同时也更适合五巷传统街区更新改造的背景。

在进一步明确设计形式语言走向之后，设计团队继续推进设计，探索与深化“新泰州建筑”品相的表达，同时把之前若干单向展开的、定性、概括的阶段性设计成果具体深化并相互紧密结合起来，使整体方案走向定量化、整体交圈和现实可行。第三轮的定稿方案获得一致通过。

定稿方案在第二轮方案壹的基础上继续深化，在总体布局上主要缩减了景观水面的范围。主要精力放在深化和优化新建展示馆——在功能布局上主要增加了地下层作为集中的机房和局部布置办公与研究用房；在形式构成上则继续对泰州传统建筑文化的现代转译以及着眼于建筑在场地中的实际效果来调整形式构成。

3. 建筑语言生成——场所与氛围

本项目的一个重要的设计目标是通过新建筑介入既定环境，提升整体环境品质，在整体参观流线范围内营造完整的良好体验。因此，在定稿方案前后，设计团队所做的一项重要工作是沿着场地主要参观流线进行全面的视线分析研究（图 8-16），以此来进一步精细地确定建筑体量和界面的高度、环境设计的内容等，如何处需要点缀树木以及哪些周边建筑需要进行立面改造等跟人对建筑的真实体验相关的设计内容。之前从概念创意以及形式操作角度设计团队做了大量工作并已经产生了一个经过深思熟虑、基本适应项目环境与满足项目需求的形式框架，但是最终我们要回到人的视高与行进过程去精调设计，使得建筑、景观、周边环境等分属不同体系的要素能够统合起来发挥作用，为人

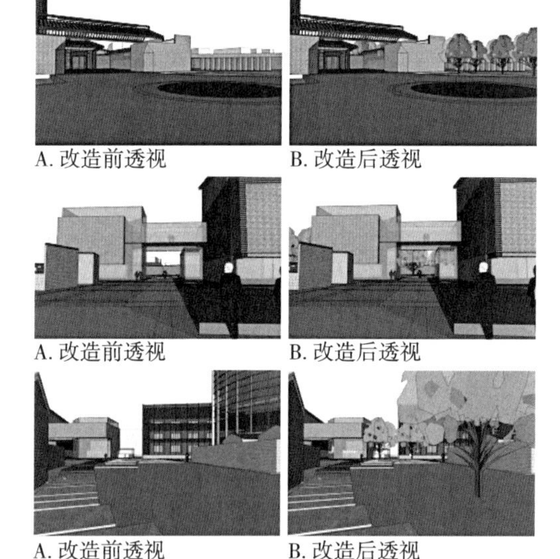

A. 改造前透视　B. 改造后透视

A. 改造前透视　B. 改造后透视

A. 改造前透视　B. 改造后透视

A. 改造前透视　B. 改造后透视

图 8-16　建筑整体环境的视线分析研究
（来源：设计文件）

们带来完整的体验（图 8–17）。这时我们从把建筑作为设计对象的关注客体的视角调整过来，以人的体验这个主体视角重新考察与梳理各种要素。不仅如此，根据人的实际视高与行进路线进行视线分析，还提示建筑师在深入确定墙体的界面质感以及压顶、亮脊、转角等局部构造做法的时候要从人的真实体验角度思考，而不仅仅是从上帝视角生成并终结于形式逻辑的构成。

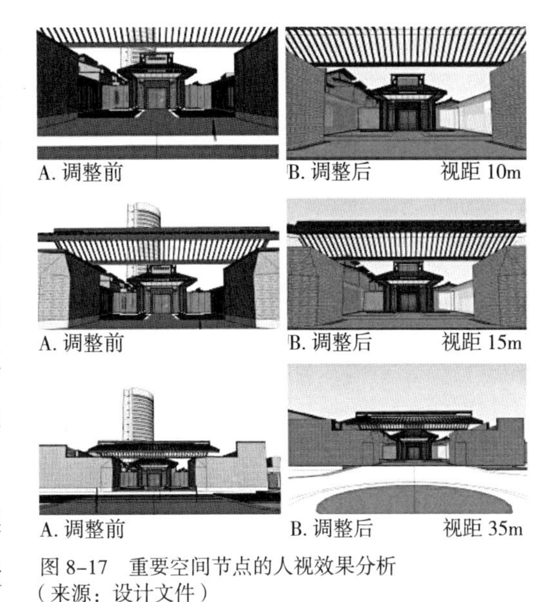

图 8–17　重要空间节点的人视效果分析
（来源：设计文件）

要最终建成某种有品质的场所或实现某种感染人的氛围，需要建筑师采取一体化设计的思路，把建筑、景观与室内设计等不同专业联合起来，为共同的整体设计目标服务，所有力量都服务于完成一系列经过全面考虑的连续场景。这样的努力应该贯穿设计的全过程，也应该贯穿概念创意、建筑语言与建造品质等各个设计思考层面。

8.2.3　泰州项目设计思考——建造品质控制

建筑师在项目需求的推动与各方资源的支持下探索概念，又在概念创意的指引与各方资源的支持下生成形式，而形式通过建造转化为真实。形式思考更多遵循形式规律，而建造思考则需要依据建造逻辑。在建造语言确立时建筑师要时常回到概念与形式的初衷，以评判、否定或发展建造语言，或者反过来调整概念或形式的设计目标或愿望水平，使三者之间在现实可行的基础上保持衔接与平衡。建筑师追求的真实体验需要在概念、形式、建造以及现实可行性之间的衔接与平衡之中探求。

1. 建造语言制定——骨架、围合与地台

转入建造思考，建筑师首先要理清骨架、围合与地台三个建造体系（图 8–18）。建筑师要与结构工程师在前期配合的基础上逐步定量化结构系统并使之与形式构成有机结合。尽管建筑师在形式思考中通常都会带入结构概念并与结构工程师有定性的讨论，但是在具体化结构体系的过程中往往还需要与结构工程师进行可能是“斤斤计较”的讨论，让形式逻辑与结构逻辑精确匹配。在本项目中，设计团队对结构体系进行了单独的建模并反馈到

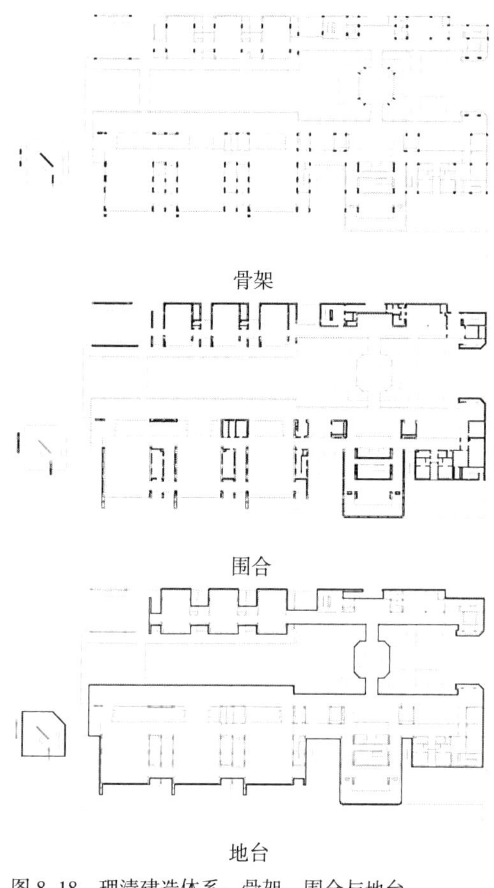

图 8-18　理清建造体系：骨架、围合与地台
（来源：作者自绘）

建筑模型上，以此检验结构构件与建筑围合体系的匹配度。匹配的关键在于 3 个层次：首先是体系上的匹配，即结构体系在平面、剖面及空间上的落位与围合体系相叠合；其次是完成面与结构面的匹配，即从围合体系的完成面至结构体系的结构面预留恰当的构造尺寸，在这里还要综合考虑设备管线走管的预留空间；再次是关键部位出形效果的保证，即空间中吸引注视的焦点，如主入口门架、造型楼梯、外墙花窗与“左右逢源”转角等，以及容易引起关注的重要场所的界面，如八角形序厅等的收边、转角、线与面衔接等关键部位，其出形步骤需要认真推敲，避免最后失去对关键部位出形效果的控制（图 8-19）。

骨架体系也包括结构要素化了的楼梯、电梯等服务核与主要的设备腔体等，这里常常运用服务空间与被服务空间的概念来处理。

骨架与围合的匹配不是单方面的，而是互动的。基于形式语言的围合固然对基于结构和服务功能的支持体系有所要求，而支持体系的技术逻辑与客观需要也参与形式塑造。最终建筑师要使得两方面达到各自成立同时互相支撑、互为解释的状态。

本项目强调室内外空间平顺衔接，成为一个整体，公共空间的室内外高差处理为 1.5cm。因此，地台体系在于理清室内空间、跟室内空间紧密连接的建筑场域以及景观场地等三个层次，并据此处理好排水坡向与分水线等排水问题。

2. 建造语言制定——材料与工艺

从概念创意到建筑语言所追求的建筑品相与氛围都要通过具体的建筑材料与工艺来体现。传统里下河流域的土质适于生产青砖，泰州传统建筑的一个显著特征是青砖的广泛使用。我们在开始阶段也曾尝试采用改良传统青砖砌法的方式建造并着力研究钢构件与灰砖砌筑相结合的外墙工法（图 8-20）。但是，在现场做足尺试版的结果却难以令人满意。传统青砖小块材和人工砌筑工艺的效果难以满足新建筑较大体量的完整性和外墙工艺品质的要求，反而是作为对比试验的石材百叶的效果较好（图 8-21）。实践的结果促使我们转向现代幕墙系统。

为了表达并转化传统建筑特有的尺度感，基面石材采用锯齿状的表面处理，按 75mm 的模数，形成细密的石材肌理，通过光影变化塑造生动的建筑表情。成片的石材百叶嵌入外墙基面，悬挂的条形石材相互脱开，显现出石材幕墙的建造方式，在获得连续界面的同时获得可“透气”的外墙界面，适应既需要采光通风又需要遮阳降噪的内部功能要求。石材选择浅灰色，在色调上与传统青砖相呼应。石材百叶划分与基面石材肌理采用共通的模数、差异的尺度、对位的关系，形成既统一又丰富微妙的整体外墙效果（图 8-22a）。而石材的处理工艺经过多轮尝试，最终确定了“火烧水洗”面的效果。

在建筑外墙及转角、屋脊和玻璃长廊等关键部位的设计中，我们通过图纸和现场足尺试版结合的方式探索运用现代建筑语言转译传统建筑特质的方式，并形成系列化的外墙工法：在石材墙面的转角处结合幕墙龙骨系统，设置金属构架的“左右逢源”花格窗；在建筑屋面顶端，结合钢结构构筑“亮脊”；在公共走道部分，设置玻璃长廊并在长廊顶部设置细密的遮阳金属百叶。

为了使整体建筑呈现良好的品相，建筑师与业主一同进行了多轮足尺试版，把建材特别是面材放置在实际环境中进行比选，确保了深浅石材、金属、玻璃等材料的色彩、质感等组合在一起能达成良好的观感，符合“庄重、质朴、灰调、雅致”的品相要求。为了保证玻璃不偏绿或偏蓝，最终在玻璃长廊采用了超白玻璃为基底的双银 LOW-E 玻璃。

本项目设计以理性清晰的现代建造技术体系转译

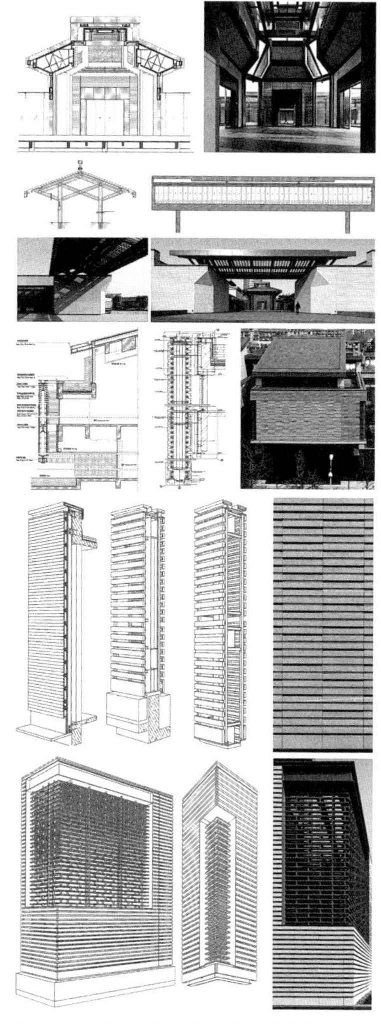

图 8-19　关键部位出形的建造控制
（来源：设计文件）

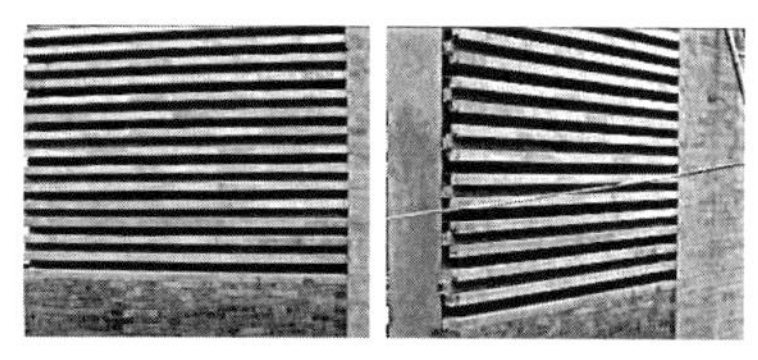

图 8-20　定制灰砖外墙试版
（来源：作者自摄）

图 8-21　石材百叶幕墙试版
（来源：作者自摄）

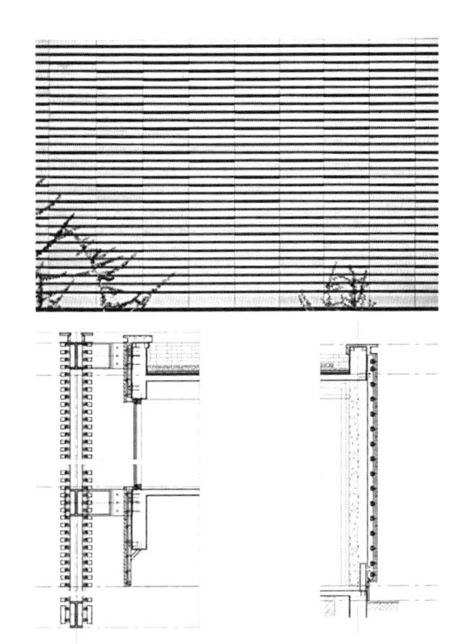

图 8–22a　石材百叶幕墙

图 8–22b　现代建造技术转译传统建筑特质
（来源：设计文件与姚力摄影）

江南传统建筑特质，创造既有传统意蕴又焕发现代气息的新泰州建筑品相（图 8–22b）。

3. 建造语言制定——划分、层次与连接

在形式思考中，点、线、面、体等要素可以是抽象而连续的。但在实际建造中，建筑材料并不是以概念化的非实体状态而是以一定尺度的分块或一定重量的分容器装载的形式出现。因此，任何材料尤其是面层材料要处理好横向的划分、纵向的层次与通过特定构造方式连接成整体等问题。

从图 8–23 中可以看到，深灰色石材铺装的屋面、浅灰色石材干挂的幕墙、深灰色金属的压顶与收边等组成整体建筑品相的块、面、线。它们都存在下一层次的划分，贯通长、宽、高三个维度，就像一张规整的立体蜘蛛网把连续的块、面、线切开。划分作为建筑外观形式构成的一部分，对整体效果产生不可忽略的影响，必须从比例尺度、交圈对缝等形式逻辑视角进行精确的调适。此外，材料划分也必须符合材料性能、构造工法以及造价限制等因素的要求。因此，建筑师需要在这两者之间进行权衡，选择一套对两方面都合理的模数系统以及处理边沿与转角等关键部位的有效法则来妥善解决划分问题。横向的划分问题通常运用展开面放样图进行表达。

被划分的面材包含着层次与连接问题，即界面与构件的建造材料从完成面到结构面的纵向分层叠加分布，以及材料横向划分与纵向层次之间的构造连接方式。这是在每一个项目中建筑师都必须处理的课题。本项目的特别难度在于石材百叶幕墙的局部是内外通透的，并具有多种不同类型，而且需要达到不同类型外墙的肌理之间的纹理顺接。因此，建筑师必须与幕墙施工单位一起仔细推敲各种类型石材幕墙的层次尺

寸与构造，以确保表面取平以及在内外通透时呈现干净清晰的效果。层次问题通常表达为剖切面大样图，连接问题通常表达为构造节点图。

有些新入行的建筑师可能会被“简洁”或“干净”等形容词的表面含义吸引，认为就是单纯地用材划分或层次越少越好，一味追求连续而不间断的直线、平面、完整体块或同质材料。事实上连续不间断的直线、平面、体块在施工工艺尤其是中国的常规工艺上难以实现，不但代价高昂，而且容易因做不到位而导致出戏。合理的划分和层次不仅符合建材真实的物理性能，而且也是建筑跟人在尺度上进行沟通的一个中介。尽管泰州项目规模不大，但块面组合关系与不同材料的交接都相当复杂，设计团队在妥善处理块面以及块面交接处的划分、层次与连接上面投入了大量的时间与精力，对门架、八角形序厅、“左右逢源”转角、花窗以及亮脊等关键部位更是精心雕琢，最终实现了在平正敦直、灰调质朴中体现儒雅精炼、意蕴丰厚的“新泰州建筑”品相。

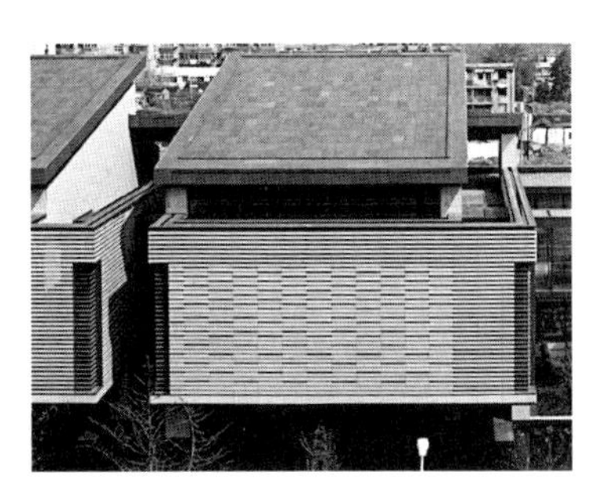

图 8–23　建筑面材在长、宽、高三个维度都有划分
（来源：姚力摄影）

4. 建造语言制定——闭合与疏导

建筑要在大气环境中建立一个可控的闭合环境，抵御水与灰的侵蚀，这是建造需要解决的一个根本性的问题。

泰州项目的块面组合较为复杂，不同材料之间的衔接部位也较多，这给设计增加了工作量与难度。为了既满足形式效果又达到闭合需求，建筑师就要处理好围护体系的各种闭合构造，特别是不同材料如玻璃与石材幕墙之间交接的部位（图 8–24），从而形成气密性、水密性良好的密闭环境。

在抵御“水”的侵入方面，泰州项目按照“顶面做排水”“边沿沟滴水”“交接设防水”“地台阻潮气”的要点处理相关构造。

在抵御“灰”的影响方面，尽管为了呼应泰州传统

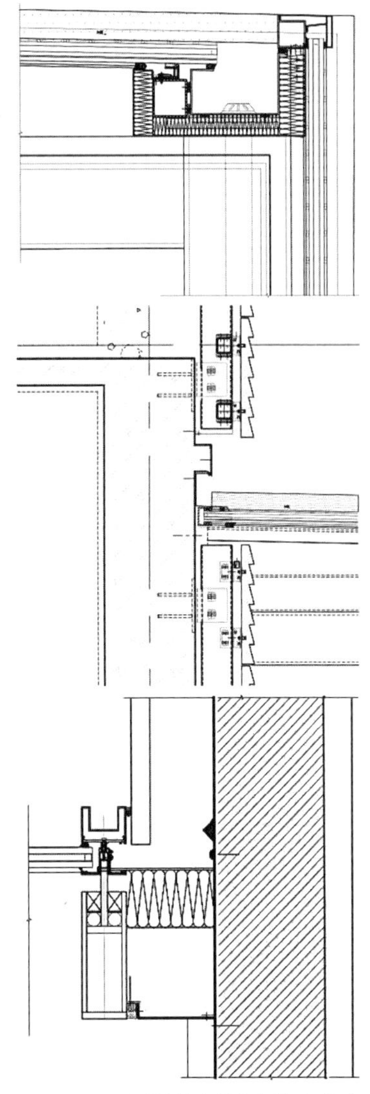

图 8–24　不同材料交接与抵御水的构造节点
（来源：设计文件）

建筑的灰砖肌理而采用了横向外墙肌理，但是墙面与屋面都选用了深浅灰色以及火烧质感的石材面层，落灰只会使外观整体色彩饱和度同步降低而不容易显脏。在玻璃长廊顶上设置了自动喷水系统，使最容易显脏的玻璃顶面能够定期自洁，而且大部分有玻璃顶之处都设置了室内金属百叶，在保留引入天光的同时减弱了直视屋面落灰的可能。

5. 建造语言制定——过渡与衔接

泰州项目按照一体化设计理念，努力打通城市、建筑、室内、景观的界限，围绕连续整体的环境体验展开设计。因此，建筑师与其他专业的同事需紧密配合实现这种统一感。

泰州项目的建筑语言采用立体构成手法，同一构形元素常常贯穿室内外或者兼做建筑和景观元素。在建造层面，建筑师要面对室内、室外有别，景观、建筑有别的现实，采取措施予以应对。例如，实墙体系的表面工艺确定为模数 75mm 的横向肌理，室内外是贯通的。室外部分的墙体考虑到要在阳光下形成丰富的阴影，采取了锯齿状的剖面形式，落差达 1cm。而在室内，由于墙面跟人体的亲近感更强，不宜采用尖锐边角。因此，墙面肌理调整为横向刻槽，分缝仍然在室内外拉通，在玻璃幕墙的立杆处进行区分与衔接。在满足室内外不同需求的同时保持了形式要素的连贯性。又例如，同在泰州项目中，其中心水院的水池边界与建筑玻璃幕墙落地处邻接，建筑师与景观专业设计师紧密配合，使景观边界与建筑边界无缝对接。

6. 建造语言制定——支持运营、管理及维护的设施与细部

建筑物的运营、管理与维护的相关设施与细部做法也与建筑给人的整体体验紧密相关，不仅不应被忽略，而且需要引起建筑师的重视。

在泰州项目中，设计团队在可以控制的范围内尽量处理好跟运营、管理与维护相关的设计衔接工作。例如，重视卫生间的设计，这是塑造使用者对建筑的印象的重要节点，尽量在有限的空间内合理精确地分配空间。又如，协助业主确定票务、休息厅的信息显示屏位置以及验票安检口位置等。

图 8-25 摄像头安装不够理想
（来源：作者自摄）

但是，由于这方面的工作过于庞杂琐碎，目前国内没有建筑师总负责的行业习惯，有些方面我们顾及不周。例如，各种摄像头的安装显得凌乱（图 8-25），这是需要建筑师主体和建筑设计行业整体努力进行提升的一个环节。

综上所述，在建筑语言制定阶段，要

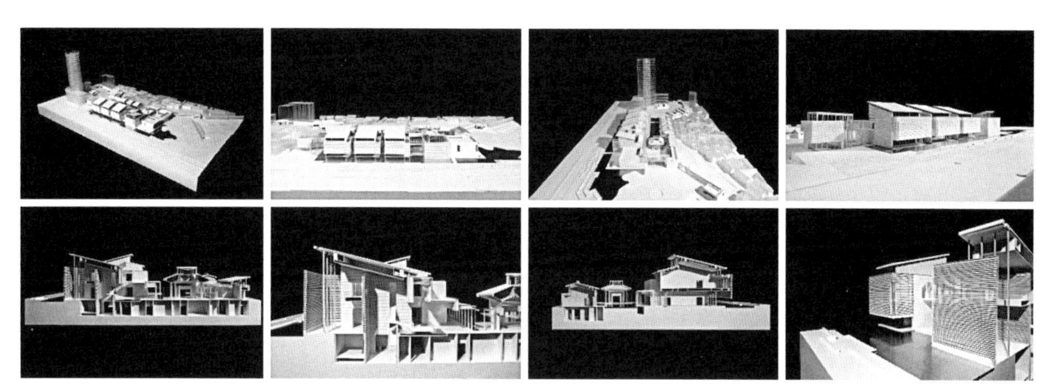

图 8–26　施工图深度的模型研究（来源：项目资料，马明华摄影）

预估建造尺寸，在建造语言阶段要不断重新审视建造体系是否与形式语言的系统性与整体效果相吻合，最终要在形式体系与建造体系之间达成互相支持、互为解释的桥接（图 8–26）。

在建造语言的成果交付业主之后，设计思考并没有结束。在建造施工的过程中，建筑师仍然需要继续把主体性投射到一系列社会性事务当中，通过各种方式发挥设计思考的影响并指挥“延伸的肢体”的作为，尽最大努力确保最终的建成品质与现场体验。

7. 施工控制——参建各方共识的建立与维持

设计团队的设计成果提交给建设单位，再转交给施工单位。理论上设计内容已经固化在图纸或模型上，只要施工单位在建设单位和监理单位的监督下严格按图施工，项目建设就能顺利推进。然而，事实并非如此。图纸或模型并不是建设成品本身，只是建设对象的一种按约定的逻辑转译而成的投射或印记，这是一种类语言。如何或在何种程度上把图纸或模型转化为建造行为并成为建筑物，还有赖于建设主体的解读、投入度与严谨度等，更何况工程建设还是一项需要多方参与合作的社会性事务。这些都决定了真正理解和重视设计核心概念和设计关键的建筑师需要在凝聚各方共识、调动参与热忱上主动承担起更大的责任，这也是建筑师的专业追求能够在社会平台上实现的需要。

在泰州项目的施工交底会之前，笔者做了充分的准备，讲解时先从项目的重要性、设计概念与构思等内容讲起，除了施工图纸的介绍以外，也包括建造的难点与关键，最后发出携手合作、共创精品的呼吁。而在之后与施工单位以及参建各方的接触中，笔者也会反复强调以上内容。

在接洽伊始，建筑师就应该成为宣传家并贯彻始终，在清楚解释整个设计构思与成果的同时，还应该充分展现建筑师对此项目抱有的热情与信心，调动起参建各方的重视以及通过行动将设计实现的愿望，最后还要提出抓住机遇、携手合作、共创精品、共享成果的呼吁。当这个共识在参建各方构成的大团队内成功建立起来以后，其化合作用将为后面的合作带来无形而重要的支持与保障。

8. 施工控制——合作程序的预设

在施工交底之后，建筑师马上与参建各方特别是建设单位沟通：安排落实通信录，确定沟通接口，约定例会制度与时间，明确现场发现或遇到问题邀请建筑师到现场解决的程序，重申哪些关键建材必须提前做足尺试版然后会同各方看样定版，以及工期紧急情况下的设计决策与变更的程序等。

合作程序的预设尽量在建设单位、监理单位与施工单位都在场的会议上提出并落实，形成一种参建各方都知悉的共同约定。

合作程序的预设就是在设计之外，建筑师还要考虑调动参建各方的互动和制约关系，形成有效的对话与解决问题的步骤，以减少误会和错误的发生，从而更好地在建造中落实设计的效果。这对仍具有粗放型社会特征的当代中国环境来说值得重视。

9. 施工控制——施工指导与应变

项目开始动工以后，建筑师要通过设计例会、现场巡视、看样定版以及回复施工单位提问等方式持续对施工过程进行指导，并对现场问题进行应变处理。除了经验积累与知识背景之外，建筑师坚守原则并且灵活应变的态度对实现良好的建造品质与现场体验同样重要。

在泰州项目土建结构完工以后的一次外墙石材幕墙足尺试版上，建筑师发现原设计中以 75mm 为模数的虚实相间的外墙在主立面的局部位置的实际效果看起来不尽理想，但当时工期已经比较紧张，没有时间再做下一轮试版。于是我们迅速提出变通的办法，请施工单位拿塑料泡沫赶制不同尺寸的构件，喷上外墙的色彩再挂板（图 8–27）。在我们开会讨论其他议题的同时，简易样板已经挂起来，我们当场跟建设单位一起确认了构件尺寸，为厂家生产和制作成品留出了宝贵的时间。

图 8–27　使用塑料泡沫板赶制挂板（来源：作者自摄）

施工建造是一个长期过程，其间需要处理一系列纷繁复杂的事务，而人的注意力是有限的。建筑师在处理施工指导与应变的问题时应该不断提醒自身回归到设计概念的核心与建筑及建造语言的体系中，以此评判解决方案与应对措施是否对原定的概念与构思、形式与建造体系具有延续性与相容性。

项目设计思考的主轴就是要保持从概念、形式到建造的连贯性。

8.3　连贯性思维的拓展

本书研究的建筑设计思维连贯性框架是围绕主体心智、针对具体项目、具有稳定内核与开放边界、为建筑师的设计思考提供参照的思维框架和实践指南。建筑师的设计工作在现实中几乎都会与特定的组织架构及管理有关，而新型的设计工具平台如 BIM 等以及新型建造技术体系如 3D 打印等也对建筑师的工作方式与设计思考不断构成新的冲击。下文将对建筑设计思维连贯性框架与设计组织的架构及管理，新型设计工具、平台以及新型建造技术体系之间的关系展开简明扼要的拓展讨论。

8.3.1　与设计组织架构及管理的关系

企业或机构的组织架构与管理属于管理学的范畴。设计及创意组织的管理是管理学一个专门的分支，它比通常的企业管理更注重如何协调创造力与产出效率及品质可预期度的关系。

建筑设计是一项社会协作度很高的事务，建筑师几乎总是身处某个设计企业或机构来开展设计工作。建筑设计不仅是一门专业，也是一个行业，它除了具有创造好作品的专业追求外，也肩负为企业或机构创造盈利的商业追求。因此，建筑师的设计创作需要与设计组织的架构与管理等企业管理体系形成相互支持与匹配的积极关系。

不同的架构与管理模式折射出设计企业或机构的不同理念与追求。例如，许多面对商业地产的建筑设计公司，把方案团队和施工图团队分开，体现出对提高产出效率的格外重视。而笔者所在的设计团队，项目负责人和主要设计人员会从投标、方案、初步设计、施工图一直跟到施工、建成以及使用后的回访，关注点是作品创作和人才成长。

建筑设计思维的连贯性框架提倡围绕“有效创新、现场体验、建成品质”的价值重心，打通“概念创意、建筑语言、建造品质”三个核心层面的连贯思考，是优先追求活跃创意与设计品质的思维框架、实践指南。

连贯性框架会对设计机构的组织架构与管理提出匹配度的要求。组织架构及管理应该以设计项目小组制为核心，各个按功能或人事划分的部门为战斗在第一线的项目小组提供支持，并且把项目小组在每个项目设计中形成的新知识整理归类，结合对外部资源的持续搜索，为项目小组的未来工作提供不断优化的知识环境与组织支撑。英国诺曼·福斯特建筑事务所的矩阵式架构就是典型例证。

设计项目小组的团队构成提倡多样化和差异化，鼓励不同专业、学校、背景的成员围绕共同目标一起投入项目设计，充分运用头脑风暴、视觉化呈现、多方案比选、原型迭代优化等方法激发创意、充分讨论、推动设计。这对项目负责人的要求较高，项目负责人应有能力在设计全过程把握住设计思考的连贯主轴，引导团队成员把各自在知识、关注点、技能等方面的差异性整合为持续向前的能量流。

设计项目过程管理需要处理好刚性约束和弹性空间的关系。身处行业当中，必须遵守行业规定与法律规范。例如，我国把建筑设计过程分为方案设计、初步设计、施工图设计等三个主要阶段，这应该就体现在设计机构的项目过程管理之中。但这种阶段划分更多是为了建立明确的社会协作平台，而非基于设计思考本身的规律。因此，除了对不同阶段最后期限（Dead Line）和成果深度提出明确的刚性约束之外，项目管理的中间过程应该给设计思考留出自由发挥的空间。从设计思考的角度并不期望项目过程管理成为一个密集而机械的严格时间表，或者说就算项目管理流程列出了一个严格时间表，设计主体投入思维能量的稠密度也无法与之保持均匀一致。在一些关键点可能会引起反反复复的思考与回溯，而关键点打通了又可能会势如破竹般地迅速推进。设计的目标与重心不是去踩时间表的点——那是作为一项社会性事务而不得不接受的约束，而是始终关注有效创新、现场体验与建成品质，在概念、形式、建造等核心思考层面上展开设计探索，不断在问题空间与解决方案空间之间架设桥接，逐步构建整体方案，追求达到全盘连贯的佳境。最后期限的接近往往会给建筑师带来异常的兴奋度和推动力，面临这种处境，设计师常常会提高解决问题的效率。一方面，在此之前长期的片段思考在刺激下更容易整合；另一方面，在最后期限面前，原来悬而未决的愿望水平不得不落实，需要理智地接受眼前虽然仍不完美但已足够好的解决方案。需要注意的是，设计中的完成度与创意度所需要的土壤并不完全一致，项目过程管理既要有激发、呈现、辩论、融合、迭代优化设计创意的有效方法，也要有保证交付成果质量底线的有效措施。例如，笔者所在的设计团队就是采取多轮讨论制与严格审图制两者结合的方式在提高设计创意度、对位度的同时保证交付成果的质量底线。

设计机构的组织架构与管理很自然会对设计思考的展开产生约束或推动，设计机构本身也是设计项目环境的构成因素之一。

8.3.2 与新型设计工具及平台的关系

人类作为设计主体，其思维具有“同时考虑问题的有限性、注意力的选择性”等生物学制约。建筑设计作为一种复杂思维过程，需要借助一定的外部媒介及工具来呈现、推敲与交流。

古时候，建造方式的交流与传承主要通过口口相传的方式，这逐渐形成建筑专业术语的传统。后来，建造规模扩大、建筑物复杂性提高，工匠开始通过制作模型的直观方式来推敲、检验建造设想以及表达交流，这种方法一直沿用至今。随着印刷术和透视法等的发明、成熟和广泛传播，以带有抽象图式语言特征的图纸图形为媒介来推敲、记录和传播成为建筑设计运用的主要方式，并发展出绘图板、绘图尺规、绘图笔等一系列相应的专业设计工具。

今天，建筑设计已经突破上述的传统媒介与工具，进入数字化时代。从 20 世纪 90 年代开始，我国的建筑设计行业逐步引进并建立起 AutoCAD、3ds Max、Sketch Up 等软件以帮助建模推敲方案，使用 3ds Max 等软件渲染、Photoshop 等图像处理软件制作后期效果图。以 AutoCAD、TArch（天正）等软件精确绘制技术图纸的设计、制作及出图的常规工作架构，就是一种结合“以计算机三维模型为核心发展方案”“运用计算机精确绘制二维技术图纸”“运用计算机渲染及处理图像”等的基于初级建筑数字技术的计算机辅助建筑设计（Computer Aided Architecture Design，CAAD）及绘图工作体系。

随着建筑数字技术不断发展和更新，涌现了诸如生成设计、参数化设计、建筑信息模型（BIM）等新型数字化设计工具及平台，可以持续为当代建筑设计思维带来新的冲击与机遇。

生成设计（Generative Design）是一种通过计算机编程的方法，凭借计算机编码以自组织的方式，将相关设计因素和设计概念转换为丰富多样的复杂形态的设计方法。生成设计需要设计者为某个项目的某个设计专题编写特定的演算程序来辅助设计方案构思。

参数化设计（Parametric Design）是使用参数工具控制设计形态，通过改变一个或多个参数使设计形态产生变化。建筑师需要在计算机上建立设计的初始模型（包括运用生成设计工具或自己构思），对相关各参数关系进行研究，以确定关联各项参数的规则，进而建立模型与各参数之间的约束关系以及相应的计算机程序，并获得可以在一定算法内灵活调控的建筑设计动态模型，以便通过改变参数值生成不同的具体设计形态结果。①

① 李建成. 数字化建筑设计概论［M］. 第二版. 北京：中国建筑工业出版社，2012：16-17.

新型的数字化设计形态生成工具为建筑设计思考带来新的广阔资源，激发更复杂、更动态的建筑形态生成，拓宽了建筑形式的潜力，丰富了建筑学形式语言的知识积淀。弗兰克·盖里和扎哈·哈迪德等当代建筑师，正是借助新型数字化设计工具设计出依赖传统设计工具难以实现的复杂、动态、新颖的建筑造型与空间。希望运用数字化形态生成工具进行设计的建筑师，需要更新自己的知识结构与技能，学习新工具的用法，并理解其出形规则。更重要的是要培养手脑并用的人机互动的“体感”，以及建立对数字化设计形态与现实需求以及可行技术之间适配方式的认知与想象，避免因设计工具的特性而过分陷于某种工具逻辑的形式游戏，从而失去对设计整体的把控。

建筑信息模型（Building Information Modeling，BIM）是基于数字化技术，把形态元素与相关信息集成在同一模型，把三维建模和二维出图统一在同一软件的新型建筑设计工具平台。BIM 为建筑设计过程的连贯性的提升提供了良好的技术平台。

运用文字术语、实体模型、二维图纸等传统媒介以及 Sketch Up、AutoCAD 等传统计算机软件进行建筑设计时需要在不同的设计阶段转换载体，如方案构思多运用草图、实体模型或者 Sketch Up 软件，而技术图纸绘制则要转入 AutoCAD 软件。图式语言和相关信息处于分离状态，如图纸上建筑构件的尺寸、材料、色彩、做法等信息要引出标注或在设计总说明及材料构造表中说明。建筑、结构、机电等参与设计各专业，通过互提条件、分别绘制的方式各自推进设计工作。这样就在客观上造成设计过程和成果的离散。本书提出的设计思维连贯性问题，正是部分源于这种设计过程和成果的离散与当代复杂新环境对建筑师和建筑成品提出的更高要求之间的矛盾。

而 BIM 平台把形式元素与相关信息集成为同一模型、把三维建模与二维出图整合在同一软件的基本设置，为设计过程的连贯提供了先进的工具保障，可以使设计过程与成果的离散大为减少。一是设计可以在同一软件进行三维建模、实景检视和二维出图，使形态设计、场景塑造与技术图纸精确关联，避免了软件转换带来的形态走样或信息减损；二是建筑构件与相关信息在软件中绑定，避免分散表达和修改联动时出现信息错误、错位、遗漏并减少误读；三是参与设计各专业的信息汇集在一个模型，可以更容易检验碰撞和检视完成效果，减少以往在不同专业图纸之间对图和纠错的巨大工作量。而且借助 BIM 平台，建筑设计的延伸度也可以极大拓展。基于 BIM 技术，运用关联插件，可以进行日照通风分析、绿色建筑指标检验、造价计算等更高精度的运算及分析。BIM 平台还可以成为项目知识体系与建筑行业知识体系的高效中介，令设计经验的归纳总结和再投入运用达到前所未有的便利性。

然而，设计的连贯性问题并不是借助BIM平台就可以自动得以解决的。设计主体对工具的运用始终是工具发挥作用的前提。投入应用多年的AutoCAD软件也有外部参照模式，可供各专业在同一图纸上共同绘图、分层标注。贝聿铭事务所就是通过这种模式把各比例、各专业的图纸统合在同一底图上绘制，极大地提高了设计绘图的精确度和协同工作的有效性。但是，许多国内建筑设计机构至今也没有充分运用外部参照模式。同样，BIM平台提供了实现设计过程与成果连贯性的先进技术条件，但是其专业价值的充分实现有赖于建筑师在具体项目中主动地、有效地加以实践运用。

BIM平台在理论上可以支持建筑师把设计成果在虚拟空间内按照全部建材和建造信息先完整搭建一遍，甚至可以模拟实际的材料运输和建造过程，直到满意了再投入实际建造。但这同时意味着巨大的工作量以及更高的精确度与关联度。

设计本质上是以“少”带动“多”，以较低成品的投入筹划、预见及控制大量资金、土地和物资的投放与组织。在现实的项目设计中，无论运用何种工具，建筑师有选择、抓主干地开展设计工作始终是常态。因此，对于有限理性的人类设计主体而言，如何提炼关键需求、聚焦核心思考层面、抓住有效着力点、形成若干关键的设计线索与技术路线，在设计全程围绕有效创新、现场体验与建成品质的价值重心把握住概念、形式与建造的连贯性，始终需要一个设计思考展开的有效框架。而BIM平台的重要价值在于能够提供比以往的设计工具更为高度完整地集成设计信息的一体化模型，使设计主体与不断深化、不断卷入更多信息的设计对象能够展开连贯稳定的互动，极大地减少各阶段、参建各方因使用不同设计媒介、工具以及工作界面不断转换带来的离散。

设计从来都有一种动力去创造前所未有之物。建筑设计不会由于借助BIM平台，通过信息联网和族库共享就变为仅仅是一系列既定产品和做法的选择组合。建筑师会不断追求未知之物，建筑设计是一种持续的探索之旅。在探索过程中，设计思维也需要一种框架性的指引，引导不同的设计主体沿不同的路径攀缘并生长出差异化的结果。高度集成的BIM平台会成为一种基础设施，其释放出来的主体思维能量将转化为进一步创造的愿望，引领建筑师把心力投向更复杂的新问题，提出更新颖、更综合的解决方案。

新型设计工具会推动设计思维发展和转变，人与计算机的交互将成为建筑设计的重要观念与技能。建筑师为了适应新的工具与环境，必须学习新知识、提升技能，建立与计算机更加紧密的交互关系，但其认知和思维的深层框架仍然会在设计中支配定向、判断、决策、整合等关键环节与过程。因此，在提升设计工具智能水平的同时，也应更关注建筑师的主体性。

8.3.3 与新型建造技术体系的关系

建筑转化为现实，最终是通过建造。结合当代建造技术和方式的新近改变进行思考和探索是建筑师在项目设计中追求有效创新的重要途径。

当前不断发展的新型建造技术，主要在于数控加工与建造以及 3D 打印建造。

数控加工与建造，是指在计算机控制下的机床零件加工方式与在数字化工具支持下的现场施工组装。“当前，激光切割机、计算机数控（computer numerical control，CNC）机床、三维快速成型机等已经成为建筑模型制作的常用方法与探索数控建造的重要工具。数控建造方法也开始在实际工程中得到开拓性的运用”①。新近出现的数控加工与建造的案例可以大致分为两类。

一是对已经设计出形的复杂动态曲面（往往运用参数化设计工具生成），运用数控技术进行物质加工和实际建造。弗兰克·盖里和扎哈·哈迪德的许多作品就属于此类。例如，广州大剧院的室内设计呈现不规则曲面形态，因无法用传统工业化方法建造，而使用了数控技术加工与安装人造石板的方法。“首先对计算机内的 3D 模型的曲面形态进行数据分析，将异型面进行归类整合，确定该面的划分及加工方案。然后进行构件加工，使用 CNC 机床雕刻模具组件对人造石进行热弯、吸塑、内外模压制，复杂的部分进行实雕。最后根据模型设计转换层结构，运用一系列精巧工艺生产连接构件，在挂件上开定位孔，在工厂预拼装，描画基准线，使用三维定位仪在现场无缝拼装（图 8-28）。数控技术及工艺的发展，极大地提升了建筑师设计与建造复杂动态造型的能力与信心”②。

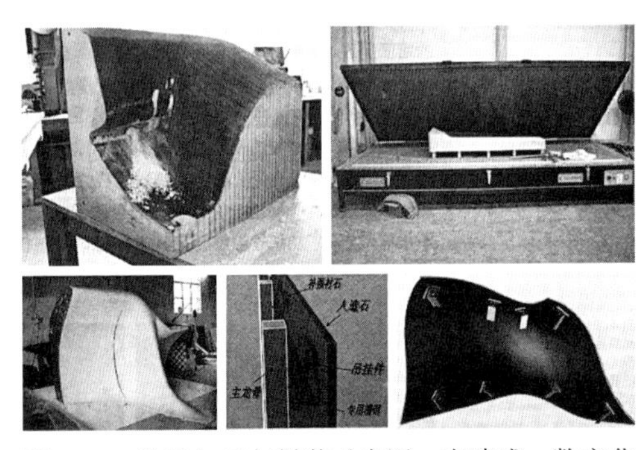

图 8-28　数控加工与拼装（来源：李建成．数字化建筑设计概论［M］．北京：中国建筑工业出版社，2012：146.）

图 8-29　数控规律的建造逻辑（来源：李建成．数字化建筑设计概论［M］．北京：中国建筑工业出版社，2012：147.）

二是基于数控规律发展出相应的建造逻辑，并以其为基础进行参数化设计，再进行建造。瑞士苏黎世理工学院在一系列数控建造方法与设计相结合的研究中通过计算机程序，计算控制机器臂将砖块按照不同角度和间距砌筑起来。由于机器人工作的精确性，砖墙呈现出柔和的渐变效果（图 8-29），使

① 李建成．数字化建筑设计概论［M］．第二版．北京：中国建筑工业出版社，2012：143-144.
② 李建成．数字化建筑设计概论［M］．第二版．北京：中国建筑工业出版社，2012：145.

砖块这种传统材料呈现出前所未有的“数字物质性”的表现力。在这种思路下，数控技术不再仅仅是实现复杂动态曲面造型的高级工具，更是走向上游的设计，成为参数化设计有机结合建造过程的重要因素。

在本书所讨论的项目设计思考中，概念、形式与建造是相互包含、转化与支撑的三个核心层面，建造并不是被动地对既定的形式进行技术性解释，其本身就具有形式生成力与制约力。这种形式与建造的互动关系，在数字化技术平台上同样得以延续和体现。建筑设计思维的连贯性框架，同样有助于建筑师在数字化形式的汪洋大海里开辟有效航道。

3D 打印建造，就是运用 3D 打印技术建造房屋。3D 打印是一种根据数字化模型文件，运用粉末状金属或塑料等可黏合材料，通过逐层打印的方式构造物体的技术。

3D 打印建造作为一种全新的建造方式，从建筑学的基础对传统的设计与建造体系提出了挑战。首先是其逐层黏合、一次成型的建造方式模糊了结构框架、围护墙体、装饰面层等传统建造的层次概念，使建造从物质性进一步走向抽象化。更加重要的是，形态设计与打印建造在数字化平台上的完全对接，使得批量化生产等工业时代的概念的重要性被削减。在 3D 打印的生产体系下，打印众多独一无二的不同构件与生产众多相同的标准化构件的成本没有区别。理论上人工世界的每一处空间、空间的每一个角落都可以不一样，每一件家具和用具都可以是差异化、唯一性的。整个人造世界就有了崭新的想象空间和优化方向。这将促使建筑师更深入思考建筑环境中每一个部位、场景和细节的独特性。但是，现阶段 3D 打印技术还存在若干重要制约。

第一是尺寸问题。虽然 3D 打印物件和工业产品发展迅速，但是 3D 打印技术运用在建筑行业就受到设备能够控制的尺寸的限制。为了解决此问题，目前主要有 3 种思路：一是全尺寸打印，即造出巨大的打印机来打印尽可能大的房子。这个方向的限制很明显——机器越大越难制造；二是分段打印组装，即建筑模块化。在工厂里分块打印好，最后一起现场组装。好处是解决了房子尺寸的限制，缺点是现场组装又涉及劳动密集型工作方式，成本提高。所以，材料的选择和结构的轻量化（可以减少现场人工）成为要点；三是群组机器人集合打印装配，就是若干小机器人像蜂群似的协同执行任务。这样机器人的尺寸跟房屋尺寸无关，可以非常小，同时单个机器人的智能要求也可以大大降低。其所涉及的自组织、自协调的群体智能方式也是现在人工智能的研究方向。这种技术思路前景广阔，但是作为一种高集成度的技术体系，目前需要克服的壁垒还有很多。

第二是结构强度问题。一方面，材料打印黏合的强度稳定性还无法保证；另一方面，与其相匹配的结构计算与检验的有效与合法方式还有待研究，可能需要一套定制标准。

第三是成本问题。3D 打印技术的本质是用黏合剂把粉末材料黏合成型，而且理论上任何性质的粉末都可以生产（通过重组分子结构）。但是根据能量守恒原则，物质碎化重组的整个过程要耗费大量能源（目前主要使用电能），实际上远大于开采天然材料和运输、拼装的能源损耗。因此，除非科技进步解决了大量廉价可再生能源使用的问题，否则 3D 打印技术很难大面铺开。

从目前看来，3D 打印技术的重要意义主要在于打开了个性化定制设计与生产的新航道，短时间内还无法成规模替代长期历史构筑形成的现代工业化生产体系。同时，人类在长期进化与历史过程中形成的与自身身体经验紧密关联的物质性文化传统会长期传承下去。身处不同地域和社会的人们仍然会具有不同的文化或传统偏好，促使其使用不同的传统类型、传统样式、传统建材进行房屋建造与环境塑造。3D 打印建造等新型建造技术很可能会被整个社会的工业与建筑体系吸收，成为众多可供选择的建造技术体系的一种。而从传统（包括现代）建筑学逐渐生长而成的建筑设计思维体系，在不断吸收新资源、不断变化生长的前提下，还将长期保持其有效性。3D 打印技术提供了一种新的建造方法。在包含概念、形式、建造因素的连贯性思维框架下，建造会反向影响概念创意探索与建筑语言生成，3D 打印技术可能会成为推动建筑创作产生突破的推动力。因此，兼具稳定专业内核与弹性开放边界的设计思维连贯性框架，有利于把新的建造方式及其带来的优点与可能性吸收到整体设计建造中，催生满足高要求、激发新体验的创新建筑作品。

结语：一种回归真实世界的实践建筑学

本书的探索指向一种回归真实世界的实践建筑学。

当代中国建筑师面临需求升级、问题跨界、国际竞争的复杂新环境，亟须同步提升适应力、创造力、控制力，以进一步提高建筑创作水平。而建筑设计行业分工细化、程序拆解、事务烦琐，又严重干扰设计主体的完整性与设计进程的可控性。在实践中，主要基于建筑师个体经验与感悟的传统设计思维已不足以应对复杂新局面。而人员分工、部门划分与流程制定等企业手段，又更多遵从生产与管理的效率逻辑，并非围绕建筑创作的品质目标，亦未能贴合设计主体的认知规律与思维模式。若寻求以往的设计方法理论作为指导，亦显效果不佳。建筑设计方法论研究在当代走向哲学化和理论化，并不贴近实践前线与项目情境，且与我国现实有一定距离。因此，难以对当前建筑实践提供有效指引。

基于人类的有限理性，实践效果很大程度上取决于主体在认知与思维方式上的预设框架与机制。而具体项目是设计主体通过实践干预世界的载体，也是建筑学知识体系与实践相互转换的中介。本书从主体实践的视角切入，回归从概念到建成全过程的真实项目情境，以实践与理论紧密互动的方式展开论述。

一、从设计主体、项目环境、愿望水平等三个层面，指出设计思维连贯性是设计主体在当代复杂新环境中创作优质作品需要关注的认知主线

首先，人类思维具有认知与思维局限，保持连贯性是人类从事复杂活动必须面对的任务；其次，当代社会的建筑项目与环境复杂多变，对连贯性提出更为严峻的挑战；最后，实现创意度、完成度、体验性俱佳的优质作品的创作目标，需要高度的连贯性才有可能达成。因此，提出设计思维的连贯性，抓住了提升当前建筑实践的一种源头和主线。

二、以实践研究为基础，引入人工科学理论，建立“价值重心、本体要素、项目环境”互动的建筑设计认知模型与生成机制，揭示人类目标、建筑本体、外部环境在项目建筑设计运作的深层结构与互动关系

面对具体建筑设计项目，其认知结构由 3 个部分构成，即人们对项目的需求、目标与愿望水平，建筑本体系统的建构，项目所处的环境。建筑设计是为了满足人们对项目的需求、目标、愿望，从外部环境取得资源来构想建造具有一定功能的建筑系统，并使之在适应环境的情况下完成功能，从而有效满足需求、实现目标并达成预期满意度的思考与行动。构建建筑系统的本体思考分为三个交叠互动的子空间，既有内部着力点，也有外部塑造力，共同推动贯彻价值重心、适应外部环境的建筑系统的生成。

三、在认知模型与生成机制的基础上，进一步吸收融合实践体认与理论支撑，构建围绕项目情境、针对品质目标、贴合认知规律的建筑设计思维连贯性框架

表达人类目标交集的价值重心提炼为“有效创新、现场体验、建成品质”，包含了人对建筑环境的真实体验、建筑作为人工造物的成品品质，以及创造性思维的有效方向。引导设计主体明确设计的最终目标不在于图像效果、形式噱头、为新而新，而在于真实体验、成品品质、有效创新。

构建建筑本体的核心思考空间拓展为“概念创意探索、建筑语言生成、建造品质控制”等三个交叠互动的子空间，而非截然分开的设计程序与阶段。三个思考空间需要相互衔接、相互解释，共同推动设计生成。

建筑存在的外部环境分解为物质环境、社会环境与知识环境三个子环境，从不同方面对设计构成制约，又为设计提供资源。

三个核心思考子空间各有一系列内部着力点以及外部塑造力，设计主体可以从任意一个或几个着力点或塑造力启动设计思考，在项目环境中搜索资源、辨识约束，提出假想的解决方案，并围绕价值重心观照各要点视角及要点之间的互动对其进行评判、选择、融合、修正、提优，使其迭代进化，以期达到各着力点与塑造力、核心层面、价值重心、项目环境之间的充分衔接、全盘连贯的状态。

在研究角度、研究方法与研究成果等方面，设计思维连贯性框架都尝试进行有效创新。

一、研究角度：主体视角与实践导向

融贯“围绕项目情境、贴合主体心智、指向品质目标”三个方面，拓展设计方法研究的主体视角与实践导向相结合的方向。

1. 围绕“项目情境”

建筑学起源于人类实践，实践析出知识，知识又指导实践。具体的项目是建筑师通过实践干预世界的载体，也是建筑学知识体系与实践相互转换的中介。围绕项目情境展开研究，关注设计主体、设计对象、所处环境之间的互动关系，把握住理论与实践的有效关联。

2. 贴合设计主体的认知与思维规律

基于生物学系统，人的认知与思维有其局限与特征。早期设计方法理论不易指导实践的一个重要原因是更多基于机器智能逻辑而非人类智能逻辑。只有贴合主体认知与思维规律，设计思维及方法研究才能在真实实践中对设计主体提供切实有效的帮助。

3. 以“品质与体验”为优先目标

在大机器生产与现代主义运动前期，有效目标是提升效率。而在全球化市场趋向体验竞争的当代社会，竞争力更多体现在体验性与品质度，并顺应人的需求和社会环境变化。本研究注重品质和体验目标优先，切合当前需要与未来趋势。

二、研究方法：构建模型要不断吸收实践与理论的评价与分析，逐步迭代进化

针对实践导向目标，本书引入建筑学的“构建模型吸收各方面评价与分析，不断优化解决方案”的研究方法。根据初步研究，提出初步模型——人工科学视野下对设计的定义；在此基础上吸收实践与理论，建立能够有效描述项目设计相关因素的深层结构与互动关系的设计认知模型与生成机制；再进一步吸收实践体认与新近理论，最终构建体系完整的建筑设计思维连贯性框架。“建模迭代进化”的研究方法，推动本书以实践与理论充分互动的方式研究，并提炼出兼具科学稳定内核与弹性适应体系的思考框架。

三、研究成果：不是设计流程或解题程序，而是具有稳定内核的弹性框架

吸取学界对以往建筑设计方法的研究成果，顺应研究趋势。设计思维连贯性框架不是僵硬的设计流程或解题程序，而是兼具科学稳定的内核与弹性适应体系的思维框架以及实践指南。顺应人类主体的认知思维局限与特征，在一个有效反映现实复杂系统互动关系的弹性框架上指出设计思维逐步推进的着力点，并获取资源的受力点以及前进的可能通路，从而引导设计主体沿着各自不同的探索路径逐步构建因项目、环境及专业追求的差异而珠玉纷呈的整体设计成果。设计推进主要依靠设计主体的思考与探索，如同生长的藤蔓；连贯性框架提供对主体的协助与指引，如同提供着力点、营养源和延伸方向的构架，这个构架具有适应不同现实情况而进行拓扑变形的弹性，其视觉图式不是传统的层级细分的树状结构，而是连贯互动的立体网络结构。这种网络互动结构的“智识框架”能够助力设计主体融贯建筑设计的有效创新、资源整合、成品控制，从而更好地适应越来越复杂的当代实践环境。

本书从建筑师在当代实践中面临的复杂新环境引出，从主体心智与项目实践角度切入设计方法研究，提出具有稳定内核的弹性思维框架，以推动设计研究回归到设计思考转化为现实造物的真实世界情境之中。这是一件具有挑战性的工作。尽管研究立足多年的工程经验，并努力融贯实践与理论两方面的资源，但限于所能获得的资料、实验条件、投入时间以及笔者自身的视野，在研究内容、研究方法和整体写作上难免有尚待进一步完善之处：在内容上，由于聚焦主体心智与项目情境，本书没有把“建筑使用后评价（POE）”

纳入写作框架。对于人工智能与人类设计的关系这一新课题，则感到适合另起专题探索而未在本书展开讨论（笔者对此的基本态度是：面对这场可能超过工业革命的变局和挑战，人们在寻找未来出路的同时，也将回溯本体与本源）；在方法上，把设计作为人类客观行为来研究的科学实验方法尚未充分引入；在写作上，本书整体的连贯性还未达到令笔者满意的程度。本书研究带有笔者凝结自身实践体认，以及与建筑师同行、建筑学学人、设计爱好者分享交流的意味，相关研究和未竟课题将会在未来的工作与思考中继续展开，这里只是一个开始。

参考文献

一、国内文献类

［1］ 张钦楠. 建筑设计方法学［M］. 第二版. 北京：清华大学出版社，2007.

［2］ 柳冠中. 设计方法论［M］. 北京：高等教育出版社，2011.

［3］ 张伶伶，李存东. 建筑创作思维的过程与表达［M］. 第二版. 北京：中国建筑工业出版社，2012.

［4］ 姜涌. 建筑师职能体系与建造实践［M］. 北京：清华大学出版社，2005.

［5］ 杨砾，徐立. 人类理性与设计科学——人类设计技能探索［M］. 沈阳：辽宁人民出版社，1988.

［6］ 顾大庆，柏庭卫. 空间、建构与设计［M］. 北京：中国建筑工业出版社，2012.

［7］ 刘先觉. 现代建筑理论［M］. 第二版. 北京：中国建筑工业出版社，2008.

［8］ 朱雷. 空间操作——现代建筑空间设计及教学研究的基础与反思［M］. 南京：东南大学出版社，2010.

［9］ 吴良镛. 人居环境科学导论［M］. 北京：中国建筑工业出版社，2001.

［10］ 吴良镛. 广义建筑学［M］. 北京：清华大学出版社，1989.

［11］ 齐康. 城市建筑［M］. 南京：东南大学出版社，2001.

［12］ 华南理工大学建筑设计研究院. 何镜堂建筑创作［M］. 广州：华南理工大学出版社，2010.

［13］ 李允鉌. 华夏意匠——中国古典建筑设计原理分析［M］. 天津：天津大学出版社，2005.

［14］ 沈克宁. 建筑类型学与城市形态学［M］. 北京：中国建筑工业出版社，2010.

［15］ 汤凤龙. “匀质”的秩序与“清晰的建造”——密斯·凡·德·罗［M］. 北京：中国建筑工业出版社，2012.

［16］ 汤凤龙. “间隔”的秩序与“事物的区分”——路易斯·I·康［M］. 北京：中国建筑工业出版社，2012.

［17］ 李雰. 卡罗·斯卡帕［M］. 北京：中国建筑工业出版社，2012.

［18］ 王建国，张彤. 安藤忠雄［M］. 北京：中国建筑工业出版社，1999.

［19］ 蔡凯臻，王建国. 阿尔瓦罗·西扎［M］. 北京：中国建筑工业出版社，2005.

［20］ 黄健敏. 贝聿铭的艺术世界［M］. 北京：中国计划出版社，1996.

［21］ 王天锡. 贝聿铭［M］. 北京：中国建筑工业出版社，1990.

［22］ 吴向阳 . 杨经文［M］. 北京：中国建筑工业出版社，2007.

［23］ 李建成. 数字化建筑设计概论［M］. 第二版. 北京：中国建筑工业出版社，2012.

［24］ 余华. 我能否相信自己［M］. 北京：人民日报出版社，1998.

二、译著及外文类

［1］ （美）赫伯特·A. 西蒙. 人工科学［M］. 武夷山，译. 北京：商务出版社，1987.

[2]（英）Nigel Cross. 设计师式认知［M］. 任永文，陈实，译. 武汉：华中科技大学出版社，2013.
[3]（英）奈杰尔·克罗斯. 设计思考［M］. 程文婷，译. 济南：山东画报出版社，2013.
[4]（美）彼得·罗. 设计思考［M］. 张宇，译. 天津：天津大学出版社，2008.
[5]（英）布莱恩·劳森. 设计思维——建筑设计过程解析［M］. 范文兵，范文莉，译. 北京：知识产权出版社，2007.
[6]（德）沃尔夫·劳埃德. 建筑设计方法论［M］. 孙彤宇，译. 北京：中国建筑工业出版社，2012.
[7]（德）Jurgen. Joedicke. 建筑设计方法论［M］. 冯纪忠，杨公侠，译. 武汉：华中工学院出版社，1983.
[8]（美）迈克尔·布劳恩. 建筑的思考：设计的过程和预期洞察力［M］. 蔡凯臻，徐伟，译. 北京：中国建筑工业出版社，2006.
[9]（奥）卡里·约尔马卡. 设计方法［M］. 王昳雯，译. 北京：中国建筑工业出版社，2011.
[10]（德）贝尔特·比勒菲尔德，（西）塞巴斯蒂安·埃尔库里. 设计概念［M］. 张路峰，译. 北京：中国建筑工业出版社，2011.
[11]（美）鲁道夫·阿恩海姆. 视觉思维［M］. 滕守尧，译. 北京：光明日报出版社，1986.
[12]（美）鲁道夫·阿恩海姆. 建筑形式的视觉动力［M］. 宁海林，译. 北京：中国建筑工业出版社，2006.
[13]（美）肯尼斯·弗兰姆普敦. 建构文化研究——论19世纪和20世纪建筑中的建造诗学［M］. 王骏阳，译. 北京：中国建筑工业出版社，2007.
[14]（德）戈特弗里德·森佩尔. 建筑四要素［M］. 罗德胤，赵雯雯，包志禹，译. 北京：中国建筑工业出版社，2010.
[15]（美）肯尼斯·弗兰姆普敦. 现代建筑：一部批判的历史［M］. 张钦楠，等译. 北京：生活·读书·新知三联书店，2004.
[16]（意）布鲁诺·赛维. 现代建筑语言［M］. 席云平，王虹，译. 北京：中国建筑工业出版社，2005.
[17]（挪）诺伯舒兹. 场所精神：迈向建筑现象学［M］. 施植明，译. 武汉：华中科技大学出版社，2010.
[18]（挪）克里斯蒂安·诺伯格－舒尔茨. 建筑——存在、语言和场所［M］. 刘念雄，吴梦姗，译. 北京：中国建筑工业出版社，2013.
[19]（意）阿尔多·罗西. 城市建筑学［M］. 黄士钧，译. 北京：中国建筑工业出版社，2006.
[20]（美）凯文·林奇. 城市意象［M］. 方益萍，何晓军，译. 北京：华夏出版社，2001.
[21]（英）布莱恩·劳森. 空间的语言［M］. 杨青娟，韩效，卢芳，等译. 北京：中国建筑工业出版社，2003.
[22]（瑞）彼得·卒姆托. 建筑氛围［M］. 张宇，译. 北京：中国建筑工业出版社，2010.

[23]（瑞）彼得·卒姆托. 思考建筑［M］. 张宇，译. 北京：中国建筑工业出版社，2010.

[24]（荷）赫曼·赫茨伯格. 建筑学教程：设计原理［M］. 仲德昆，译. 台北：圣文书局，1996.

[25]（荷）赫曼·赫茨伯格. 建筑学教程 2：空间与建筑师［M］. 刘大馨，古红缨，译. 天津：天津大学出版社，2003.

[26]（美）菲利普·朱迪狄欧，珍妮特·亚当斯·斯特朗. 贝聿铭全集［M］. 李佳洁，郑小东，译. 北京：电子工业出版社，2012.

[27] Guido Beltramini，Italo Zannier. Carlo Scarpa：Architectures and Design［M］. New York: Rizzoli International Publications, Inc. , 2010.

[28]（瑞）克劳斯－彼得·加斯特. 路易斯·I·康：秩序的理念［M］. 马琴，译. 北京：中国建筑工业出版社，2007.

[29]（美）罗杰·马丁. 设计思考就是这么回事！［M］. 李仰淳，林丽冠，译. 台北：天下远见出版股份有限公司，2011.

[30]（美）Thomas Lockwood . 设计思维：整合创新、用户体验与品牌价值［M］. 李翠荣，李永春，等译. 北京：电子工业出版社，2012.

[31]（美）John Edson. 苹果的产品设计之道［M］. 黄喆，译. 北京：机械工业出版社，2013.

[32]（美）维克多·帕帕奈克. 为真实的世界设计［M］. 周博，译. 北京：中信出版社，2012.

[33]（美）亨利·德莱福斯. 为人的设计［M］. 陈雪清，于晓红，译. 南京：译林出版社，2013.

[34]（美）哈利·弗朗西斯·茅尔格里夫. 建筑师的大脑——神经科学、创造性和建筑学［M］. 张新，夏文红，译. 北京：电子工业出版社，2011.

[35]（丹麦）斯蒂芬·艾米特. 建筑师设计管理［M］. 田原，蔡红，译. 北京：中国建筑工业出版社，2011.

[36]（意）卡尔维诺. 未来千年文学备忘录［M］. 杨德友，译. 沈阳：辽宁教育出版社，1997.

[37]（德）马丁·海德格尔. 演讲与论文集［M］. 孙周兴，译. 上海：生活·读书·新知三联书店，2005.

[38] Nigel Cross. Design Thinking: Understanding how designers think and work［M］. Berg/Bloomsbury. 2011.

[39] Peter G. Rowe. Design Thinking［M］. MIT Press, 1991.

[40] Tim Brown. Change by Design：How Design Thinking Transforms Organizations And Inspires Innovation［M］. New York: HarperCollins Publishers, 2009.

[41] Roger L. Martin. The Design of Business: Why Design Thinking is the Next Competitive Advantage［M］. 3rd edition. Harvard Business Review Press, 2009.

[42] Thomas Lockwood. Design Thinking: Integrating Innovation, Customer Experience, and Brand Value［M］. Allworth Press. 2009.

[43] Bryan. Lawson. How Designers Think: The design process demystified［M］. 4th edition. Routledge, 2005.

[44] Stuart Pugh. Total Design: Integrated Methods for Successful Product Engineering [M]. Oxford: Addison-Wesley Publishing Company, 1991.
[45] Michael Brawne. From Idea to Building Issues in Architecture [M]. Oxford: Butterworth-Heinemann Ltd, 1992.
[46] Christian Norberg-Schulz. Architecture: Presence, Language, Place [M]. Skira. Milan, 2000.
[47] Stan Allen. Practice: architecture, technique and representation- Revised and Expanded Edition [M]. Routledge, 2009.
[48] Penny Sparke. The Genius of Design [M]. New York: The Overlook Press, Peter Mayer Publishers, Inc., 2010.

三、学位论文类

[1] 赵伟. 广义设计学的研究范式危机与转向：从“设计科学”到“设计研究”[D]. 天津：天津大学，2012.
[2] 赵红斌. 典型建筑创作过程模式归纳及改进研究[D]. 西安：西安建筑科技大学，2010.
[3] 田利. 建筑设计的基本方法与主体思维结构的关联研究[D]. 南京：东南大学，2004.
[4] 邢凯. 建筑设计创新思维研究[D]. 哈尔滨：哈尔滨工业大学，2009.
[5] 唐林涛. 设计事理学理论、方法与实践[D]. 北京：清华大学，2004.
[6] 徐浪. 建筑设计中的概念创作研究[D]. 重庆：重庆大学，2008.
[7] 解丹. 建筑语言的研究解析[D]. 天津：天津大学，2007.
[8] 程悦. 建筑语言的困惑与元语言——从建筑的语言学到语言的建筑学[D]. 上海：同济大学，2006.
[9] 王琦. 建筑语言结构框架及其表达方法之研究[D]. 西安：西安建筑科技大学，2004.
[10] 刘彤昊. 建造研究批判[D]. 北京：清华大学，2004.
[11] 陈泳全. 建造过程中人的因素[D]. 北京：清华大学，2012.
[12] 朱宁. “造屋”与“造物”——制造业视野下的建造过程研究[D]. 北京：清华大学，2013.
[13] 邓刚. 建筑设计过程中的思维结构核心环节研究[D]. 上海：同济大学，2000.

四、期刊类

[1] 郑昕. 关于一些建筑理论问题的反思[J]. 建筑师，2005（02）.
[2] 沈克宁. 设计方法论并非设计方法[J]. 华中建筑，1996（2）.
[3] 沈克宁. 有关设计方法论研究的介绍[J]. 建筑学报，1987（03）.
[4] 韩冬青. 建筑师何以失语[J]. 新建筑，2012（6）.
[5] 傅筱. 建筑信息模型带来的设计思维和方法的转型[J]. 建筑学报，2009（1）.
[6] 李冰. 数字时代下建筑设计方法的变革[J]. 新建筑，2009（3）.

[7] 胡越. 定制设计的困境 [J]. 建筑学报，2011 (2).

[8] 张永和. 再谈实验建筑与当代建筑 [J]. 城市空间设计，2010 (1).

[9] 李媛. 建筑设计思维特征制约下的数字化设计方法解析 [J]. 建筑学报，2013 (10).

[10] 史永高. 白墙的表面属性和建造内涵 [J]. 建筑师，2006 (6).

[11] 张彤. 材质性 [J]. 建筑技艺，2014 (07).

[12] 卡雷斯・瓦洪拉特. 对建构学的思考——在技艺的呈现与隐匿之间 [J]. 邓敬，译. 时代建筑，2009 (5).

[13] 佩德罗・伊格纳西奥・阿隆索. 反思“制造” [J]. 赵纪军，译. 新建筑，2010 (2).

[14] 胡子楠，冯琳，宋昆. 建造之辨——西方建筑建造问题的维度及诸线索研究 [J]. 建筑师，2014 (2).

[15] 史永高. 建筑完成度的歧义与依归 [J]. 时代建筑，2014 (3).

[16] 爱德华・F・塞克勒. 结构，建造，建构 [J]. 凌琳，译. 时代建筑，2009 (2).

[17] 莎拉 M. 怀汀 . 参与的自主性：物体危机与理论危机的并置 [J]. 周渐佳，李丹锋，译. 建筑学报，2014 (3).

[18] Khaidzir, KAM, Lawson, B. The cognitive construct of design conversation [J]. Research in Engineering Design, 2013, 24 (4).

[19] Kah-Hin Chai, Xin Xiao. Understanding design research: A bibliometric analysis of Design Studies (1996-2010) [J]. Design Studies, 2012, 33 (1).

[20] Lucy Kimbell. Beyond design thinking: Design-as-practice and designs-in-practice [J]. the CRESC Conference, Manchester, 2009.

[21] Kruger C, Cross N. Solution driven versus problem driven design: strategies and outcomes [J]. Design studies, 2006, 27 (5).

[22] Manolya Kavaklia, John S Gerob. The structure of concurrent cognitive actions: a case study on novice and expert designers [J]. Design Studies, 2002, 23 (1).

[23] Michael Speaks. After Theory- Debate in Architectural schools rages about the value of theory and its effect on innovation in design [J]. Architectural Record, 2005.

致谢

著书不仅是一次学术探索，更是一段人生历程。在此过程中，有幸得到许多人的支持帮助，感恩不已！

首先要感谢我的博士导师何镜堂院士。何老师对我关爱有加，提供了许多设计重大项目的实践机会，这使我的学术研究得以建立在扎实的工程经验基础之上。何老师在岭南这片热土上创建了优越的工作团队，为我们青年建筑师的成长提供了广阔的天地。何老师一生追求卓越、注重整体融合、强调合作实干，这对我影响深远。在此，还要感谢何老师的夫人李绮霞老师和华南理工的师长们在我的学习与工作中所给予的无微不至的指导和关心。

感谢韩冬青教授欣然为本书写序，并对本书书稿提出了许多中肯意见。我曾求学东南大学，韩冬青老师和我的硕士导师齐康院士等都对我悉心指导，这使我练就了良好的建筑基本功。

感谢冯仕达先生。冯老师与我多年来一直保持着学术交流，这开阔了我的学术视野，也促进了我在持续实践中不断地思考。冯老师对本书的写作也提出了许多建议。

感谢中国建筑工业出版社吴宇江编审。吴老师一直鼓励本书的出版，并在我设计项目繁忙而一再推迟完稿的情况下，仍旧耐心地给予出版指导和帮助。

感谢我的同事、团队、学生以及合作伙伴们。跟大家一起合作，并不断实现走向卓越的建筑设计作品，这是本书写作的重要动力。

感谢吴庆洲教授、孟建民院士、郭明卓教授级高工、肖大威教授、程建军教授与郭卫宏教授级高工等评委老师对我博士论文给予的指导与肯定。感谢张利教授、张彤教授、张宏教授等师长以及朱渊、许天、窦平平、王劲等学友对我的研究成果提出了有益的建议。本书正是在我的博士论文的基础上写成。

最后还要感谢我的父母，无论在何种情况下他们都始终无私地关爱和支持着我的事业；感谢我的岳父岳母，他们同样对我给予了充分的理解与支持；感谢我的妻子陈玮璐，她时常是我书稿写作的第一读者，而且在书稿处理上给予我许多帮助。

张振辉

2020年8月于广州芳草居